二十一世纪高职高专院校规划教材

U0310057

Visual FoxPro 6.0
程序设计

- ◆ 基础强化，实训突出
- ◆ 案例典型，任务驱动
- ◆ 体例新颖，知识图解

主　编　　韩最蛟　段宏斌

副主编　　朱丽雅

编　者　　王·哲　王明哲　李如平

哈尔滨工业大学出版社
HARBIN INSTITUTE OF TECHNOLOGY PRESS

图书在版编目(CIP)数据

Visual FoxPro 6.0 程序设计/韩最蛟,段宏斌主编 . —哈尔
滨:哈尔滨工业大学出版社,2010.6
二十一世纪高职高专院校规划教材
ISBN 978-7-5603-2589-7

Ⅰ. ①V… Ⅱ. ①韩… ②段… Ⅲ. ①关系数据库—数据库管
理系统,Visual FoxPro 6.0—程序设计—高等学校:技术
学校—教材 Ⅳ.①TP311.138

中国版本图书馆 CIP 数据核字(2010)第 122204 号

责任编辑	孙 杰 张金凤	
封面设计	周 伟	
出版发行	哈尔滨工业大学出版社	
社 址	哈尔滨市南岗区复华四道街 10 号 邮编 150006	
传 真	0451－86414049	
网 址	http://hitpress.hit.edu.cn	
印 刷	天津市蓟县宏图印务有限公司	
开 本	850mm×1168mm 1/16 印张 19.5 字数 425 千字	
版 次	2010 年 7 月第 1 版 2010 年 7 月第 1 次印刷	
书 号	ISBN 978-7-5603-2589-7	
定 价	37.00 元	

(如因印装质量问题影响阅读,我社负责调换)

前　言

FOREWORD

Visual FoxPro 是目前比较流行的关系数据库管理系统，它以卓越的数据库处理性能、良好的开发环境赢得了广大用户的喜爱。用户可通过 Visual FoxPro 的开发环境方便地设计数据库结构、管理数据库、设计应用程序界面、设计查询、设计报表、设计菜单，并可利用项目管理器对数据库和程序进行管理、生成应用程序文件以及进行发布等。目前，我国大部分高职院校都把它作为计算机程序设计语言的入门课程，并且将其列入全国计算机等级考试范围。

本教材分绪论篇、数据库篇、程序设计篇、系统开发篇。以 Visual FoxPro 6.0 为基础，内容包括：第 1 章 Visual FoxPro 操作基础（初识 Visual FoxPro、Visual FoxPro 6.0 系统配置、项目管理器、Visual FoxPro 6.0 辅助设计工具）；第 2 章 Visual FoxPro 数据库（数据库基础、数据库及表的操作、索引与排序、多数据表操作、数据完整性）；第 3 章 结构化查询语言 SQL（SQL 定义功能、SQL 操作功能、SQL 查询功能、视图）；第 4 章 面向过程程序设计（程序设计基础、数据类型、常量及变量、表达式、函数和数组、程序的基本结构、多模块程序设计、程序调试技术）；第 5 章面向对象程序设计（面向对象程序设计的基本概念、表单及表单设计器、常见控件、类设计器及自定义类、菜单设计、报表设计）；第 6 章 应用程序系统设计与开发（需求分析、数据库设计、系统总体设计、系统模块实现、系统调试与发布）等内容。

为了方便教师教学和学生使用，本书配有教师参考书及《Visual FoxPro 6.0 程序设计实训》等。

本书由韩最蛟、段宏斌主编。编写团队由王哲、李如平、王明哲、朱丽雅等优秀教师组成。由于编者水平有限，书中难免会有一些错漏和不足之处，恳请读者批评指正。

编　者

本书学习导航

　　本书体例模式在综合考虑教师教学及学生学习两方面特性的基础上，以方便教师和学生明确主次、有针对性分配教学或者学习时间而精心打造。体例模式如下：

目标规划

将本章内容知识点提炼为两个部分：学习目标和技能目标。学习目标从两个方面（基本了解、重点掌握）来阐述，技能目标重点阐述学生应熟练应用的知识点。

课前热身随笔

设计笔记页，便于学生记录预习时发现的问题或者产生的想法，以便学习时和教师交流。

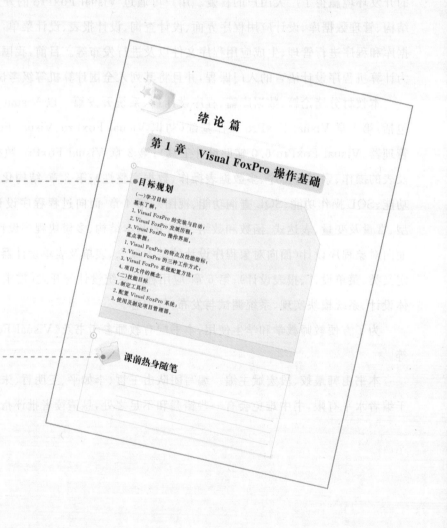

绪 论 篇

第 1 章　Visual FoxPro 操作基础

● 目标规划

（一）学习目标

基本了解：
1. Visual FoxPro 的安装与启动；
2. Visual FoxPro 发展历程；
3. Visual FoxPro 操作界面。

重点掌握：
1. Visual FoxPro 的特点及性能指标；
2. Visual FoxPro 的三种工作方式；
3. Visual FoxPro 系统配置方法；
4. 项目文件的概念。

（二）技能目标
1. 制定工具栏；
2. 配置 Visual FoxPro 系统；
3. 使用及制定项目管理器。

● 课前热身随笔

CONTENTS **目 录**

绪论篇

数据库篇

程序设计篇

系统开发篇

绪 论 篇

第1章 Visual FoxPro 操作基础

目标规划

（一）学习目标

基本了解：

1. Visual FoxPro 的安装与启动；

2. Visual FoxPro 发展历程；

3. Visual FoxPro 操作界面。

重点掌握：

1. Visual FoxPro 的特点及性能指标；

2. Visual FoxPro 的三种工作方式；

3. Visual FoxPro 系统配置方法；

4. 项目文件的概念。

（二）技能目标

1. 制定工具栏；

2. 配置 Visual FoxPro 系统；

3. 使用及制定项目管理器。

课前热身随笔

本章穿针引线

本章从认识 Visual FoxPro 出发,使读者了解 Visual FoxPro 的安装与启动、发展历程和工作方式,掌握 Visual FoxPro 的特点及性能指标、工具栏制定、系统配置、及项目管理器的使用方法,为后续内容的学习打下坚实的基础。本章知识结构图如下:

Visual Foxpro 操作基础

- 初识Visual FoxPro
  - Visual FoxPro 6.0 的安装与启动
  - Visual FoxPro 6.0 的工作方式

- Visual FoxPro 6.0 的系统配置
  - Visual FoxPro 6.0 的工具栏
  - Visual FoxPro 6.0 的系统配置

- 项目管理器
  - 项目文件的创建
  - 项目管理器简介
  - 项目管理器的窗口操作

- Visual FoxPro 6.0 的辅助设计工具
  - Visual FoxPro 6.0的向导
  - Visual FoxPro 6.0的设计器
  - Visual FoxPro 6.0生成器

1.1 初识 Visual FoxPro

1.1.1 Visual FoxPro 6.0 的安装与启动

1. Visual FoxPro 6.0 的安装

Visual FoxPro 既可以用光盘安装，也可以从网络上下载安装。

步骤1：将 Visual FoxPro 6.0 的安装盘插入电脑光驱。

一般电脑会自动识别直接打开光盘的文件夹，如果不能自动识别，可以通过"我的电脑"或"资源管理器"打开光盘，找到安装程序 SETUP 应用程序。双击，即可打开安装向导。

步骤2：按照向导提示，单击下一步按钮进行安装。

步骤3：出现"最终用户许可协议"后，选择"接受协议"，单击下一步按钮。

步骤4：输入产品号和用户信息，单击下一步按钮。

步骤5：为 Visual FoxPro 选择具体的安装位置，如若需要可以新建一个文件夹。

步骤6：开始安装。安装完成后系统自动提示："安装结束"。

2. Visual FoxPro 6.0 启动与退出

（1）启动

在 Windows 中的启动 Visual FoxPro 的方法和启动应用程序的方法是一样的。单击"开始"按钮，依次选择"程序"→" Visual FoxPro 6.0"→" Visual FoxPro 6.0"菜单项。

第一次启动"Visual FoxPro 6.0"时，会弹出一个欢迎屏，通过欢迎屏中的选项，可以打开或创建一个项目文件。如果在下一次启动"Visual FoxPro 6.0"时，不希望再出现欢迎屏，只需选中欢迎屏左下角的"以后不再显示此屏"复选框，最后单击"关闭此屏"按钮即可进入应用程序窗口。

（2）退出

在 Windows 中有 4 种方法可以退出 Visual FoxPro 程序。

①使用 Visual FoxPro 命令窗口。键入 QUIT 命令，再按下键盘上的 Enter（回车）键。

②使用 Visual FoxPro 菜单。单击"文件"菜单→单击"退出"命令。

③用鼠标左键单击 Visual FoxPro 6.0 标题栏最右边的"关闭窗口"按钮。

④单击主窗口左上方的"狐狸"图标，在下拉菜单中选择"关闭"命令，或者按 Alt＋F4 键。

1.1.2 Visual FoxPro 6.0 的工作方式

Visual FoxPro 6.0 的工作方式包括交互操作方式和程序运行方式，两种工作方式包括不同的操作形式。

1. 交互操作方式

交互操作方式又分为两种：命令方式和菜单操作方式。

（1）命令方式

命令方式是指用户在命令窗口中输入命令并按回车键,系统立即执行该命令并在工作区中显示执行结果。采用命令方式时,要熟悉命令格式及其使用方法,通常适用于比较简单的操作。

用户在使用命令方式进行操作时,需要注意一些事项和技巧。

①键入命令语句后,在还没有按 Enter 键执行前,可以按 Esc 键来删除键入的命令语句。

②执行过的每一道命令都会保留在命令窗口中,因此需要再次输入同一命令时,只要在命令窗口中选择该命令行,再次按 Enter 键执行即可。

③在命令窗口中的命令文本可以随意编辑修改、拖动、复制。

例如,可以在命令窗口中输入"QUIT"命令,然后按 Enter 键,就可退出 Visual Fox-Pro 6.0 应用程序。

（2）菜单方式

随着 Windows 的推广,基于 Windows 的可视化操作方式——菜单操作已成为主要的交互操作方式。菜单操作方式是指通过对系统菜单和工具按钮的点击操作来实现交互操作的一种操作方式。Visual FoxPro 6.0 还进一步完善了图形界面操作,它提供的向导、设计器等辅助设计工具,其直接的可视化界面正被越来越多的用户所熟悉和使用。菜单操作方式最突出的优点是操作简单、直观,其不足之处是步骤较为繁琐。

Visual FoxPro 6.0 的主菜单包括"文件"、"编辑"、"显示"、"格式"、"工具"、"程序"、"窗口"、"帮助"8 个菜单命令。

菜单操作有 3 种方法。

①鼠标操作。鼠标左键单击菜单项,弹出子菜单,选择相应的命令,实现所需要的操作。

②键盘操作。按住 Alt 和相应热键激活所需要的操作。

③光标操作。在选择子菜单的时候,将光标移动到所需菜单选项上,再按 Enter 键,实现所需要的操作。

2. 程序运行方式

Visual FoxPro 6.0 中的程序运行方式将一组命令和程序设计语句保存到一个扩展名为.PRG 的程序文件中,然后通过运行命令自动执行这一文件,并将结果显示出来,从而提高系统的执行效率。这种方式会在后面的章节中做详细的介绍。

1.2 Visual FoxPro 6.0 的系统配置

1.2.1 Visual FoxPro 6.0 的工具栏

Visual FoxPro 6.0 的界面如图 1—1 所示,其组成与其他 Windows 应用程序的窗口类似,所不同的是在主窗口(工作区)中有一命令窗口。Visual FoxPro 6.0 窗口中包括:标题栏、菜单栏、工具栏、主窗口、命令窗口和状态栏 6 个部分。

1. 标题栏

标题栏位于 Visual FoxPro 6.0 窗口的顶部,由一个狐狸图标、Microsoft Visual FoxPro 、控制按钮几部分组成。

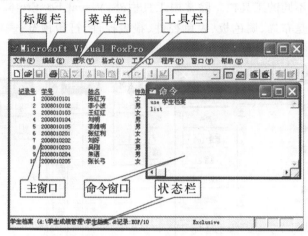

图 1—1　Visual FoxPro 6.0 的界面

2. 菜单栏

菜单栏位于标题栏的下方,通常菜单栏包括:"文件"、"编辑"、"显示"、"格式"、"工具"、"程序"、"窗口"和"帮助"8 个菜单项目。但菜单栏会随着用户的某些操作而有所变化。例如,刚启动 Visual FoxPro 6.0 和打开表时,菜单栏是不同的,后一种情况下出现了"表"菜单。

常见的菜单系统如下:

①文件菜单。文件菜单有新建、打开、关闭、保存、另存为、另存为 HTML、还原、导入、导出、页面设置、打印预览、打印、退出等子菜单。相比一般办公软件来说,Visual FoxPro 6.0 具有数据导入、导出功能,通过文件菜单下的子菜单导入、导出来实现。

②编辑菜单。编辑菜单中提供了文本程序的多种编辑命令,如撤销、重做、剪切、复制、粘贴等。

③显示菜单。在显示菜单中,许多菜单命令在当前打开的表、表单、报表等文件环境下才能使用,不同的环境下区别较大,在没有打开任何文件的情况下,只有工具栏一个子菜单可用。

④格式菜单。在格式菜单中,主要是对文本的格式进行设置。如字体的设置、行距的设置等。

⑤工具菜单。工具菜单中提供了多种编辑工具。

⑥程序菜单。程序菜单中提供的主要是对程序的使用方法和命令。

⑦窗口菜单。窗口菜单中提供的主要是对窗口进行操作的命令。

⑧帮助菜单。在帮助菜单中,提供了 Visual FoxPro 6.0 帮助信息。

3. 工具栏

(1)工具栏种类

工具栏是微软系列软件都有的共同特色,对于经常使用的功能,利用工具栏中的各种工具按钮比调用菜单命令要方便得多,Visual FoxPro 6.0 中默认的工具栏设置是"常用"工具栏,显示在菜单栏的正方,用户可将其拖到主窗口的任意位置。所有工具栏按钮都可设置文本提示功能,当把鼠标指针停留在某个按钮上时,系统用文字的形式显示它的功能。每种工具栏都由一些按钮组成,工具栏上的按钮对应着相应的任务,只有在执行特定的任务时相应的按钮才起作用,否则按钮呈灰色,表示不可用。Visual FoxPro 6.0共提供了 11 种不同的工具栏。除常用工具栏外,Visual FoxPro 6.0 还提供了 10 个其他的工具栏分别是布局、调色板、表单控件、报表控件、打印预览、表单设计器、报表设计器、查询设计器、视图设计器、数据库设计器,如图 1—2 所示。

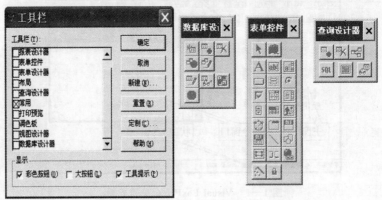

图 1—2　工具栏、数据库设计器、表单控件、查询设计器

(2)显示和隐藏工具栏

①自动打开。工具栏会随着某一类文件的打开而自动打开。例如,当新建或打开一个表单文件时,将自动显示"表单设计器"工具栏。当关闭表单文件之后,该工具栏也会自动关闭。

②菜单方式。选择"显示"→"工具栏"菜单,弹出"工具栏"对话框,在其中选择相应的工具栏,打×表示选中该工具栏。空为未选。

③鼠标方式。用右键单击任何一个工具栏的空白处,打开工具栏的快捷菜单,从中选择要打开和关闭的工具栏,或者在弹出的快捷菜单中选择工具栏命令打开对话框。

(3)定制和修改工具栏

①定制工具栏。除了上述系统提供的工具栏之外,为了方便操作,用户还可以创建自己的工具栏,或修改现有的工具栏,这些行为统称为定制工具栏。

创建工具栏的操作步骤如下:

选择"显示"→"工具栏"菜单,弹出"工具栏"对话框,在对话框中单击"新建"按钮,弹出"新建工具栏"对话框,在"新工具栏"对话框中的"工具栏名称"栏中输入要定制的工具栏名称,单击选择"定制工具栏"左侧的"分类"列表框中的一类,其右侧立即显示该类的所有按钮。根据需要,选择其中的按钮拖到新建的工具栏即可。

②修改工具栏。修改现有的工具栏,具体操作步骤如下:

选择"显示"→"工具栏"菜单,弹出"工具栏"对话框,在对话框中单击"定制"按钮,弹出"定制工具栏"对话框,后面的步骤同创建工具栏类似。

③重置和删除工具栏。

重置工具栏:在"工具栏"对话框中,当选中系统定义的工具栏时,在对话框的右侧会出现"重置"按钮,单击该按钮则可以将用户定制过的工具栏恢复到系统默认状态。

删除工具栏:当选定用户创建的工具栏时,右侧将出现"删除"按钮,单击该按钮并确认,可以删除用户创建的工具栏。

4.主窗口

菜单栏和工具栏下面最大的窗口区域为主窗口,主要用于显示命令和程序执行的结果。

5.命令窗口

在 Visual FoxPro 6.0 启动成功后,主窗口中会出现一个标题为"命令"的小窗口,这就是命令窗口。其主要的功能是输入单个的命令,在用户按回车键后计算机将执行该光标所在行命令。

命令窗口除了有可直接在窗口中输入并执行命令的功能外,还有两个辅助功能:当用户使用界面操作方式,完成某种操作后,系统会自动在命令窗口中显示出相应的、完整的执行命令;执行过的命令会依次保留在命令窗口中,用户可利用上下光标等方法,让光标停留在曾经使用的命令行上,对该命令进行修改、剪贴或重新执行。

6.状态栏

状态栏位于 Visual FoxPro 6.0 窗口的最下方,主要用于显示 Visual FoxPro 6.0 的当前工作状态,包括打开的数据库名、表文件名和记录状态,以及按钮和菜单的功能说明等。

1.2.2 Visual FoxPro 6.0 的系统配置

Visual FoxPro 6.0 的系统环境可以通过修改"环境参数"方式更改,可以添加或删除控件、更改文件的默认设置等,也可以保持系统默认设置不变。

配置系统环境可以通过以下 3 种方式实现:Windows 注册表、配置文件和"工具"菜单下的"选项"对话框。选项卡的种类及功能见表1—1。

课堂速记

表1—1 选项卡的种类及功能

选项卡	设置功能
显示	界面选项,如时钟、标题栏、系统信息
常规	数据输入与编程选项,例如,设置警告声
数据	表选项,字符串比较设定。如是否使用索引强制唯一性
远程数据	远程数据访问
文件位置	改变系统默认文件存储位置
表单	表单设计器选项
项目	项目管理器选项
控件	"表单控件"工具栏中的"查看类"按钮所提供的可视类库等
区域	时间、日期、货币及数字格式
调试	高度器显示跟踪选项
语法着色	确定区分程序元素所用的字体和颜色
字段映像	确定从数据环境设计器、数据库设计器或项目管理器中向表单拖动表或字段时创建何种控件

选项卡中重点要学会文件位置的设置,例如,设置文件的默认目录为 d:\学生成绩管理。

1. 菜单方式

依次执行"工具"→"选项"→"文件位置"→"默认目录"→"修改"→"使用默认目录"→"设置为默认值"→"确定"操作,如图1-3所示。

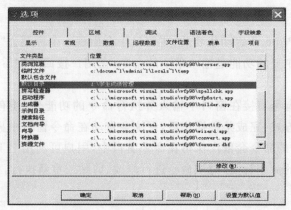

图1-3 文件位置默认目录设置

2. 命令方式

SET DEFAULT TO [〈磁盘目录名称〉]

SET DEFAULT TO d:\学生成绩管理

上述两种方式的作用就是将当前打开文件位置和存储文件位置设置为d:\学生成绩管理。以后在上机做题和上机考试时,一定要根据题目要求进行文件位置的默认目录的设置。

1.3 项目管理器

项目管理器是Visual FoxPro 6.0中一个非常重要的文件组织和管理的工具,在它的帮助下,当我们操作某个文件时,可省去总是执行"打开文件"这一重复的步骤,大大降低了工作的繁琐程度。可以很方便地在项目管理器中直接选择文件进行操作。

"项目"是文件、数据、文档以及Visual FoxPro 6.0对象的集合,项目文件的扩展名为.pjx。"项目"用于跟踪创建应用程序所需的所有程序、表单、菜单、数据库、报表、查询等文件。它由"项目管理器"来维护管理。项目管理器在Visual FoxPro 6.0主窗口中显示为一个独立的窗口,当项目管理器窗口为当前窗口时,Visual FoxPro 6.0在菜单栏中自动显示"项目"菜单。

1.3.1 项目文件的创建

1. 菜单方式

建立一个项目文件的步骤。

①选择"文件"→"新建"菜单项或单击"新建"按钮,弹出"新建"对话框,如图1-4所示。

②选中新建对话框的"文件类型"栏目中的"项目"选项,再单击"新建文件"按钮,弹

出"创建"对话框,如图1—5所示。

③在对话框中输入项目文件的名字和选择项目文件要保存的位置,然后,单击"保存"按钮。若不作选择和输入,则系统会用"项目1.pjx"文件名保存在默认路径下。

④建立的项目文件会自动打开,并同时打开项目管理器。

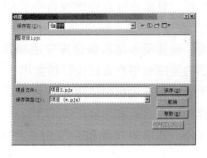

图1—4 新建"文件类型"对话框   图1—5 "创建"对话框

2. 命令方式

(1)格式一

【命令】CREATE PROJECT [〈文件名〉]

【功能】创建一个项目文件。

【例1—1】CREATE PROJECT d:\学生成绩管理\学生管理

&& 在d盘学生成绩管理目录下创建一个学生管理项目文件,并打开该文件。

(2)格式二

【命令】MODIFY PROJECT [〈文件名〉]

【功能】当指定的项目文件不存在时,创建它。否则,打开指定的项目文件。

【例1—2】MODIFY PROJECT d:\学生成绩管理\学生管理

&& 若d盘Visual FoxPro 6.0目录下不存在项目文件学生管理.pjx则创建并打开该文件,若该项目文件存在则打开该文件。

1.3.2 项目管理器简介

项目管理器界面主要由选项卡和命令按钮组成。

1. 选项卡

项目管理器窗口由6个选项卡构成,它们分别是"全部"、"数据"、"文档"、"类"、"代码"和"其他"。如图1—6所示。

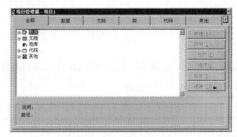

图1—6 项目管理器

课堂速记

①全部。集中了其他5种选项卡的全部内容,用户几乎可以在此选项卡下完成所有的操作,它是另外5个选项卡的全部功能的集合。从图1—6所示的界面也可以看出,它的5个项目"数据"、"文档"、"类库"、"代码"和"其他"正好与另外5个选项卡——对应。

②数据。管理应用项目中各类型的数据文件,有数据库、自由表、视图、查询文件等。在一个数据库中又可以管理数据库表、本地视图、远程视图、连接和存储过程。

③文档。显示和管理应用项目中使用文档类文件,文档类文件有表单文件、报表文件、标签文件等。

④类。该选项卡显示和管理应用项目中使用的类库文件,包含 Visual FoxPro 6.0系统提供的类库和用户自己设计的类库。

⑤代码。管理项目中使用的各种程序代码文件,例如,程序文件(. PRG)、API 库和用项目管理器生成的应用程序(. APP)。

⑥其他。列出的对象包括应用程序的菜单文件以及一些用于程序说明的文本文件等。

2. 命令按钮

在项目管理器窗口中的右边有众多的命令按钮,这些按钮会随着所选选项卡中内容的不同而发生变化。以下介绍的所有命令按钮都可以在"项目"菜单中找到相应的命令。

①新建。创建一个由用户在项目管理器内某一选项卡中选定类型的新文件(如数据库、表、表单、报表、查询、程序等)并将其添加到项目文件中。当在项目管理器窗口的某一选项卡中选择一个文件类型(如数据库)时,该按钮被激活。单击该按钮时,用户可通过出现的对话框新建选定类型的文件。

②添加。可把用 VFP"文件"菜单下的"新建"命令和"工具"菜单下的"向导"命令创建的各类独立的文件添加到该项目管理器中,统一地组织管理起来。

③修改。当在项目管理器窗口中选中一个数据库、自由表、查询、表单、报表、标签、类库、程序、菜单或文本文件时,该按钮被激活。单击该按钮,用户可通过打开的设计器或编辑器来修改选定的文件。

④运行。运行选定的查询、表单、菜单或程序文件。只有在项目管理器窗口中选中一个查询、表单、菜单或程序文件时,该按钮才能被激活。

⑤移去。用于从项目文件中移去或删除当前选定的文件。只有在项目管理器窗口中选中一个文件后该按钮才被激活。

⑥连编。用于将所有在项目中引用的文件(除了那些标记为排除的文件)合成为一个应用程序文件或重新连编一个已存在的项目文件。

⑦关闭与打开。用于关闭或打开一个数据库。只有在项目管理器窗口选中了一个数据库后,该按钮才会出现。如果选中的数据库已经打开,则这个按钮为"关闭",否则为"打开"。

⑧浏览。用于打开选定表的浏览窗口,用户可在打开的浏览窗口中查看、修改表中的数据。该按钮只有在选中表的时候才出现。

⑨预览。用于预览选定的报表或标签文件的打印情况。只有在项目管理器窗口中选中一个报表或标签文件后,该按钮才可用。

1.3.3 项目管理器的窗口操作

"项目管理器"通常显示为一个独立的窗口,但具有工具栏窗口的特性,可以对其进行移动、折叠和调整窗口大小等操作。项目管理器窗口关闭后,数据库、数据库表、数据库视图和自由表等均不自动关闭,此时可用 close database 和 use 命令来关闭它们。

1. 改变窗口的显示外观

①位置的移动。将鼠标指针指向标题栏,按住鼠标左键不放,即可将"项目管理器"窗口拖到屏幕上的其他位置。

②改变窗口大小。将鼠标指针指向窗口的顶端、底端、两边或角上,拖动鼠标就可扩大或缩小它的尺寸。

③窗口的折叠与展开。单击"项目管理器"选项卡的最右边的"箭头"按钮,就可折叠或展开"项目管理器"的窗口。窗口在折叠情况下只显示 6 个选项卡的选项栏,这时只要单击某选项按钮就能显示该选项页的内容,再单击一次该选项按钮则还原。单击右上角的"下箭头",就可还原"项目管理器"的窗口。当"项目管理器"放置在常用工具栏上时,将鼠标指向"项目管理器"选项卡的空白处双击或拖离工具栏,则还原"项目管理器"窗口。

2. 选项卡的拆分

折叠"项目管理器"窗口后,可以拖开选项卡,该选项卡成为浮动状态,可根据需要重新安排它们的位置。拖下某一选项卡后,它可以在 Visual FoxPro 6.0 的主窗口中独立移动。若要拖开某一选项卡,其操作步骤为:

①折叠"项目管理器"。

②选定一个选项卡,将它拖离"项目管理器"。

当选项卡处于浮动状态时,在选项卡中单击鼠标右键,在弹出的快捷菜单中增加了"项目"菜单中的选项。单击选项卡右上方的窗口"关闭"按钮,则还原到"项目管理器"窗口。

3. 钉住浮动选项卡

当拖开多个选项卡后,选项卡之间会产生重叠。为使其中一个选项卡始终显示在最上面,可以使用该选项卡上端的"图钉"将其钉住。

4. 项目内容的折叠和展开

"全部"选项卡中包括 5 个项目,而一个项目包含了许多的内容。"项目管理器"是采用层次结构方式管理和组织这些内容的。在显示时,各部分用图标连接表示,各层次关系可以通过"+"按钮展开,通过"-"按钮折叠。

5. 添加文件

首先在相应的选项卡中选择要添加的文件类型,然后单击项目管理器右侧的"添加"按钮,在弹出的对话框中打开要添加的文件,添加完毕后就能看到文件加入到项目管理器中。

6. 修改文件

选中要修改的文件,然后单击"修改"按钮,即可进行文件的修改,如平常用的比较多

课堂速记

的数据库表结构的修改。

7. 移去文件

首先选择需要移去的文件,然后单击移去按钮或选择菜单命令"项目"下的"移去文件"。此时,将弹出"询问"对话框询问用户是移去还是删除文件。移去文件只是将文件从项目管理器中移出,但文件还保留在磁盘中。

8. 项目间文件共享

通过与其他项目共享文件,你可以使用在其他项目开发上的工作成果。此文件并未复制,项目只存储了对该文件的引用。文件可同时与不同的项目连接。若要在项目之间共享文件则可进行如下操作。

①在 Visual FoxPro 6.0 中,打开要共享文件的两个项目。

②在包含该文件的"项目管理器中",选择该文件。

③拖动该文件到另一个项目容器中。

1.4 Visual FoxPro 6.0 的辅助设计工具

除了可以用项目管理器来高效地组织文件外,Visual FoxPro 6.0 还提供了一些辅助设计工具,使我们能在辅助设计工具的帮助下,直观、快捷地完成各种文件的创建,自动生成相应的程序代码。Visual FoxPro 6.0 提供的辅助设计工具有向导、设计器和生成器。

1.4.1 Visual FoxPro 6.0 的向导

Visual FoxPro 6.0 提供多种向导,通过向导不用编程就可以创建良好的应用程序界面,并完成对数据库的操作。

向导的启动方式有 4 种。

①选择"文件"→"新建"菜单命令,选择想要创建的文件的类型,单击"向导"按钮。

②选择"工具"→"向导"菜单命令,在"向导"的下级子菜单中选择需要的向导类型。

③在项目管理器中选择创建文件类型,单击"新建"按钮后,在弹出的对话框中单击"向导"按钮。

④在工具栏中找到需要的"向导"图标,直接单击即启动相应的向导。

在使用向导时,需要看清系统的每一步提示信息,依次回答屏幕上所提出的问题,单击下一步按钮进行操作,如果发现实际的操作和原来的想法有出入,可以单击上一步按钮,重新操作。如果在使用的时候出现疑问,可以按 F1 键寻求帮助。表 1-2 是 Visual FoxPro 6.0 中提供的主要向导及作用。

使用向导创建好表、表单、查询或报表之后,可以用相应的设计工具将其打开,并做进一步的修改。不能用向导打开一个用向导建立的文件,但是可以在退出向导之前,预览向导的结果并做适当的修改。

表 1－2 Visual FoxPro 6.0 中提供的主要向导及作用

向 导	主要作用	向 导	主要作用
表向导	创建表	一对多报表向导	创建一对多表单
数据库向导	生成一个数据库	数据透视表向导	创建数据透视表
表单向导	创建一个表单	查询向导	创建查询
一对多表单向导	创建一对多表单	远程视图向导	创建远程视图
导入向导	导入或追加数据	报表向导	创建报表
标签向导	创建邮件标签	安装向导	基于发布树中的文件创建分布磁盘
本地视图向导	创建视图	图形向导	创建一个图形
应用程序向导	创建一个 Visual FoxPro 6.0 应用程序	Web 发布向导	在 HTML 文档中显示表或视图中的数据

1.4.2 Visual FoxPro 6.0 的设计器

Visual FoxPro 6.0 是一个界面友好的软件,用户不需完全掌握软件的所有功能就能设计出需要的应用程序。多种设计器的存在为用户的简单操作创造了条件。

Visual FoxPro 6.0 中的设计器就是应用程序中的文件进行设计的一个平台,除用命令可以打开相应的设计器外,还可以用下面 3 种方法调用设计器。

①菜单方式调用。

②从"显示"菜单中打开。

③在项目管理器环境下调用。

表 1－3 列出了 Visual FoxPro 6.0 提供的各种设计器和它们的主要功能。

表 1－3 设计器功能

名 称	功 能
表设计器	创建和修改数据库表和自由表的结构,建立和删除索引等。在打开数据库时,还可以实现显示格式,有效性检查和默认值设置等功能
数据库设计器	建立数据库,管理数据库中的表和视图;对表之间的联系进行管理。当该设计器窗口活动时,显示"数据库"菜单和"数据库设计器"工具栏
查询设计器	创建并修改在本地表中进行的查询。当该设计器窗口活动时,显示"查询"菜单和"报表控件"工具栏
视图设计器	创建可更新的查询并可在远程数据源上运行查询
表单设计器	创建并修改表单,当该窗口活动时,显示"表单"菜单、"表单控件"工具栏和"属性"窗口
报表设计器	创建并修改报表以便显示和打印数据。当该项设计器窗口活动时,显示"报表"菜单和"报表控件"工具栏
数据库环境设计器	创建和修改表单或报表时使用的数据源,包括表、视图及关系
菜单设计器	创建并管理菜单,预览并执行它
连接设计器	为远程视图建立并修改连接,连接是作为数据库的一部分存储的,所以只有在打开数据库时才能使用"连接设计器"

1.4.3 Visual FoxPro 6.0 生成器

生成器和向导有很多相似的地方,也是通过一系列的"对话"来生成"目标",简化了程序的开发过程。Visual FoxPro 6.0 提供的生成器及其主要作用见表1—4。

表1—4 生成器及其主要作用

生成器	主要作用
表单生成器	添加字段,作为表单的新控件。在该生成器中有字段选取和样式2个选项卡。可以在该生成器中选择选项,来添加控件和指定样式
文本框生成器	设置文本框控件的属性。在该生成器对话框中有格式、样式、值3个选项卡,文本框是一个基本控件,允许用户添加或编辑数据,存储在表中"字符型"、"数值型"、"日期型"、"逻辑型"的字段里。可在该生成器对话框格式中选择选项来设置属性
组合框生成器	设置组合框控件的属性。在该生成器对话框中有列表项、样式、布局、值4个选项卡,可以选择选项来设置属性
命令按钮组生成器	设置命令按钮控件的属性,在该生成器对话框中有按钮、布局2个选项卡,可以选择选项来设置属性
编辑框生成器	设置编辑框控件的属性。在该生成器对话框中有格式、样式、值3个选项卡,编辑框一般用来显示长的字符型字段或者备注型字段,并允许用户编辑文本,也可以显示一个文本文件或剪贴板的文本
表格生成器	设置表格控件的属性。在该生成器对话框中有表格、样式、布局、关系4个选项卡,可以选择选项来设置属性
列表框生成器	设置列表框控件的属性。在该生成器对话框中有列表项、样式、布局、值4个选项卡,可以选择选项来设置属性
选项按钮组生成器	设置选项按钮组控件的属性。在该生成器对话框中有按钮、布局、2个选项卡,可以选择选项来设置属性

Visual FoxPro 6.0 还包括一些特定的生成器,这些生成器仅能用于"组件管理器"中的基本对象。

使用表单生成器来创建或修改表单;对表单中的控件使用相应的生成器;使用自动格式生成器来设置控件格式;使用应用程序生成器可为开发的项目生成应用程序。

闯关考验

一、单项选择题

1.在项目管理器的"数据"选项卡下,可以完成的工作是(   )。

A.建立数据库   B.建立表单   C.建立报表   D.建立标签

2.项目管理器是对数据库应用系统的(   )进行有效组织和管理的工具。

A.字段   B.文件   C.程序   D.数据

3.以下有关工具栏的说法不正确的是(   )。

A.用户可根据需要定制工具栏

B.只能显示在主窗口的顶部

C.可以停留在主窗口的四周

D. 工具栏可以显示为窗口形式

4. 项目管理器的运行按钮用于执行选定的文件,这些文件可以是（　　　）。

A. 查询、视图或表单　　　　　　　　　B. 表单、报表和标签

C. 查询、表单或程序　　　　　　　　　D. 以上文件都可以

5. 以下有关项目管理器说法不正确的是（　　　）。

A. 项目管理器泊留后将自动折叠,只显示选项卡

B. 用"展开/折叠"按钮可将项目管理器展开或折叠

C. 项目管理器折叠时不可使用

D. 项目管理器折叠时可单击某个选项卡来打开它

6. 以下有关选项卡说法不正确的是（　　　）。

A. "项目管理器"中的选项卡可用鼠标拖下来,变成浮动的选项卡

B. 关闭"项目管理器"后,浮动的选项卡仍然保留

C. 单击图钉按钮,可将选项卡保持在主窗口的最前端

D. 可将选项卡拖回原来的位置

7. 以下命令中哪一条命令能关闭项目管理器（　　　）。

A. Close all　　　　　　　　　　B. Close Database

C. Clear　　　　　　　　　　　　D. Clear Memory

8. 若同时打开甲、乙两个项目,从甲项目中拖放文件到乙项目中,以下说法正确的是（　　　）。

A. 若拖放操作成功,则甲项目中不存在该文件

B. 拖放操作后在乙项目所在文件夹下创建了该文件的副本

C. 拖放操作并不创建该文件的副本,只保存了一个对该文件的引用

D. 允许从甲项目的某数据库中拖放一张表到乙项目的某数据库中

二、填空题

1. Visual FoxPro 6.0 的工作方式包括 _____ 和 _____ 。

2. Visual FoxPro 6.0 的主菜单是动态菜单,通常显示 7～9 个菜单项,默认情况下显示 _____ 个菜单项。

3. 项目文件的扩展名是 _____ 。

4. 项目管理器将项目中的文件分为数据、文档、 _____ 、 _____ 、 _____ 等 5 个大类。

5. 欲将已经建立的文件添加到项目中去,可单击"项目管理器"中的 _____ 按钮。

6. 在项目管理器中,项旁带斜线的圆圈表示该项在 _____ 时不被包含在生成的应用程序中。

7. Visual FoxPro 6.0 的辅助设计工具有 _____ 、 _____ 和生成器

8. Visual FoxPro 的默认目录设置可通过 _____ 命令来实现。

9. 使用 _____ 命令可以直接退出 Visual FoxPro 6.0 系统。

三、思考题

1. 启动和退出 Visual FoxPro 有哪几种方法?

2. 如何设置 Visual FoxPro 的默认目录?

3. Visual FoxPro 有哪些工作方式?

4. Visual FoxPro 通过哪些辅助设计工具来实现简便快速的开发?

数据库篇

第 2 章 Visual FoxPro 数据库

目标规划

（一）学习目标

基本了解：

1. 数据管理发展阶段、数据模型、数据库设计步骤；

2. 数据库概念、数据库表和自由表区别；

3. 索引的概念和分类，索引与排序的区别；

4. 数据完整性的概念，表间关系。

重点掌握：

1. 数据库系统的组成、关系模型、关系运算；

2. 数据库设计器、表设计器；

3. 索引的相关命令；

4. 实体完整性、域完整性与参照完整性的概念。

（二）技能目标

1. 数据库的创建、修改和删除；

2. 数据库表和自由表的创建、表结构修改；

3. 添加记录、修改记录、删除记录、查询及定位记录；

4. 创建索引、删除索引、对表排序；

5. 利用数据库设计器实施参照完整性。

课前热身随笔

本章穿针引线

Visual FoxPro 在实现程序设计的同时,也是一款数据库管理系统,本章将介绍 Visual FoxPro 数据库管理方面的内容,包括数据库基础知识、数据库操作、数据库表操作、索引和排序以及数据完整性。本章知识结构图如下:

Visual Foxpro 数据库

- 数据库基础
  - 数据库系统
  - 关系数据库

- 数据库及表的操作
  - 表的创建
  - 表结构的修改
  - 表的记录定位和显示
  - 表结构和数据的复制
  - 记录的删除与恢复
  - 修改表中的数据
  - 数据表的过滤
  - 表内容的统计
  - 数据库的创建与管理

- 索引与排序
  - 排序
  - 索引
  - 简单查询

- 多数据表操作
  - 工作区
  - 表的关联

- 数据完整性
  - 参照完整性规则
  - 参照完整性的实现

2.1 数据库基础

2.1.1 数据库系统

1. 数据管理技术的发展

数据管理是指对数据进行组织、存储、分类、检索和维护等数据处理的技术,是数据处理的核心。数据管理技术的发展主要经历了人工管理、文件管理和数据库系统管理3个阶段。

(1)人工管理阶段

这一阶段(20世纪50年代中期以前),计算机主要用于科学计算。外部存储器只有磁带、卡片和纸带等,还没有磁盘等直接存取存储设备。软件只有汇编语言,尚无数据管理方面的软件。数据处理方式基本是批处理。

这个阶段有如下几个特点:

数据量较少:数据和程序——对应,即一组数据对应一个程序,数据面向应用,独立性很差。由于应用程序所处理的数据之间可能会有一定关系,故程序和程序之间会有大量重复数据。

数据不保存:因为在该阶段计算机主要用于科学计算,一般不需要数据长期保存,只在计算一个题目时,将数据输入计算机,算完题得到计算结果即可。

无数据管理:程序员不仅要规定数据的逻辑结构,而且在程序中还要设计物理结构,包括存储结构的存取方法、输入输出方式等。也就是说数据对程序不具有独立性,一旦数据在存储器上改变物理地址,就需要相应地改变用户程序。

人工管理阶段程序与数据之间的关系如图2-1所示。

图2-1 人工管理阶段程序与数据之间的关系

(2)文件系统阶段

在这一阶段(20世纪50年代后期至60年代中期),计算机不仅用于科学计算,还应用在信息管理方面。随着数据量的增加,数据的存储、检索和维护问题成为紧迫的需要,数据结构和数据管理技术迅速发展起来。此时,外部存储器已有磁盘、磁鼓等直接存取的存储设备。软件领域出现了操作系统和高级软件。操作系统中的文件系统是专门管理外存的数据管理软件,文件是操作系统管理的重要资源之一。数据处理方式有批处理,也有联机实时处理。

这个阶段有如下几个特点：

数据以"文件"形式可长期保存在外部存储器的磁盘上。由于计算机的应用转向信息管理,因此对文件要进行大量的查询、修改和插入等操作。

数据的逻辑结构与物理结构有了区别,但比较简单。程序与数据之间具有"设备独立性",即程序只需用文件名就可与数据打交道,不必关心数据的物理位置。

数据冗余。由于文件之间缺乏联系,造成每个应用程序都有对应的文件,有可能同样的数据在多个文件中重复存储。

不一致性。这往往是由数据冗余造成的,在进行更新操作时,稍不谨慎,就可能使同样的数据在不同的文件中不一样。

数据联系弱。这是由于文件之间相互独立,缺乏联系造成的。

文件系统阶段是数据管理技术发展中的一个重要阶段。在这一阶段中,得到充分发展的数据结构和算法丰富了计算机科学,为数据管理技术的进一步发展打下了基础,现在仍是计算机软件科学的重要基础。

文件系统阶段程序与数据之间的关系如图2-2所示。

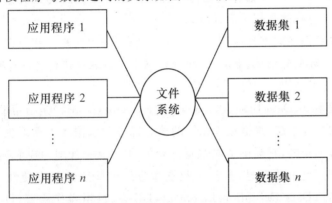

图2-2　文件系统阶段程序与数据之间的关系

(3)数据库管理系统阶段

这一阶段(60年代后期),数据管理技术进入数据库系统阶段。数据库系统克服了文件系统的缺陷,提供了对数据更高级、更有效的管理。这个阶段的程序和数据的联系通过数据库管理系统来实现(DBMS)。

数据库系统阶段的数据管理具有以下特点：

采用数据模型表示复杂的数据结构。数据模型不仅描述数据本身的特征,还要描述数据之间的联系,这种联系通过存取路径实现。通过所有存取路径表示自然的数据联系是数据库与传统文件的根本区别。这样,数据不再面向特定的某个或多个应用,而是面向整个应用系统。数据冗余明显减少,实现了数据共享。

有较高的数据独立性。数据的逻辑结构与物理结构之间的差别可以很大。用户以简单的逻辑结构操作数据而无需考虑数据的物理结构。数据库的结构分为用户的局部逻辑结构、数据库的整体逻辑结构和物理结构三级。用户(应用程序或终端用户)的数据和外存中的数据之间转换由数据库管理系统实现。

数据库系统为用户提供了方便的用户接口。用户可以使用查询语言或终端命令操作数据库,也可以用程序方式(如用C一类高级语言和数据库语言联合编制的程序)操作数据库。数据库系统还提供了数据控制功能。

数据库系统阶段程序与数据之间的关系如图2-3所示。

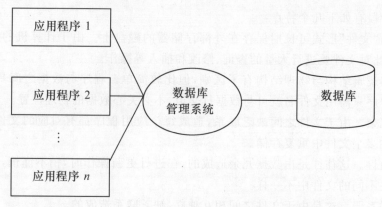

图2—3　数据库系统阶段程序与数据之间的关系

2. 数据库系统相关概念

(1)数据库

数据库(Data Base,DB)是存储在计算机存储器中结构化的相关数据的集合。它不仅存放数据,而且还存放数据之间的联系。

数据库中的数据面向多种应用,可以被多个应用程序共享。其数据结构独立于使用数据的程序,对于数据的增加、删除、修改和检索由系统软件进行统一控制。

(2)数据库管理系统

数据库管理系统(Data Base Management System ,DBMS)是指帮助用户建立、使用和管理数据库的软件系统,是数据库系统的核心部分。数据库管理系统是在特定操作系统的支持下进行工作的,它提供了对数据库资源进行统一管理和控制功能,使数据结构和数据存储具有一定的规范性,提高了数据库应用的简明性和方便性。主要包括 3 部分:数据描述语言(Data Definition Language,DDL)、数据操作语言(Data Manipulation Language,DML)以及其他管理和控制程序。

(3)数据库应用系统

数据库应用系统(Data Base Application System,DBAS)是利用数据库系统资源开发的面向某一类实际应用的应用软件系统。一个 DBAS 通常由数据库和应用程序两部分构成,它们都需要在数据库管理系统 DBMS 支持下开发和工作。

(4)数据库系统

数据库系统(Data Base System,DBS)是指计算机系统引入数据库后的系统构成,是一个具有管理数据库功能的计算机软硬件综合系统。它主要包括计算机硬件、操作系统、数据库、数据库管理系统和建立在该数据库之上的相关软件、数据库管理员以及用户等组成部分。

①硬件系统。数据库系统的物理支持,包括计算机、终端设备、存储设备、网络设备等。

②软件系统。包括系统软件和应用软件。系统软件包括支持数据库管理系统运行的操作系统(如 Windows XP)、数据库管理系统(如 Visual FoxPro)、开发应用系统的高级语言及其编译系统等;应用软件是指在数据库管理系统基础上,用户根据实际问题自行开发的应用程序。

③数据库。数据库系统的管理对象,为用户提供数据的信息源。

④数据库管理员。负责管理和控制数据库系统的主要维护人员。

⑤用户。数据库的使用者,可以利用数据库管理系统软件提供的命令访问数据库并进行各种操作。用户包括专业用户和最终用户。专业用户即程序员,是负责开发应用系统程序的设计人员;最终用户是对数据库进行查询或通过数据库应用系统提供的界面使用数据库的人员。

(5)数据库系统的特点

与文件系统相比,数据库系统具有以下特点:

①数据的独立性强,减少了应用程序和数据结构的相互依赖。

②数据的冗余度小,尽量避免数据的重复存储。

③数据的高度共享,一个数据库中的数据可以为不同的用户所使用。

④数据的结构化,便于对数据统一管理和控制。

3. 数据模型

现实世界中,事物之间是存在联系的,这种联系是客观存在的,是由事件本身的性质决定的。例如,教学管理系统中的教师、学生、课程、成绩等都是相互关联的。通常把客观事物及其联系的数据和结构称为数据模型。

(1)基本概念

①实体。客观存在并且可以相互区别的事物称为实体。实体可以是实际的事物,如学生、教师、图书、学校等;也可以是抽象的事件,如比赛、借阅、选课等。

②实体集。实体集是具有相同类型及相同性质(或属性)的实体集合,例如,某个班级的所有同学的集合可以被定义为实体集。

③属性。实体通过一组属性来表示,属性是实体集中每个成员具有的描述性性质。将一个属性赋予某实体集表明数据库为实体集中每个实体存储相似的信息,例如,学生可以用学号、姓名、性别、出生年月等属性描述。但对每个属性来说,各实体都有自己的属性,即属性被用来描述不同实体间的区别。

④联系。实体之间的对应关系称为联系,它反映了现实事物之间的相互联系,例如,一名学生可以选学多门课程;一本图书一次只能被一位读者借阅等。

(2)实体之间的联系

实体之间的联系(也称为关系)可以归纳为:一对一的联系、一对多的联系和多对多的联系3类。

①一对一的联系。对于实体集 A 中的每一个实体,在实体集 B 中都有唯一的一个实体与之联系,则称实体集 A 与实体集 B 具有一对一的联系。例如,一个学校有一个校长,而每个校长只能在一个学校任职,则学校和校长之间具有一对一的联系。

②一对多的联系。对于实体集 A 中的每一个实体,实体集 B 中有 $n(n>0)$ 个实体与之联系,反之,对于实体集 B 中的每个实体,实体集 A 中至多只有一个实体与之联系,则称实体集 A 与实体集 B 具有一对多的联系。例如,一个班级有若干个学生,而每个学生只在一个班级学习,则班级与学生之间是一对多的联系。

③多对多的联系。对于实体集 A 中的每一个实体,实体集 B 中有 $n(n>0)$ 个实体与之联系,反之,对于实体集 B 中的每个实体,实体集 A 中也有 $m(m>0)$ 个实体与之联系,则称实体集 A 与实体集 B 具有多对多的联系。例如,学生和选修课程的联系,某个学生可以选修多门课程,某选修课程也可以被多名学生选修。

课堂速记

（3）数据模型

数据库中的数据从整体来看是有结构的，即所谓数据的结构化。各实体以及实体间存在的联系的集合称为数据模型，数据模型的重要任务之一就是指出实体间的联系。按照实体集间的不同联系方式，数据库分为3种数据模型，即层次模型、网状模型和关系模型。

①层次模型。层次模型的结构是树形结构，树的节点是实体，树的枝是联系，从上到下为一对多的联系。每个实体由"根"开始，沿着不同的分支放在不同的层次上。如果不再向下分支，则此分支中最后的节点称为"叶"。图2—4为某学院的机构设置，"根"节点是"学院"，叶节点是各位教师。

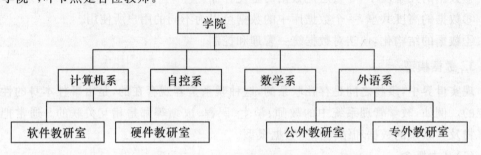

图2—4　层次模型

支持层次模型的数据库管理系统称为层次数据库管理系统，其中的数据库称为层次数据库。

②网状模型。用网状结构表示实体及实体之间的联系称为网状模型。在网状模型中，每一个结点代表一个实体，并且允许"子"结点有多个"父"结点。这样网状模型代表了多对多的联系类型，如图2—5所示。

支持网状模型的数据库系统称为网状数据库管理系统，其中的数据库称为网状数据库。

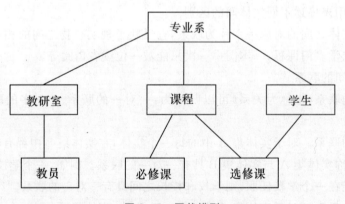

图2—5　网状模型

③关系模型。关系模型是以数学理论为基础构造的数据模型，它用二维表格来表示实体集中实体之间的联系。在关系模型中，操作的对象和结果都是二维表（即关系），表格与表格之间通过相同的栏目建立联系，见表2—1。本章后面的例子中用到的学生档案表都以表2—1为准。

表2—1　学生档案表

学号	姓名	性别	出生年月	班级号	入学成绩	简历	照片
2008010101	陈红芳	女	10/20/1990	0101	590	Memo	Gen
2008010102	李小波	男	09/09/1991	0101	588	Memo	Gen
2008010103	王红红	女	02/10/1990	0101	594	Memo	Gen
2008010104	刘明	男	03/02/1991	0101	566	Memo	Gen
2008010105	李维明	男	10/01/1990	0101	568	Memo	Gen
2008010201	张红利	女	01/03/1991	0102	590	Memo	Gen
2008010202	刘好	女	04/20/1991	0102	593	Memo	Gen
2008010203	吴刚	男	02/03/1990	0102	588	Memo	Gen
2008010204	朱语	男	06/06/1991	0102	578	Memo	Gen
2008010205	张长弓	女	02/10/1991	0102	599	Memo	Gen

关系模型的主要特点有：

①关系中的每一个分量不可再分,是最基本的数据单位。

②关系中每一列的分量是同属性的,列数据根据需要而设,且各列的顺序是任意的。

③关系中每一行由一个个体事物的诸多属性构成,且各行的顺序可以是任意的。

④一个关系是一张二维表,不允许有相同的列(属性),也不允许有相同的行(元组)。

表2—1所示的是一张学生档案表。在二维表中,每一行称为一个记录,用于表示一组数据项;表中的每一列称为一个字段或属性,用于表示每列中的数据项。表中的第一行称为字段名,用于表示每个字段的名称。

关系模型有很强的数据表达能力和坚实的数学理论基础,而且结构单一,数据操作方便,最易被用户接受,以关系模型建立的关系数据库是目前应用最广泛的数据库。支持关系模型的数据库管理系统称为关系数据库系统。Visual FoxPro采用的数据模型是关系模型,因此它是一个关系数据库管理系统。

4. 数据库设计

数据库设计是根据数据库的组织结构,将现实世界中信息表现在计算机中。根据数据库体系结构,数据库分为用户级、概念级和物理级,它们分别对应外模式、概念模式和内模式。因此数据库的设计可分为两大部分,一部分是数据库的逻辑设计,它既包括对应于概念级的概念模式,即数据库管理系统要处理的数据库全局逻辑结构,又包括对应于用户级的外模式;另一部分是数据库的物理设计,它是在逻辑结构已经确定了的前提下设计数据库的存储结构,即对应于物理级的内模式。为完成这两大部分设计工作,整个设计过程可分为6个阶段,如图2—6所示。

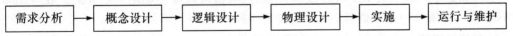

需求分析　→　概念设计　→　逻辑设计　→　物理设计　→　实施　→　运行与维护

图2—6　数据库设计步骤

(1)需求分析阶段

进行数据库设计首先必须准确地了解与分析用户需求(包括数据和处理),需求分析是整个设计过程中的基础,是最困难、最耗时间的一步。需求分析做得不好,甚至会导致整个数据库设计返工重做。

(2)概念结构设计阶段

概念结构设计是整个数据库设计的关键,它通过对用户需求进行综合、归纳与抽象,形成一个独立于具体 DBMS 的概念模型(实体模型)。

(3)逻辑结构设计阶段

逻辑结构设计是将概念结构转换为某个 DBMS 所支持的数据模型(关系模型),并且对其进行优化。

(4)数据库物理设计阶段

数据库物理设计是为逻辑数据模型选取一个最适合应用环境的物理结构(包括存储结构和存储方法)。

(5)数据库实施阶段

在数据库实施阶段,设计运用 DBMS 提供的数据语言及其宿主语言,根据逻辑设计和物理设计的结果建立数据库,编制与调试应用程序,组织数据入库,并进行试运行。

(6)数据库运行和维护阶段

数据库应用系统经过试运行之后,即可投入正式运行。在数据库系统运行过程中必须不断地进行评价、调整和修改。

设计一个完整的数据库应用系统是不可能一蹴而就的,它往往是上述 6 个阶段的不断反复的过程。

2.1.2　关系数据库

关系数据库是依照关系模型设计的若干二维数据表文件的集合。在 Visual FoxPro 中,一个关系数据库由若干个数据表组成,每个数据表又是由若干记录组成。每个记录由若干个数据项组成。一个关系的逻辑结构就是一张二维表。这种用二维表的形式表示实体和实体间联系的数据模型称为关系模型数据库。

1. 关系术语

关系是建立在数学集合概念基础之上的,是由行和列表示的二维表。

(1)关系。一个关系就是一张二维表,每个关系有一个关系名。在 Visual FoxPro 中,一个关系就称为一张数据表。

(2)元组。二维表中水平方向的行称为元组,每一行是一个元组。在 Visual FoxPro 中,一行称为一个记录。

(3)属性。二维表中垂直方向的列称为属性,每一列有一个属性名。在 Visual FoxPro 中,一列称为一个字段。

(4)域。指表中属性的取值范围。在 Visual FoxPro 中,一个字段的取值范围称为一个字段的宽度。

(5)关键字。表中的某个属性或属性组合,其值可以唯一确定一个元组。在 Visual FoxPro 中,具有唯一性取值的字段称为关键字段。

(6)关系模式。关系的描述。一个关系模式对应一个关系的结构。其格式为

关系名(属性名 1,属性名 2,属性名 3,...,属性名 n)。

例如,学生档案表(见表 2-1)的关系模式描述如下。

学生档案表(学号,姓名,性别,出生年月,班级号,入学成绩,简历,照片)。

2. 关系运算

在关系数据库中,经常需要对关系进行特定的关系运算操作。基本的关系运算有 3 种:选择、投影和连接。

（1）选择

选择运算是从关系中找出满足条件的记录。选择运算是一种横向的操作,它可以根据用户的要求从关系中筛选出满足一定条件的记录,这种运算可以改变关系表中的记录个数,但不影响关系的结构。

在 Visual FoxPro 命令中,可以通过子句 FOR〈条件〉实现选择运算。

（2）投影

投影运算是从关系中选取若干个字段组成一个新的关系。投影运算是一种纵向的操作,它可以根据用户的要求从关系中选出若干字段组成新的关系。其关系模式所包含的字段个数往往比原有关系少,或者字段的排列顺序不同。因此投影运算可以改变关系中的结构。

在 Visual FoxPro 命令中,可以通过子句 FIELDS〈字段 1,字段 2…〉实现投影运算。

（3）连接

连接运算是将两个关系通过共同的属性名（字段名）连接成一个新的关系。连接运算可以实现两个关系的横向合并,在新的关系中反映出原来两个关系的联系。

选择和投影运算都属于单面运算,对一个关系进行操作;而连接运算属于双面运算,对两个关系进行操作。

3. 关系的完整性

关系的完整性是指关系中的数据及具有关联关系的数据间必须遵循的制约条件和依存关系,以保证数据的正确性、有效性和相容性。关系的完整性主要包括实体完整性、域完整性和参照完整性。

（1）实体完整性

实体是关系描述的对象,一行记录是一个实体属性的集合。在关系中用关键字来唯一地标识实体,关键字也就是关系模式中的主属性。实体完整性是指关系中的主属性值不能取空值（NULL）,且不能有相同值,以保证关系中的记录的唯一性,是对主属性的约束。若主属性取空值,则不可区分现实中存在的实体。例如,学生的学号、职工的工号都是唯一的,这些属性都不能取空值。

（2）域完整性

域完整性约束也称为用户自定义完整性约束。它是针对某一应用环境的完整性约束条件,主要反映了某一具体应用所涉及的数据应满足的要求。

域是关系中属性值的取值范围。域完整性是针对数据表中字段属性的约束,它包括字段的值域、字段的类型及字段的有效性规则等约束,它是由确定关系结构所定义的字段的属性所决定的。在设计关系模式时,定义属性的类型、宽度是基本的完整性约束。进一步的约束可保证输入数据的合理有效,如性别属性只允许输入"男"或"女",其他字符的输入则认为是无效输入,拒绝接受。

（3）参照完整性

参照完整性是对关系数据库中建立关联关系的数据表之间数据参照引用的约束,也就是对外关键字的约束。准确地说,参照完整性是指关系中的外关键字必须是另一个关系的主关键字,或者是 NULL。

在实际的应用系统中,为减少数据冗余,常设计几个关系来描述相同的实体,这就存在关系之间的引用参照,也就是说一个关系属性的取值要参照其他关系。如对学生成绩管理的描述：

①学生档案(学号,姓名,性别,出生年月,班级号,入学成绩,简历,照片)。

②学生成绩(学号,课程号,成绩)。

③课程信息(课程号,课程名,课时数,学分,考核方式)。

在上述关系中,课程号不是学生成绩关系的主关键字,但它是被参照关系(课程信息关系)的主关键字,称为学生成绩关系的外关键字。参照完整性规则规定外关键字可取空值或取被参照关系中主关键字的值。虽然这里规定外关键字课程号可以取空值,但按照实体完整性规则,课程关系中课程号不能取空值,所以成绩关系中的课程号实际上是不能取空值的,只能取课程关系中已经存在的课程号的值。若取空值,关系之间就失去了参照的完整性。

2.2 数据库及表的操作

2.2.1 表的创建

1. 表结构的设计与实现

Visual FoxPro 采用关系数据模型,每一个表对应于一个关系,每个关系对应于一张二维表。表是从简单数据处理到创建关系型数据库,再到设计应用程序的过程中所用到的基本单位,它是数据库的基础。如果要保存数据,就应为所需记录的信息创建一个表。数据表是由行和列组成的,每一行称为一个记录,每一列称为一个字段。每个字段有其自身的属性,一般有字段名,字段类型,字段宽度等。下面以表2-1的学生档案表为例来分析表结构。

该表格有8个栏目,每个栏目有不同的栏目名,如"学号"、"姓名"等。同一栏目的不同行的数据类型完全相同,而不同栏目中存放的数据类型可以不同。如"姓名"栏目是"字符型",而"入校总分"栏目是"数值型"。每个栏目的数据宽度有一定的限制。如"学号"的数据宽度是8个字符,"性别"的数据宽度是2个字符。对数值型栏目一般还可以规定小数的位数。

(1)字段名

字段名即关系的属性名或表的列名。自由表的字段名最长为10个字符。数据库表字段名最长为128个字符。字段名必须以字母或汉字开头。字段名可以由字母、汉字(1个汉字占2个字符)、数字和下划线"_"组成。但字段名中不能包含空格。如姓名、xh、数据_1等都是合法的字段名。

(2)字段类型

数据库可以存储大量的数据,并提供丰富的数据类型。这些数据可以是一段文字、一组数据、一个字符、一个图像或一段多媒体作品。当把不同类型的数据存入字段时,就必须告诉数据库系统这个字段要存储什么类型的数据,这样数据库系统才能对这个字段采取相应的数据处理方法。可将字段的数据类型设置为表2-2中的任意一种。

表2-2 数据类型

数据类型	中文名称	说　　明	字段宽度(字节)
Character	字符型	字母、汉字、数字、文本、符号	254
Currency	货币型	货币单位	8
Numeric	数值型	整数或小数	20
Float	浮点型	同数值型	20
Date	日期型	年、月、日	8
Date Time	日期时间型	年、月、日、时、分、秒	8
Double	双精度型	双精度数值	8
Integer	整型	整数	4
Logical	逻辑型	真或假	1
Memo	备注型	不定长的字母、文本、数字	4
General	通用型	OLE图像、多媒体对象	4
Character(Binary)	字符型(二进制)	同前字符型	254
Memo(Binary)	备注型(二进制)	同前备注型	4

（3）字段宽度

字段宽度规定了字段可以容纳的最大字节数。例如，一个字符型字段最多可容纳254个字节。日期、逻辑、备注、通用型等类型的字段的宽度是固定的，系统分别规定为8、1、4、4个字节。备注型和通用型字段宽度固定为4个字节，用于存储一个4字节的指针，指向存储的.FPT文件中真正的备注内容和通用型字段的内容。该文件随表的打开而自动打开，如果它被破坏或丢失，则表也就不能打开。

（4）小数位数

当字段类型为浮点型、数值型、双精度型时，应在"小数位数"栏中设置小数的位数。

（5）是否允许为空

可以指定字段是否接受空值（NULL）。NULL不同于零、空字符串或者空白，而是一个不存在的值（不确定）。当数据表中某个字段内容无法知道确切信息时，可以先赋予NULL值，等内容确定之后，再存入有实际意义的值。

2.表结构的建立

创建表结构时，打开表设计器的方法主要有3种：菜单方式、命令方式和在一个项目中建立。

（1）菜单方式

【例2-1】建立学生档案表（学生档案.DBF）的结构。

【操作步骤】

从"文件"菜单中单击"新建"，弹出"新建"对话框，如图2-7所示，选择表并单击"新建文件"→在"创建"对话框中，如图2-8所示，给出文件名并确定所需的保存位置→在"表设计器"对话框中，如图2-9所示，逐个输入所需字段（用↓键或鼠标换行），全部字段输入完成后单击"确定"按钮。

课堂速记

课堂速记

图2—7 "新建"对话框

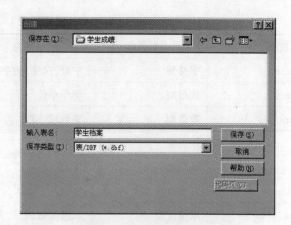

图2—8 "创建"对话框

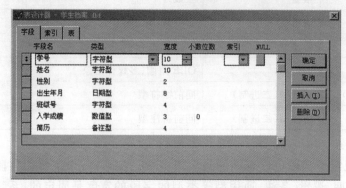

图2—9 "表设计器"对话框

(2)命令方式

【命令】CREATE〔〈表名〉|?〕

【功能】打开"表设计器"对话框,创建一个新表。

【说明】①字段的数据类型应与将要存储在其中的数据类型相匹配。

②字段的宽度足够容纳将要显示的内容;如果想让字段接受空值,则选中 NULL。

③用户也可以不指定名称或输入"?"选项,此时,Visual FoxPro 将弹出一个"创建"对话框,用户在此对话框中指定新表的位置,输入新表的名称。

【例2—2】用 CREATE 命令建立"学生档案.dbf"的结构。

CREATE 学生档案

3. 表数据的输入

(1)立即输入方法

设计好表的结构后,系统会提示是否直接进入数据输入状态。若选是,则进入窗口,输完后单击"退出"按钮退出,系统自动存盘。需输入备注型或通用型字段的数据时,双击"memo"或"gen",在新打开的 窗口中输入所需内容,输完后单击"关闭"按钮系统自动存盘,退回到原窗口 ,此时字段中的"memo"或"gen"变成"Memo"或"Gen"。

(2)追加方法

若设计好表的结构后并没有及时输入数据,则可以用追加方法:

从文件菜单中(或从命令窗口中输入:USE 表文件名)打开所需表文件 → 单击"显示"→浏览 → 单击"表"→"追加新记录" → 在浏览窗口中输入所需记录。

(3)APPEND命令追加数据

【命令1】APPEND[BLANK]

【功能】当命令带有 BLANK 时,则在表的尾部追加一条空白记录,但不进入编辑窗口。以后可用 EDIT、BROWSE 等命令修改空白记录的值,或用 REPLACE 命令直接修改该空白记录的值。

【例2-3】用 APPEND 命令添加一条记录。

USE 学生档案

APPEND　　　　　　　&& 在打开的浏览窗口中添加记录

【命令2】APPEND FROM [〈文件名〉|?][FIELDS〈字段名列表〉][FOR〈条件表达式〉]

【功能】将其他表(或其他类型文件)中记录数据追加到当前表记录末尾。若不指定文件的类型,则源文件为表文件。

【说明】[FIELDS〈字段名列表〉]指定要添加数据的字段;[FOR〈条件表达式〉]为当前选定表中满足条件的记录追加新记录,省略该选项,则整个源文件记录都追加到当前表中。

【例2-4】建立一个"学生.DBF"表,表结构与"学生档案.DBF"相同,然后将"学生档案.DBF"的记录全部追加到"学生.DBF"中。

USE 学生

APPEND FROM 学生档案

LIST

4. 表文件的打开与关闭

打开表是将表从磁盘调入内存的过程。关闭表是将表从内存向磁盘保存的过程。只有打开表以后,才能对表中的数据进行修改和检索。关闭表时,数据会自动存盘。

(1)菜单方式打开表文件

从文件菜单中选择打开命令 → 从"打开"对话框中选择需要打开的表文件名→然后单击"确定"按钮即打开选定的表。

(2)用 USE 命令打开或关闭表

【命令】USE [〈表名〉|〈?〉][Exclusive | Shared]

【功能】在当前工作区中打开或关闭指定的表。

【说明】①Exclusive 选项表示以"独占"方式打开表,打开的表可读可写;Shared 选项表示以"共享"方式打开表,打开的表只能读,不能修改。系统默认方式为 Exclusive。

②打开一个表时,该工作区原来已打开的表会自动关闭。单独的 USE 命令表示关闭当前工作区已经打开的表。

【例2-5】用 USE 命令打开和关闭学生档案表。

USE 学生档案　　&& 以独占的方式打开学生档案表

LIST　　　　　　&& 浏览学生记录

USE　　　　　　&& 关闭学生档案表

2.2.2 表结构的修改

修改表结构内容包括:新增字段、删除字段、修改字段名、修改字段类型、修改字段宽度、修改小数位数、是否支持空值等内容。可以打开表设计器来修改表的内容。在修改表之前,需要打开表使之处于打开状态。

课堂速记

（1）菜单方式

首先打开表→从"显示"菜单中选择"表设计器"对话框→在"表设计器"对话框中实现表结构的修改。

（2）命令方式

【命令】MODIFY STRUCTURE

【功能】打开"表设计器"对话框，修改当前表的结构。

【例2—6】用MODIFY命令修改表结构。

　　USE 学生档案

　　MODIFY STRUCTURE

2.2.3　表的记录定位和显示

在 Visual FoxPro 中，系统为每个打开的表设置了一个记录指针。当 Visual FoxPro 对表中记录进行某些操作时，指针会随着操作而发生移动，记录指针指向的记录称为当前记录。使用 RECNO() 函数可以获得当前记录的记录号。表文件有两个特殊的位置：文件头和文件尾。文件头是表中第一条记录之前，当记录指针在文件头时，函数 RECNO() 的值为1，函数 BOF() 的值为.T.。文件尾是最后一条记录。如果文件的实际记录数是N，则在文件尾时，函数 RECNO() 的值为 N+1，函数 EOF() 的值为.T.。

1. 记录的定位

（1）菜单方式

首先打开表→从"显示"菜单中选中"浏览"命令，浏览表中的数据。从"表"菜单中选择"转到记录"命令，根据需要进行6种选择。如图2—10所示。

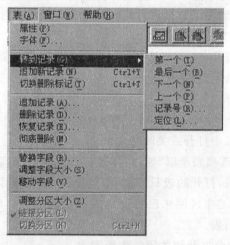

图2—10　转到记录菜单

（2）命令方式

①绝对定位。

【命令1】GO [TO] TOP|BOTTOM

【功能】将记录指针指向表的第一个（最后一个）记录。

【命令2】GO [TO]〈数值表达式〉

【功能】将指针指向指定的位置。

【例2—7】GO命令的使用。

```
USE 学生档案
? RECNO()              && 显示当前记录号 1
? BOF()                && 检测当前指针是否在表头,显示.F.
GO 3                   && 指针指向第 3 条记录
? RECNO()              && 显示记录号 3
GO BOTTOM              && 指针指向最后一条记录
? RECNO()              && 显示最后一条记录号是 10
? EOF()                && 检测当前指针是否在表尾,显示.F.
GO TOP                 && 指针指向首记录
? RECNO()              && 显示记录号 1
```

②相对定位。

【命令】SKIP [〈数值表达式〉]

【功能】从当前记录开始向前或向后移动记录指针。

```
SKIP                   && 指针向下移动 1 个记录
SKIP+n                 && 指针向下移动 n 个记录
SKIP−n                 && 指针向上移动 n 个记录
```

【例 2−8】SKIP 命令的使用。

```
USE 学生档案
? RECNO(),BOF()        && 检测当前记录号,是否在文件头
SKIP −1                && 指针向文件头方向移动一个位置
? RECNO(),BOF()        && 显示 1,.T.
SKIP 3                 && 指针向文件尾方向移动 3 条记录
? RECNO()              && 显示 4
SKIP                   && 指针向下移动 1 条记录
? RECNO()              && 显示 5
```

2. 记录的显示

【命令】LIST/DISPLAY [〈范围〉][FIELDS〈字段名表〉][FOR〈条件表达式〉][OFF];

　　　　[TO PRINTER][TO FILE〈文件名〉]

【功能】在工作区窗口显示当前表中的记录。

【说明】①[〈范围〉]子句用来确定命令涉及的记录范围,包含 4 个子句:

```
ALL                    && 所有记录
NEXT〈n〉                && 从当前记录开始的连续 n 条记录
RECORD〈n〉              && 第 n 条记录
REST                   && 从当前记录开始到最后的所有记录
```

②LIST 与 DISPLAY 命令的区别有两点:第一,LIST 缺省[〈范围〉]子句时是显示全体记录,DISPLAY 缺省[〈范围〉]子句时仅显示当前记录;第二,LIST 具有连续显示的特点,而 DISPLAY 具有分页显示功能,当显示满一页就停止,并提示按任一键连续显示下页内容。

③指定[FIELDS〈字段名表〉]时,只显示出指定字段的内容。

有[FOR〈条件表达式〉]时,只显示满足条件表达式的记录。

有[OFF]子句时,显示记录时不显示记录号。

[TO PRINTER]子句表示显示并打印输出记录。

[TO FILE〈文件名〉]子句,表示把显示的结果输出到文本文件。

【例2-9】按要求显示"学生档案"表中的记录。

①显示所有学生记录

　　USE 学生档案

　　LIST

②显示第3条记录的学号、姓名、性别。

LIST RECORD 3 FIELDS 学号,姓名,性别

③显示所有入学成绩大于580分的女生记录。

LIST FOR 入学成绩＞580 AND 性别＝'女'

④显示学号为'2008010101'的同学姓名、性别、出生年月和简历,不显示记录号。

LIST FOR 学号＝'2008010101'FIELDS 姓名,性别,出生年月,简历 OFF

2.2.4　表结构和数据的复制

表的复制不但能保证数据的安全还能方便用户生成新的数据和文件。

1. 复制表文件

【命令】COPY TO〈新表文件名〉[〈范围〉][FIELDS〈字段名表〉][FOR〈条件〉]

【功能】将当前表文件的数据和结构部分全部复制到新文件中。

【说明】①若无任何选项,将复制一个同当前表结构和内容完全相同的新表文件。

②对于有备注型字段或通用型字段的文件,系统在复制.dbf 文件时,自动复制.fpt 文件。

③新表文件的结构由 FIELDS 的〈字段名表〉来决定。

【例2-10】通过复制学生档案表,生成学生简表。

　　USE 学生档案

　　COPY TO 学生简表 FIELDS 学号,姓名,性别　　&& 选取部分字段复制

　　USE 学生简表

　　LIST

2. 复制表结构

【命令】COPY STRUCTURE TO〈新文件名〉[FIELDS〈字段名表〉]

【功能】将当前表文件的结构部分全部复制到新文件中。

【说明】复制产生的新表文件是一个只有结构没有记录的表文件。新表文件的字段的顺序和个数由 FIELDS〈字段名表〉决定。

2.2.5　记录的删除与恢复

在 Visual FoxPro 中,删除记录分两步进行。第一步是对欲删除的记录打删除标记(＊),称为逻辑删除记录。需要时,还可以恢复,即把"＊"号去掉。第二步是把带有删除标记的记录真正删除,称为永久性删除记录或称物理删除记录。

1. 逻辑删除

逻辑删除记录就是给要删除的记录加上一个删除标记,但这些记录并没有真正从表

中删除。

(1)菜单方式

首先打开表→从"显示"菜单中选择"浏览"命令,打开"浏览"窗口→单击要删除记录前的白色小框,使该框变为黑色,表示逻辑删除。

【例2—11】逻辑删除学生档案表的第3条记录,如图图2—13所示。

(2)命令方式

【命令】DELETE[〈范围〉][FOR〈条件表达式〉]

【功能】逻辑删除指定范围内所有符合〈条件表达式〉的记录。

【说明】仅对需要删除的记录加上删除标记。删除标记用"﹡"表示。

【例2—12】逻辑删除学生档案表中班级号为'0102'的学生记录。

```
USE 学生档案
DELETE FOR 班级号＝'0102'
LIST
```

2. 恢复表中逻辑删除的记录

恢复逻辑删除的记录,实际上就是取消记录前面的逻辑删除标记。

(1)菜单方式

首先打开表→从"显示"菜单中选择"浏览"命令,打开"浏览"窗口→单击该记录上的删除标记,即可取消其删除标记。

(2)命令方式

【命令】RECALL[〈范围〉][FOR〈条件表达式〉]

【功能】恢复指定范围内所有符合条件的被逻辑删除的记录为正常记录。

【说明】RECALL命令仅恢复当前一条记录;RECALL ALL命令恢复所有记录。

3. 物理删除

物理删除记录就是把记录从表中真正地删除掉。在物理删除记录之前,一般要求先逻辑删除记录,即给需要删除的记录加上删除标记。

(1)菜单方式

首先打开表→从"显示"菜单中选择"浏览"命令,打开"浏览"窗口→打开"表"菜单,选择"彻底删除"命令。

(2)命令方式

①PACK命令。

【命令】PACK

【功能】物理删除当前表中所有被逻辑删除的记录。

【说明】该命令只针对被逻辑删除的记录。

②ZAP命令。

【命令】ZAP

【功能】物理删除当前表中所有记录。

【说明】执行此命令,只是删除全部记录,而表的结构仍然保留。该命令等效于执行了DELETE ALL命令,再执行PACK命令。

【例2—13】彻底删除学生档案表中入学成绩低于570分的学生记录。

```
USE 学生档案
DELETE FOR 入学成绩＜570
```

PACK

LIST

2.2.6 修改表中的数据

1. EDIT 和 CHANGE 命令

【命令】EDIT/CHANGE[〈范围〉][FIELDS〈字段名表〉][FOR〈条件表达式〉]

【功能】修改满足条件的记录中指定字段的数据。

【说明】两个命令功能相同。使系统进入全屏编辑方式,对当前打开的表的记录进行修改。

2. BROWSE 命令

使用 EDIT/CHANGE 命令时,一行只显示一个字段。如果使用的表的记录和字段比较多时,可以看成一张相当大的二维表格,屏幕作为一个窗口,在窗口中显示与修改记录。

【命令】BROWSE [FIELDS〈字段名表〉]

【功能】该命令以窗口方式显示当前表的内容,并可以对窗口内的数据按需要进行修改。

【说明】BROWSE 命令提供了很多可选项,本文中是最常用格式。

【例 2—14】BROWSE 命令的使用。

　　USE 学生档案

　　BROWSE FIELDS 学号,姓名

结果如图 2—11 所示。

3. REPLACE 命令

【命令】REPLACE[〈范围〉]〈字段名 1〉WITH〈表达式 1〉[ADDITIVE][〈字段名 2〉]WITH〈表达式 2〉[ADDITIVE]…;〈字段名 n〉WITH〈表达式 n〉[ADDITIVE] [FOR〈条件表达式〉]

【功能】该命令可以成批地、快速地修改满足给定条件的一批记录。修改的方法是用WITH 后面表达式的值替换 WITH 前面的字段内容。

学生档案		
学号	姓名	
2008010101	陈红芳	
2008010102	李小波	
2008010103	王红红	
2008010104	刘明	
2008010105	李维明	
2008010201	张红利	
2008010202	刘好	
2008010203	吴刚	
2008010204	朱语	
2008010205	张长弓	

图 2—11　BROWSE "学生档案"表的窗口

【说明】①执行此命令时,系统不进入全屏编辑方式。

②若指定了[〈范围〉]和[FOR〈条件表达式〉],则替换修改指定范围内满足条件的所有记录。

③若缺省了[〈范围〉]和[FOR〈条件表达式〉],则只修改当前记录对应字段的内容。

④REPLACE 命令可以对备注字段的数据进行替换,备注型字段的替换可以使用关键字[ADDITIVE]。如果选择此关键字时,则表达式的内容加到备注字段中的文本内容的尾部而不覆盖原有内容,否则表达式的内容覆盖备注字段中的原有内容。

【例 2—15】用 REPLACE 命令在学生档案表中增加一条学生记录。

　　USE 学生档案

APPEND BLANK

REPLACE 学号 WITH '2008010206',姓名 WITH '李婷',性别 WITH '女';

出生年月 WITH {^1991/02/04},班级号 WITH '0102',入学成绩 WITH 570

LIST

2.2.7 数据表的过滤

Visual FoxPro 通过设置一个称为"过滤器"的装置来定制表的显示输出。过滤器分为:记录过滤器和字段过滤器。

记录过滤器:记录过滤器可以将符合条件的记录留下来,将不符合条件的记录过滤掉。过滤和删除是两个完全不同的概念,过滤只是提供给用户一个用户视图进行操作,不满足条件的记录仍然存在,只是当时不参与操作。操作完毕时,只要取消过滤器便可恢复被过滤掉的那些记录。

字段过滤器:字段过滤器将指定的字段留下来,将其他字段过滤掉,在以后的命令中可以不再指定字段,只对留下来的字段进行操作。

1. 记录过滤

(1)菜单方式

打开表"浏览"窗口→在"表"菜单中选择"属性"命令→打开"工作区属性"对话框,如图2-12所示,在此对话框中设置过滤条件。

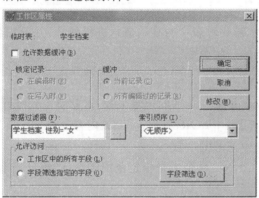

图2-12 "工作区属性"对话框

(2)命令方式

【命令】SET FILTER TO [〈条件〉]

【功能】从当前表中过滤出符合指定条件的记录,随后的操作仅限于这些记录。

【说明】缺省条件时表示取消所设置的过滤器。

【例2-16】显示所有女生的记录。

    USE 学生档案
    SET FILTER TO 性别='女'   && 设置过滤条件
    LIST

2. 字段过滤

(1)菜单方式

打开表"浏览"窗口→在"表"菜单中选择"属性"命令→打开"工作区属性"对话框→选择"字段筛选指定的字段"选项→单击字段筛选按钮→打开"字段选择器"对话框,如图

2—13 所示,在此对话框中选择字段。

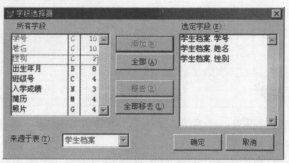

图 2—13 "字段选择器"对话框

(2)命令方式

【命令】SET FIELDS TO [〈字段名表〉][ALL]

【功能】为当前表设置字段过滤器。

【说明】其中〈字段名表〉是希望访问的字段名称列表,各字段之间用","分开。ALL 选项表示所有字段都在字段表中。命令 SET FIELDS ON|OFF 决定字段表是否有效。当设置字段过滤器时,SET FIELDS 自动置 ON,表示只能访问字段名表指定的字段。将 SET FIELDS 置 OFF 表示取消字段过滤器,恢复原来状态。

2.2.8 表内容的统计

在实际应用中,常常需要对表中的某些信息进行统计,并给出各种综合统计报表,本节介绍完成这方面功能的一些命令。

1. 计数命令 COUNT

有时需要知道表中满足某一条件的记录个数,这就要用到统计表记录个数。

【命令】COUNT[〈范围〉][FOR〈条件〉][TO〈内存变量〉]

【功能】统计当前表中记录的个数

【说明】①如果在 COUNT 命令中未指定范围和条件,统计当前表中所有记录。默认范围是表的所有记录。

②如果使用了 TO〈内存变量〉子句,将统计的结果存入内存变量,否则将统计结果显示在屏幕上。

【例 2—17】统计学生档案表中的总人数。

USE 学生档案

COUNT TO ZRS

ZRS   && 屏幕显示 10

2. 求和命令 SUM

【命令】SUM[〈范围〉][〈数值型字段名表〉][FOR〈条件〉][TO〈内存变量表〉]

【功能】对当前表指定的数值型字段进行列向求和。

【说明】[〈数值型字段名表〉]指定求和的各 N 型字段表达式,各表达式之间用逗号隔开。省略此选项,则对表文件中所有 N 型字段求和。

3. 求平均值命令 AVERAGE

【命令】AVERAGE[〈范围〉][〈数值型字段名表〉][FOR〈条件〉][TO〈内存变量表〉]

【功能】对当前数据表中满足条件的数值型字段求平均值。

【说明】[〈数值型字段名表〉]指定求和的各 N 型字段表达式,各表达式之间用逗号隔开。省略此选项,则对表文件中所有 N 型字段求平均值。

【例 2—18】计算学生档案表中的入学平均成绩。

 USE 学生档案

 AVERAGE 入学成绩 TO CJ

 ? CJ   &&屏幕显示 585.40

4. 计算命令 CALCULATE

CALCULATE 是计算统计量的命令,是根据当前表中的字段或包含的字段数值表达式进行计算的。

【命令】CALCULATE[〈范围〉][〈表达式表〉][FOR〈条件〉][TO〈内存变量表〉]

【功能】在打开的表中,分别计算〈表达式表〉的值。

【说明】〈表达式表〉可以由下列函数之一构成:求算数平均值函数 AVG(N 型表达式);求记录数函数 CNT();求最大值函数 MAX(〈表达式〉);求最小值函数 MIN(〈表达式〉);求和函数 SUM(N 型表达式);求标准差函数 STD(〈表达式〉);求方差函数 VAR(〈表达式〉)。

【例 2—19】求学生档案表中入学成绩的最高分,最低分。

 USE 学生档案

 CALCULATE MAX(入学成绩),MIN(入学成绩)

5. 汇总命令 TOTAL

在数据库管理中,仅有统计命令是不够的,还要分类汇总,对表分类汇总就是将表中关键字相同的一些记录的数值数据汇总合并为一个记录,并产生一个新的表。

【命令】TOTAL ON〈关键字段名〉TO〈汇总文件名〉[〈范围〉][FOR〈条件〉][FIELDS〈数值型字段名表〉]

【功能】在当前表中,对指定范围内满足条件的记录按关键字段名分类汇总求和,并生成一个新表文件,新表文件又称为汇总文件。

【说明】①汇总之前,表文件必须按关键字排序或索引。

②选择[FIELDS〈数值型字段名表〉],对指定数值型字段分类求和;省略,则对所有数值型字段分类求和。

③〈关键字段名〉若为字符型,把关键字相同的第一条记录的字段值存入汇总文件中;若为数值型字段,则把与关键字值相同的记录中该字段值求和后存入汇总文件中。

2.2.9 数据库的创建与管理

Visual FoxPro 中的数据库是一种容器,它不仅存储表,还存储视图及表之间的联系。数据库表除了与自由表一样具有数据存储功能外,还能根据用户的需求对数据库表进行性能优化,定义数据的完整性等。

1. 数据库的创建

(1)菜单方式

在"文件"菜单中选择"新建"命令→在"新建"对话框中,选择"数据库",再单击对话框右侧的"新建文件"按钮→在"创建"对话框中选择数据库存放的位置,并输入数据库的名称(如"学生成绩")→最后,单击"保存"按钮,进入"数据库设计器"窗口,如图2—14所示。

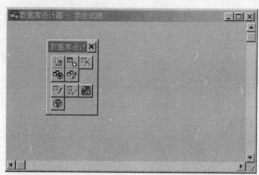

图2—14 "数据库设计器"窗口

(2)命令方式

【命令】CREATE DATABASE [〈数据库名〉|?]

【功能】在指定的位置上建立一个数据库文件。

【说明】使用上述方法建立数据库后,数据库只是一个空的容器,可以向其中加入表、视图等相关对象。用户在磁盘上相应的位置都可以看见主文件名相同,而扩展名分别为.dbc(数据库文件)、.dct(备注文件)、.dcx(索引文件)的3个文件。3个文件在进行备份时不能丢失和任意更改名称。

【例2—20】用命令方式创建"学生成绩管理"数据库文件。

CREATE DATABASE 学生成绩管理

2. 在项目中添加数据库

用户可以在项目中建立数据库,也可以将已有的数据库添加到某一个项目中。

在项目中添加数据库的操作步骤为:

新建或打开一个项目→在项目管理器中选择"数据"选项卡,再选中"数据库"→单击项目管理器窗口右侧的"添加"按钮,在"打开"的对话框中选择需添加到项目中的数据库。单击"确定"按钮,指定的数据库就添加进项目中。

数据库添加后,数据库就和相应的项目之间建立了一种联系,数据库文件并未消失,仍以文件形式存在磁盘上。

3. 数据库的打开、修改和关闭

要对数据库及其内容进行修改,首先必须打开它,使用完毕后,关闭数据库。

(1)打开数据库

①菜单方式。

在"文件"菜单中选择"打开"命令→在"打开"对话框的文件类型下拉列表框中,选择文件类型为数据库(*.dbc),选中相应的数据库→单击"打开"按钮,进入数据库设计器窗口。

②命令方式。

【命令】OPEN DATABASE [〈数据库文件名〉|?] [〈EXCLUSIVE〉|〈SHARED〉] [〈NOUPDATE〉]

【功能】打开一个指定的数据库。

【说明】①[〈EXCLUSIVE〉|〈SHARED〉]选项指明数据库是以"独占或共享"方式打开。

②[〈NOUPDATE〉]指明数据库以只读方式打开。用此方式打开的数据库不允许添

加、删除、新建表或视图等对象。

（2）修改数据库

数据库打开后，在数据库设计器中对数据库的修改主要包括向数据库中添加、移去或删除对象等。用菜单方式打开数据库时，系统会自动打开数据库设计器。用 OPEN DATABASE 命令打开的数据库，数据库设计器并未打开，要打开数据库设计器，用 MODIFY DATABASE 命令。

【命令】MODIFY DATABASE [〈数据库〉|?]

【功能】打开数据库设计器，并允许修改当前数据库。

【说明】用"?"表示系统会弹出"打开"对话框。

（3）关闭数据库

若数据库是在项目管理器中打开的，那么在项目管理器中选择要关闭的数据库，再单击项目管理器窗口右侧的关闭按钮即可。

用 CLOSE 命令关闭。

【命令】CLOSE [ALL|DATABASE[ALL]]

【功能】关闭文件。

【说明】ALL 选项关闭所有已打开的文件；DATABASE 选项只关闭当前数据库，其他已打开的数据库不关闭；DATABASE ALL 选项关闭所有已打开的数据库文件。

4. 数据库对表的管理

数据库中的表称为数据库表，它与自由表不同，数据库表可以建立长表名、长字段名、默认字段值、字段级和记录级规则等。

（1）在数据库中创建新表

在数据库设计器窗口中的"数据库"菜单下，选择"新建表"命令→在打开的对话框中单击"新建表"按钮→在"创建"对话框中选择表存放位置并输入表名→单击保存按钮，系统则打开如图 2-15 所示的"表设计器"窗口。

数据库表的表设计器窗口与自由表设计器窗口有所不同，即多了下半部分，用户可对字段进行输入/输出格式、默认值和字段有效性等设置。

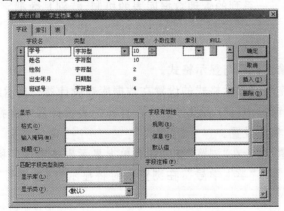

图 2-15 "表设计器"窗口

（2）向数据库中添加表

打开数据库设计器后，用户也可以添加已经创建的表。

在"数据库"菜单中选择"添加表"命令→在"打开"对话框中选定要加入数据库的自由表，则将选择的自由表加入数据库，加入数据库的表称为数据库表。

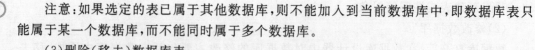

注意：如果选定的表已属于其他数据库，则不能加入到当前数据库中，即数据库表只能属于某一个数据库，而不能同时属于多个数据库。

（3）删除（移去）数据库表

数据库中不需要的数据库表可以删除。打开数据库设计器后，选择要删除的表，单击快捷菜单中"删除"命令或"数据库"菜单中"移去"命令，系统会打开对话框，如图 2—16 所示，询问"把表从数据库中移去还是从磁盘上删除？"。如果选择"移去"按钮，只将表从当前数据库中移去，使其成为自由表。表文件在磁盘上仍然存在，以后需要还可以再添加进去。如果选择"删除"按钮，则将表文件彻底从磁盘上删除且不放入回收站，以后无法恢复。

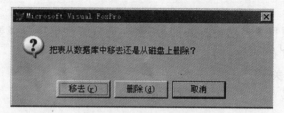

图 2—16　确认"删除（移去）数据库表"对话框

（4）修改表结构

选中要修改的数据库表，单击右键，在快捷菜单中选择"修改"命令，系统将打开数据库表设计器，用户可以对表的结构进行修改。

（5）浏览数据库表

选中要浏览的数据库表，单击右键，在弹出的快捷菜单中选择"浏览"命令，该表记录就会在屏幕上以浏览方式显示出来，同时系统主菜单增加"表"菜单项。选择"表"菜单中的相应命令，可以对表中记录进行编辑。

5. 字段与记录属性设置

建立数据库表时，不仅可以输入字段的名称、数据类型、字段宽度等信息，而且可以给出字段的显示属性（如标题、注释等）、对字段进行验证、输入默认值及设置有效性规则等信息。数据库提供了一系列的管理数据库表的机制，特别是数据字典中所记录的有效规则和触发器等。

（1）字段属性

设置字段标题，输入掩码与显示格式。

字段标题、输入掩码与显示格式的设置在数据库表设计器的显示组框中进行：

在数据库设计器窗口中打开表设计器→在打开的表设计器中选择要设置的字段，然后在"显示"栏处进行相关设置。

"标题"（字段标题）用于在"浏览"窗口和表单上显示出该字段的标识名称，如选定学号字段后在标题框中输入"学生学号"，在浏览表时将显示"学生学号"标题，这样便于用户理解。

"输入掩码"是数据库表字段的一种属性，它控制用户输入格式。如这里是设置"9999999999"，表示学号只允许输入 10 位数字字符，具体设置如图 2—17 所示。

（2）字段注释

字段注释用于说明字段的含义，是一种辅助功能。

（3）字段有效性

字段有效性可以控制字段可接受的数据是否符合指定的要求，它将把所输入的值与

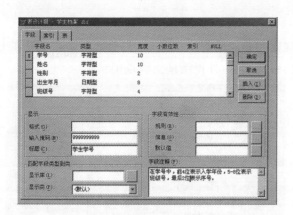

图 2—17 字段"显示"属性设置框

所定义的规则表达式进行比较,只有满足输入的规则要求时才被接受,否则被拒绝,从而保证了数据的有效性和可靠性,大大减少了数据错误。字段有效性包括规则、信息和默认值。

①规则。字段有效性规则在输入字段或改变字段值时才发生作用。有效性规则是设置字段的有效性检查,它可以是一个逻辑表达式、函数或过程。例如,学生的性别只能是"男"或"女"的有效性规则表达式为:性别 $ '男女',表达式可直接在规则框输入,也可通过右侧的表达式生成器生成。

②信息。当用户输入的信息不能满足有效性规则时所应出现的提示信息,通常是一串用双引号括起来的字符。如对于性别字段,提示信息为"性别必须是'男'或'女'",具体设置如图 2—18 所示。

图 2—18 "字段有效性"属性设置框

③默认值。指创建新记录时自动输入的字段值,根据字段的类型确定。比如计算机系可能大部分是男生,因而性别可设置成默认值为'男'。

(4)记录有效性

在 Visual FoxPro 中,不但可以对数据库表中的字段赋予数据库属性,还可以为整个表或表中记录赋予属性,用于控制用户输入到记录中的信息类型,检查输入的整条记录是否符合要求,这是记录规则的设置。

当需要比较两个以上的字段的记录是否满足条件,就需进行记录有效性设置。例如,"学生档案"表中输入记录时要求"学号"必须是 10 位,同时班级号必须是 4 位。

在"记录有效性"组框的"规则"文本框输入表达式:len(学号)=10 and len(班级号)=4;

在'信息'文本框中输入提示信息:"学号必须是 10 位,班级号必须是 4 位",具体设置如图2—19所示。

在记录有效性规则和相应的提示信息后,只要违反了规则中的任意一个条件,系统就会在屏幕上显示出错提示框,并拒绝接受该条记录。

图2—19 "记录有效性"规则设置框

2.3 索引与排序

2.3.1 排序

表的排序是指按一定的条件在已有的表之外产生一个新的有序表,从而实现数据的重新组织。

【命令】SORT TO〈文件名〉ON〈字段1〉[/A][/C][/D] [,〈字段2〉[/A][/C][/D];

[ASENDING|DESCENDING][〈范围〉][FOR〈条件表达式〉][FIELDS〈字段名表〉]

【功能】在当前表中对指定范围内满足条件的记录,根据指定的关键字字段按字符顺序、数值大小或时间顺序进行重新排列,生成一个新的表。

【说明】①〈文件名〉为新生成的表。扩展名为.DBF。

②若缺省[〈范围〉][FOR〈条件表达式〉]时,则对表中全部记录进行排序;若有[FIELDS〈字段名表〉],新表的结构由〈字段名表〉的字段组成;若命令中出现多个字段名时,表示多重排序,即先按〈字段名1〉排序,对记录相同的记录,再按〈字段名2〉排序,以此类推。

③/A和/D分别表示升序和降序,升序符号可以省略不写。/C使排序时不区分大小写字母。/C可以和/A和/D连用。两种选择可以只用一条斜线,如/AC或/DC。AS-CENDING和DESCENDING仅对那些没有指定/A和/D的关键字段起作用。/A和/D只与它前面的一个关键字段起作用。如果没有指定/D和DESCENDING,则关键字段默认按升序/A排序。

【例2—21】对"学生档案"表按"入学成绩"从低到高进行排序。

```
USE 学生档案
SORT TO RXCJ ON 入学成绩
USE RXCJ
LIST
```

2.3.2 索引

1. 索引的相关概念

(1)索引的概念

索引是按索引表达式的值对表中的记录进行排序的一种方法。它是进行快速显示和快速查询数据的重要手段,是建立表与表之间关联关系的基础。

索引实际上是一种逻辑排序方法,是指不改变表中记录与记录的原有对应关系,只是按照指定索引关键字为当前表建立一个索引表,以索引文件的形式存储在磁盘上。

创建索引是创建一个由指向表.dbf中记录的指针构成的文件。索引文件和表文件分别存储。在 Visual FoxPro 中,可以为一个表建立多个索引,每个索引确定了一种表记录的逻辑顺序。

(2)索引文件的分类

根据索引文件包含索引的个数和索引文件的打开方式,分为单索引文件和复合索引文件两种类型。单索引文件的扩展名是.idx,单索引文件中只包含一个索引。复合索引文件的扩展名是.CDX,复合索引文件中可以包含多个索引标识。

(3)索引的类型

Visual FoxPro 提供了主索引、候选索引、唯一索引和普通索引这 4 种索引类型。索引类型是依靠表中索引字段的数据是否有重复值而定的。

①主索引。在指定字段或表达式中不允许出现重复值的索引,其索引表达式的值能够唯一确定表中每个记录的处理顺序。只能在数据库的表中建立主索引,且一个表中只能建立一个主索引。自由表没有主索引。主索引主要用于建立永久关系的主表中。

②候选索引。像主索引一样,它的索引表达式的值不允许有重复值,并且能够唯一确定表中每个记录的处理顺序。在数据库表和自由表中可以建立多个候选索引。

③唯一索引。表示把由索引表达式为每个记录产生的唯一值存入到索引文件中。如果表中记录的索引表达式值相同,则只在索引文件中保存第一次出现的索引表达式值。

④普通索引。此类索引同样可以决定记录的处理顺序,它将由索引表达式为每个记录产生的值存入索引文件中。普通索引允许索引表达式值出现重复值。建立普通索引时,不同的索引表达式值按顺序排列,而对相同索引表达式值的记录按原来的先后顺序集中排列在一起。在一个表中可以建立多个普通索引。

2. 索引的建立

(1)利用表设计器创建索引

操作步骤:打开表文件→在"显示"菜单中选择"表设计器"命令,打开表设计器对话框→选择"索引"选项卡,如图 2-24 所示,在"索引"选项卡中设置下列参数来建立索引的操作:

课堂速记

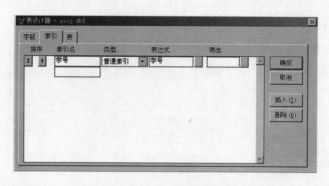

图2—20 表设计器的"索引"选项卡

①排序。选择排序方式。选择排序方式是升序（↑）还是降序（↓）。

②索引名。给索引取个名字。

③类型。选择索引类型。自由表的索引有候选索引、唯一索引和普通索引3种。只有数据库表中可以建立主索引。

④表达式。参加索引的字段名（索引字段名或索引表达式）。

⑤筛选。限制记录的输出范围。

（2）使用命令建立索引

①建立单索引文件。

【命令】INDEX ON〈索引表达式〉TO〈索引文件名〉[FOR〈条件表达式〉][U-NIQUE][ADDITIVE]

【功能】创建一个单索引文件。

【说明】单索引文件的扩展名是.IDX。

UNIQUE指定建立唯一索引。ADDITIVE指出在建立索引时不关闭以前的索引。

②建立复合索引文件。

【命令】INDEX ON〈索引表达式〉TAG〈索引名〉[FOR〈条件表达式〉][ASCED-ING][DESCEDING][UNIQUE][CANDIDATE]

【功能】创建复合索引文件。

【说明】复合索引文件的扩展名是.CDX。

ASCENDING指定按索引表达式的值升序排列。DESCENDING指定按索引表达式的值降序排列。UNIQUE指定建立唯一索引。CANDIDATE指定建立候选索引。默认是普通索引。

【例2—22】在"学生档案"表"入学成绩"字段建立单索引文件。

　　USE 学生档案

　　INDEX ON 入学成绩 TO RXCJ

　　LIST

【例2—23】建立复合索引文件使"学生档案"表按"出生年月"字段降序排列。

　　USE 学生档案

　　INDEX ON 出生年月 TAG CSNY DESCDING

　　LIST

3. 索引的使用

使用索引时必须满足条件：打开表→打开索引文件→确定主控索引文件→对于复合索引文件还需要确定主控索引。

（1）打开索引文件

使用索引时，必须同时打开表文件和索引文件。

一个表文件可以打开多个索引文件，但任何时刻只有一个索引文件起作用，当前起作用的索引文件称为主控索引文件。只有主控索引文件对表文件才有控制作用，记录指针总是指向满足条件的主控索引文件关键字值的第一个记录上。同一个复合索引文件可能包含多个索引标识，但任何时刻只有一个索引标识起作用，当前起作用的索引标识称为主控索引。

打开索引文件有3种方法：①在建立索引文件的同时，就打开了索引文件。

②打开表文件的同时打开索引文件。

③打开表文件后在打开索引文件。

◆ 打开索引文件的命令

【命令】USE〈表文件名〉|？[INDEX〈索引文件名表〉?][ORDER〈数值表达式〉]|〈单索引文件名〉；

|[TAG〈标识名〉][OF〈复合索引文件名〉][ASCENDING|DESCENDING]]

【功能】打开表文件的同时打开一个或多个索引文件。

【说明】①〈索引文件名〉包括单索引或复合索引文件，其中第一个索引文件是主索引。如果第一索引文件为复合索引文件，则表记录按物理顺序排列。

②ORDER〈数值表达式〉是将〈索引文件名表〉中的第几个设置为主控索引。主控索引顺序为：先为单索引文件编号，再为结构复合索引文件中各索引标识编号，再为结构复合索引文件索引标识标号。

③ORDER[〈单索引文件名〉]为主控索引文件。"ORDER [TAG]〈标识名〉[OF〈复合索引文件名〉]"指定复合索引的〈标识名〉为主控索引；不选择[OF〈复合索引文件名〉]，则打开结构复合索引文件。

◆ 打开表文件后再打开索引文件

【命令】SET INDEX TO〈索引文件名表〉[ADDITIVE]

【功能】打开当前表的一个或多个索引文件并确定主控索引文件。

【说明】①〈索引文件名表〉中第一个索引文件为主控索引文件。

②若缺省所有选项，即用"SET INDEX TO"将关闭当前工作区中除结构复合索引文件外的所有索引文件，同时取消主控索引。若缺省ADDITIVE选项，则用此命令打开索引文件时，除结构复合索引文件外的索引文件均被关闭。

【例2—24】按入学成绩升序排列。

    USE 学生档案

    SET INDEX TO RXCJ

    LIST

（2）确定主控索引

如果只打开一个索引文件，则该索引文件就是主控索引文件；若打开了多个索引文件，可利用下面的命令改变主索引文件。

【命令】SET ORDER TO [〈数值表达式〉|〈单索引文件名〉|[TAG]〈索引标志名〉[OF〈复合索引文件名〉][ASCENDING|DESCENDING]]

【功能】在打开的索引文件中指定主控索引文件，或在打开的复合索引文件中设置主控索引。

【说明】〈数值表达式〉表示已打开索引的序号。〈单索引文件〉指定该单索引文件为

主控索引文件。〈索引标识名〉确定该索引标识为主控索引。"SET ORDER TO"是取消主控索引文件。

【例2-25】按出生年月降序排列。

USE 学生档案

SET ORDER TO CSNY

LIST

（3）更新索引

当对表文件进行插入、删除、添加或更新等操作后，所有当时已打开的索引文件系统将自动更新，但未打开的索引文件系统则不能进行更新。为了使这些索引文件仍然有效，可以利用重新索引命令 REINDEX，使其与修改后的表文件保持一致。

【命令】REINDEX

【功能】重新建立打开的索引文件。

【说明】在更新索引文件之前，应打开表文件和相应的索引文件。

【例2-26】REINDEX 的使用。

USE 学生档案

APPEND BALNK

LIST

SET INDEX TO RXCJ

LIST

REINDEX

LIST

（4）删除索引

可以对不再使用的索引文件或索引标识进行删除。

【命令】DELETE TAG ALL|〈索引标识1〉[,〈索引标识2〉…]

【功能】从指定复合索引文件中删除指定索引标识，或删除所有索引标识。

【说明】当删除指定复合索引文件中的全部标识后，该复合索引文件将自动被删除。

（5）关闭索引文件

关闭索引文件，就是取消索引文件对表文件的控制作用。

关闭当前索引文件：SET INDEX TO

关闭所有索引文件：CLOSE INDEX/CLOSE ALL

关闭表文件的同时，关闭索引文件：USE

2.3.3　简单查询

1. 顺序查询

Visual FoxPro 通过查询 LOCATE 命令和继续查询命令 CONTINUE 实现对表记录的直接查找。

【命令】LOCATE [〈范围〉][FOR〈条件〉]

【功能】对当前表中的记录进行顺序查找，查找指定范围内满足条件的第一个记录，若有满足条件的记录，将记录指针定位在满足条件的第一个记录。

【命令】CONTINUE

【功能】继续查找符合条件的下一条记录，直到文件结束。

【说明】CONTINUE 不单独使用,用于配合 LOCATE 命令继续查找满足条件的下一条记录。

【例 2-27】查询"入学成绩">=590 分的记录。

```
USE 学生档案
LOCATE FOR 入学成绩>=590
DISPLAY
CONTINUE                    && 反复查询满足条件的记录
DISPALY
```

2. 索引查询

索引查询要求被查询表文件建立并打开索引。

【命令】SEEK〈表达式〉[ORDER〈索引号〉|〈单索引文件名〉]|[TAG]〈索引标识〉

【功能】在打开的索引文件中查找主索引关键字与〈表达式〉相匹配的第一个记录,并将记录指针定位在此。

【说明】①SEEK 命令只能对已建立并打开的索引文件的表文件进行检索。如果查找成功,记录指针定位在符合条件的第一个记录上,并停止继续查找,FOUND()函数值为.T.;否则,屏幕显示"没有找到",FOUND()函数值为.F.;EOF()函数值为.T.。

②SEEK 命令可以查找 C 型、N 型、D 型、L 型数据。如果查找 C 型常量,必须用定界符将 C 型常量引起来。

【例 2-28】用 SEEK 命令查找姓名为"张长弓"的学生记录。

```
USE 学生档案
INDEX ON 姓名 TO XM
SEEK "张长弓"
DISPLAY
```

2.4　多数据表操作

2.4.1　工作区

前面所进行的操作都是同一个时刻针对一个表,Visual FoxPro 允许同时对多表进行操作。

1. 工作区的概念

若要使用多个表,就要使用多个工作区。一个工作区就是一个编号区域,用它来标识一个已经打开的表,每个工作区只能打开一个表。Visual FoxPro 可以在 32767 个工作区中打开和操作表。

2. 工作区的选择与别名

(1)SELECT 命令选择工作区

【命令】SELECT〈工作区号〉|〈别名〉

【功能】指定工作区为当前工作区。

【说明】SELECT 0 表示选择未用的最小工作区号为当前工作区。

（2）别名

当打开表文件后,可以为它再取一个名字。别名可以代表工作区号或表文件名。10个工作区的别名分别为:A,B,C,D,E,F,G,H,I,J,后面的工作区别名为 W11,W12,…,W32767,因此不能把 A,B,…,J 这 10 个字母作为表文件名使用。

【例 2－29】在 2 号工作区打开学生档案表。

SELECT 2

USE 学生档案

BROWSE

【命令】USE〈表文件名〉ALIAS〈别名〉

【功能】打开表文件并取别名。

【说明】如果没有指定别名,系统默认表文件的主文件名为别名。在主工作区上访问其他工作区上的数据,是实现多表文件之间数据处理的有效手段。由于多表文件中可能存在同名字段,因此,在当前工作区调用其他工作区中的表文件字段时,必须在其他表文件的字段名前面使用别名调用格式以示区别。别名调用格式:

【命令】工作区号〈字段名 或 别名〉字段名 或 别名.字段名。

【例 2－30】在 3 号工作区打开学生档案表并取别名:STUDENT。

SELECT 3

USE 学生档案 ALIAS STUDENT

BROWSE

【例 2－31】工作区综合示例。

CLOSE ALL

USE 学生档案

SELECT 0

USE 学生成绩 ALIAS CJ

DISPLAY A.姓名,A.学号,CJ.成绩

（3）数据工作期

数据工作期是一个用来设置数据工作环境的交互式窗口。每个数据工作期中包含有打开的表、表索引和表之间的相互关系等一组工作区。通过在数据工作期窗口中选择工作区,就可以打开这些相关表,实现快速查找。利用数据工作期建立的工作环境可以保存在一个视图文件中。需要时,打开视图文件就可以恢复已经建立的工作环境。

◆ 数据工作期窗口的打开与关闭

命令方式:SET VIEW ON/OFF

菜单方法:选择"窗口"菜单→"数据工作期"。

◆ 数据工作期窗口

数据工作期由别名列表框、关系列表框和 6 个按钮组成。如图 2－21 所示,其中,别名列表框用来显示已经打开的表文件,并可以从中选择当前表。关系列表框用来显示表文件之间的关联状态。中间一列为 6 个功能按钮,按钮功能如下:

①属性。用于打开工作区的属性对话框,与表菜单的属性命令功能相同。

②浏览。可以编辑浏览当前表数据。

③打开。弹出打开表对话框。

④关闭。关闭当前表。

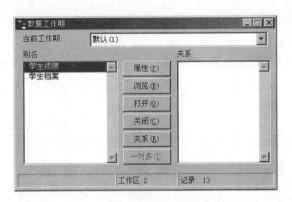

图 2—21 数据工作区窗口

⑤关系。以当前表为父表建立关联。

⑥一对多。统默认表之间是多对一关联。若要建立一对多关系,可单击这一按钮,与命令"SET SKIP TO"等效。

2.4.2 表的关联

如何建立两个数据表之间的关联,是学会实现多表数据操作的基础。数据表之间的联系类型有两种:一种是临时关联,另一种是永久关联。

1. 临时关联

各个工作区表文件的记录指针是彼此独立,互不影响的。临时关联就是在两个表文件的记录指针之间建立一种临时关系,当一个表的记录指针移动时,与之关联的另一个表的记录指针也做相应的移动。临时关联不是生成一个表文件,只是形成了一种联系。

需要建立临时关联的两个表必须存在着关联字段。如果要建立一对多的临时关联,只要在多方的关联字段上建立普通索引,然后用关联命令即可实现表之间的临时关联。

(1)"数据工作期"窗口建立关联

【操作步骤】

①打开要建立关联的表文件。

②为子表按关联关键字建立索引或确定主控索引。

③选定父表工作区为当前工作区,并与一个或多个子表建立关联。

(2)用命令建立临时关联

【命令】SET RELATION TO [〈关联表达式1〉]INTO 〈别名1〉[,[〈关联表达式2〉]INTO 〈别名2〉…][ADDITIVE]

【功能】以当前表为父表与一个或多个子表建立关联。

【说明】①被关联的子表必须先按关联关键字进行索引。关联后,当父表记录指针移动时,子表的记录指针定位在满足〈关联表达式〉值的第1个记录上,若找不到这条记录,记录指针就指向文件尾。

②选择 ADDITIVE,保留以前的关联,否则,新建立的关联将取消先前建立的关联。单独的"SET RELATION TO"将删除当前父表与其他子表的关联。

【例 2—32】命令方式建立"学生档案.DBF"和"学生成绩.DBF"一对多的临时关联。

```
SELECT 1
USE 学生成绩
INDEX ON 学号 TO XH          && 为子表关联字段建立普通索引
```

SELECT 2
USE 学生档案
SET RELATION TO 学号 INTO 学生成绩　　&& 以学号为关联字段建立临时关联
BROWSE
SELECT 学生成绩
BROWSE　　　　　　　　　　　　　&& 查看指针联动

结果如图2—26所示。

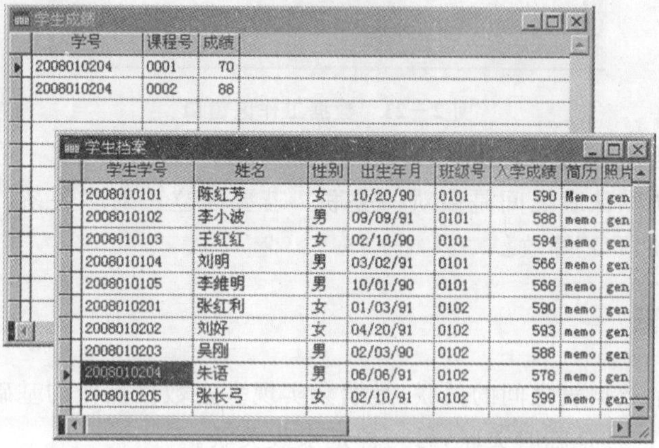

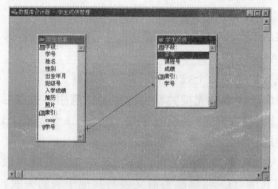

图2—22　建立临时关联的BROWSE窗口

2.永久关系

永久关系必须建立在数据库表上,在数据库表建立永久关系的目的。

①为实现参照完整性规则设置。

②在"查询设计器"和"视图设计器"中,自动作为默认联接条件。

③作为表单和报表的默认关系,在"数据环境设计器"中显示。

（1）创建永久关系

如果要建立一对多的永久关系,必须在父表的关联字段上建立主索引,在子表的关联字段上建立普通索引;若建立一对一的永久关系,需要在父表的关联字段上建立主索引,在子表的关联字段上建立主索引或候选索引。然后通过"数据库设计器"窗口建立永久关系,如图2—23所示。

图2—23　数据库设计器创建永久性关联

（2）删除永久关系

永久性关系一旦建立,就被存储在数据库文件中,要解除永久关系,必须用删除的方法实现。在"数据库设计器"窗口,右击表示关联的连线,然后按DELETE键即可。

2.5 数据完整性

2.5.1 参照完整性规则

参照完整性规则是建立一组规则,当用户插入、更新或删除一个数据库表中的记录时,通过参照引用的另一个与之有关系的数据库表中的记录来检查对当前表的数据操作是否正确。参照完整性分为更新、插入、删除规则。

要建立这些规则,应建立数据库表之间的永久关系和清理数据库。

(1)更新规则

更新规则为改动父表中记录时,子表中的记录将如何处理的规则。更新规则的处理方式有级联、限制、忽略。

①级联。用新的关键字值更新子表中的所有相关记录。

②限制。若子表中有相关的记录存在,则禁止更新父表中连接字段的值。

③忽略。不管子表中是否存在相关记录,都允许更新父表中连接字段的值。

(2)插入规则

当在子表中插入一个新记录或更新一个已存在的记录时,父表对子表的动作产生何种回应。回应方式有两种,分别为限制、忽略。

①限制。若父表中不存在匹配的关键字值,则禁止在子表中插入。

②忽略。允许插入,不加干涉。

(3)删除规则

删除规则为当父表中的记录被删除时,如何处理子表的规则。删除规则分为:级联、限制、忽略。

①级联。当父表中删除记录时,子表中所有相关记录都被删除。

②限制。当父表中删除记录时,若子表中存在相关记录,则禁止删除。

③忽略。删除父表记录时,不管子表是否存在相关记录,都允许删除主表中的记录。

2.5.2 参照完整性的实现

以实例说明参照完整性规则的实现。

【例2-33】建立"学生档案.DBF"和"学生成绩.DBF"表的参照完整性规则。要求对"学生.DBF"进行删除操作时,"学生成绩.DBF"表不出现孤立记录。

【操作步骤】

①打开"数据库设计器",建立两个表的永久关系。

②单击"数据库"菜单,执行"清理数据库…"命令,清理数据库。

③单击"数据库"菜单,执行"编辑参照关系…"命令,按图2-24所示的对话框进行设置规则。

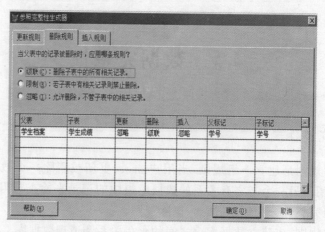

图2—24 "参照完整性生成器"对话框

闯关考验

一、选择题

1. Visual FoxPro 的数据模型是(　　　　)。

A. 结构型　　　　　B. 关系型　　　　　C. 网状型　　　　　D. 层次型

2. 以下不属于数据库参照完整性规则约束的操作是(　　　　)。

A. 输入　　　　　B. 删除　　　　　C. 更新　　　　　D. 浏览

3. 在学生基本信息表中,学生的简历应当定义的字段类型是(　　　　)。

A. 备注型　　　　　B. 数值型　　　　　C. 通用型　　　　　D. 日期时间型

4. 恢复表文件中所有已作删除标记的记录,正确的命令是(　　　　)。

A. PACK　　　　　B. ZAP　　　　　C. RECALL　　　　　D. RECALL ALL

5. 在 Visual FoxPro 中,可以对字段设置默认值的表是(　　　　)。

A. 必须是数据库表　　　　　　　　B. 必须是自由表

C. 自由表或数据库表　　　　　　　D. 不能设置字段的默认值

6. 表之间的"一对多"关系是指(　　　　)。

A. 一个表与多个表之间的关系

B. 一个表中的一个记录对应另一个表中的多个记录

C. 一个表中的一个记录对应另一个表中的两个记录

D. 一个表中的一个记录对应多个表中的多个记录

7. 要对已经存在的表建立索引,应该对表进行(　　　　)。

A. 记录浏览　　　　　B. 记录修改　　　　　C. 结构修改　　　　　D. 重建表文件

8. 自由表是独立于任何数据库的(　　　　)。

A. 一维表　　　　　B. 二维表　　　　　C. 三维表　　　　　D. 四维表

9. 计算表中所有职称为副教授以上的教师的工资总额,并将结果赋予 gzze,可使用命令(　　　　)。

A. SUM 工资 TO gzze FOR 职称="副教授". AND. "教授"

B. SUM 工资 TO gzze FOR 职称="副教授". OR. "教授"

C. SUM 工资 TO gzze FOR 职称="副教授". AND. 职称="教授"

D. SUM 工资 TO gzze FOR 职称="副教授". OR. 职称="教授"

10. 打开数据库的命令为( )。

A. USE   B. USE DATABASE

C. OPEN   D. OPEN DATABASE

11. 利用( )命令,可以浏览数据库中的文件。

A. APPEND   B. BROWSE   C. MODIFY   D. USE

12. STUDENT 表包含 50 条记录,在执行 GO TOP 命令后( )命令不能显示所有记录。

A. LIST ALL   B. LIST REST

C. LIST NEXT 50   D. LIST RECORD 50

二、填空题

1. 使用 SEEK 命令前提条件为_____。

2. 进行分类汇总的表,必须按照适当的表达式进行索引或_____。

3. 删除记录需两个步骤:需先利用_____命令给记录做上删除标记,然后再利用_____命令将已做上删除标记的记录删除。

4. 执行 USE 学生档案(回车)SKIP−1 后下显示值一定是.T.的命令是_____。

5. 在 Visual FoxPro 中,表索引文件有_____和_____两种索引结构。

6. 建立索引时_____字段不能作为索引字段。

7. 自由表的扩展名是_____。

8. 在 Visual FoxPro 的表中,当某记录的备注型或通用型字段非空时,其字段标志首字母以_____显示。

三、上机操作题

有职工数据库:

职工(工号 C(6),姓名 C(8),性别 C(2),工作时间 D,职务 C(10))

工资(工号 C(6),基本工资 N(5),奖金 N(4),扣款 N(4),实发工资 N(5))

基于"职工"数据库中的职工表和工资表完成下列操作:

1. 基于"职工"表创建一个"男职工"表(表中的字段没有"性别",其他字段与"职工"表相同)。

2. 在"男职工"表的最后添加一条空记录。

3. 逻辑删除"男职工"表全部记录。

4. 恢复"男职工"表中所有姓张的职工记录。

5. 在"工资"表中,为所有职工的"基本工资"增加 20%,并重新计算实发工资。

课堂速记

第3章 结构化查询语言 SQL

目标规划

（一）学习目标

基本了解：

1. SQL 语言的特点及功能；
2. SQL 操作功能的构成；
3. SELECT 语句的语法；
4. 视图的概念，视图与查询的区别。

重点掌握：

1. 表结构创建、表结构修改和表删除语句的语法；
2. 表记录插入、表记录修改和表记录删除语句的语法；
3. 简单查询、嵌套查询、联接查询，分组查询、排序查询，谓词量词查询，查询设计器；
4. 视图设计器。

（二）技能目标

1. 创建表结构、修改表结构和删除表；
2. 插入表记录、修改表记录和删除表记录；
3. 灵活应用 SELECT 语句或查询设计器解决各种查询问题；
4. 视图的定义与删除。

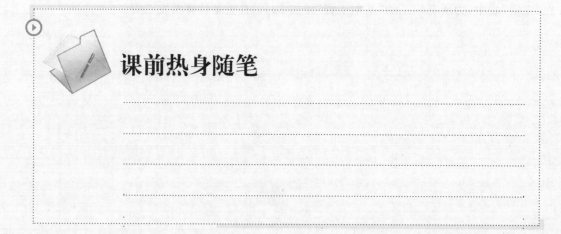

课前热身随笔

本章穿针引线

结构化查询语言 SQL 已经成为关系数据库的标准数据语言,它与视图是实现数据库操作的另一种重要手段。本章知识点结构图如下:

结构化查询语言SQL

- SQL定义功能 ——— 创建数据表
  修改数据表
  删除数据表

- SQL操作功能 ——— 插入表记录
  修改表记录
  删除表记录

- SQL查询功能 ——— SELECT命令的格式
  查询设计器

- 视图 ——— 本地视图
  远程视图

3.1 SQL 定义功能

3.1.1 创建数据表

1. SQL 概述

SQL 是 Structured Query Language(结构化查询语言)的缩写,是一种数据库查询和程序设计语言,用于存取数据以及查询、更新和管理关系型数据库。

1979 年 IBM 公司的圣约瑟研究实验室为其关系数据库管理系统 System R 开发了第一个实用的 SQL 语言。1986 年 ANSI(美国国家标准局)公布了最早的 SQL 标准。随后 ISO(国际标准化组织)于 1987 年正式采纳它为国际标准,并在此基础上进行了补充。到 1989 年,ISO 提出了具有完整性特征的 SQL,并称之为 SQL89。目前 SQL 最新标准是 ISO 于 1992 年公布的 SQL92。

SQL 语言具有如下主要特点。

(1)一体化语言

SQL 语言集数据定义(DDL)、数据操纵(DML)、数据管理(DCL)的功能于一体,语言风格统一,可以独立完成数据库的全部操作,包括定义关系模式、录入数据及建立数据库、查询、更新、维护数据、数据库的重新构造、数据库安全性等一系列操作的要求,为数据库应用系统开发者提供了良好的环境。

(2)高度非过程化

使用 SQL 语言没有必要一步步告诉计算机"如何"去做,而只需要描述清楚用户要"做什么",SQL 语言就可以将要求交给系统,自动完成全部工作。例如,某教师查询学生某科目考试成绩,并将成绩升序排序。只需要使用 SELECT 语句告诉系统考试科目和排序方式就可以,至于系统如何查询以及如何排序,使用者无须考虑。

(3)语言简洁,易学易用

虽然 SQL 功能很强,但它只有为数不多的几条命令,表 3-1 给出了分类的命令动词。另外,与其他程序设计语言相比 SQL 的语法也非常简单。

(4)以同一种语法结构提供两种使用方式

SQL 语言既可以直接以命令方式交互使用,也可以嵌入到程序设计语言中以程序方式使用。

表 3-1 SQL 命令动词

SQL 功能	命令动词
数据查询	SELECT
数据定义	CREATE, DROP ,ALTER
数据操纵	INSERT ,UPDATE, DELETE
数据控制	GRANT, REVOKE

SQL 进入 Fox 是从 FoxPro 2.0 开始的。目前 Visual FoxPro 6.0 在 SQL 方面只支持数据定义、数据查询和数据操作功能,但在具体实现方面与 ANSI SQL 也有一些差异。

2. 创建数据表

在第 2 章已经介绍了通过表设计器和数据库设计器建立表、索引和表间关系的方法，Visual FoxPro 6.0 也可以通过 SQL 的 CREATE TABLE 语句完成上述操作。

【格式】

CREATE TABLE ｜ DBF TableName1 〔NAME LongTableName〕〔FREE〕｜
FROM ARRAY ArrayName

【功能】

创建一个数据库表或自由表。

【说明】

(1)CREATE TABLE ｜ DBF TableName1

指定要创建的表的名称。TABLE 和 DBF 选项作用相同。

(2)NAME LongTableName

指定表的长名。因为长表名存储在数据库中，只有在打开数据库时才能指定长表名。长表名最多可包括 128 个字符。

(3)FREE

指定所创建的表不添加到数据库中。如果没有打开数据库则不需要 FREE。

(4)FROM ARRAY ArrayName

指定一个已存在的数组名称，数组中包含表的每个字段的名称、类型、精度以及宽度。

新表在最低的可用工作区中打开，并可通过它的别名来访问。

如果数据库打开，CREATE TABLE－SQL 会要求独占使用数据库。若要以独占方式打开数据库，可在 OPEN DATABASE 中包含 EXCLUSIVE。

【例 3－1】利用命令及 SQL 语句建立学生成绩管理数据库，并在数据库中创建学生档案表，并将学号设置为主索引，为性别字段建立有效性规则，规则：性别只能是男或女；默认值：男；错误提示：性别非法。学生档案表结构见表 3－2。

表 3－2　学生档案表结构

字段名	类　型	宽　度
学号	字符型	10
姓名	字符型	10
性别	字符型	2
出生年月	日期型	8
班级号	字符型	4
入学成绩	数值型	3
简历	备注型	4
照片	通用型	4

【操作步骤】

①打开命令窗口，在窗口中输入：CREATE DATABASE 学生成绩管理

②换行后，继续输入：CREATE TABLE 学生档案（学号 C(10) PRIMARY KEY ，姓名 C(10)，性别 C(2) CHECK(性别 $ '男女') ERROR '性别非法' DEFAULT '男'，

出生年月 D ,班级号 C(4),入学成绩 N(3,0),简历 M ,照片 G)

【例3-2】利用 SQL 语句在学生成绩管理数据库中建立学生成绩表和课程信息表,并建立两者一对多的永久关系。学生成绩表结构见表3-3,课程信息表结构见表3-4。

表3-3 学生成绩表结构

字段名	类 型	宽 度
学号	字符型	10
课程号	字符型	4
成绩	数值型	3

表3-4 课程信息表结构

字段名	类 型	宽 度
课程号	字符型	4
课程名	字符型	20
课时数	数值型	3
学分	数值型	3
考核方式	字符型	4

【操作步骤】

①打开命令窗口,在窗口中输入:OPEN DATABASE 学生成绩管理 EXCLUSIVE

②换行后,继续输入:CREATE TABLE 课程信息(课程号 C(4) PRIMARY KEY,课程名 C(20),课时数 N(3,0),学分 N(3,0) ,考核方式 C(4))

③换行后,继续输入:CREATE TABLE 学生成绩(学号 C(10),课程号 C(4),成绩 N(3,0),FOREIGN KEY 课程号 TAG 课程号 REFERENCE 课程信息)

【例3-3】利用 SQL 语句建立班级信息表,并将其加入到学生成绩管理数据库中。班级信息表结构见表3-5。

表3-5 班级信息表结构

字段名	类 型	宽 度
班级号	字符型	4
班级名称	字符型	20
系部名称	字符型	20

【操作步骤】

①打开命令窗口,在窗口中输入:CREATE TABLE 班级信息 FREE(班级号 C(4),班级名称 C(20),系部名称 C(20))。

②换行后,继续输入:close tables   && 将表加入数据库前,必须将其关闭。

③换行后,继续输入:OPEN DATABASE 学生成绩管理.dbc EXCLUSIVE && 将表加入到数据库时,数据库必须以独占方式打开。

④换行后,继续输入:ADD TABLE 班级信息。

3.1.2 修改数据表

在 Visual FoxPro 6.0 也可以通过 SQL 的 ALTER TABLE 语句完成上述操作。从实际应用出发,ALTER TABLE 语句有 3 种格式。

【格式1】

ALTER TABLE TableName1 ADD | ALTER [COLUMN] FieldName1 FieldType [(nFieldWidth [,nPrecision])]

【功能】

该格式可以添加(ADD)新的字段或修改(ALTER)已有的字段。

【说明】

(1)TableName1

指定要修改其结构的表名。

(2)ADD [COLUMN] FieldName1

指定要添加的字段名。单个的表中最多可以有 255 个字段。

(3)ALTER [COLUMN] FieldName1

指定要修改的已有的字段名。

(4)FieldType [(nFieldWidth [,nPrecision])]

指定新字段或待修改字段的字段类型、字段宽度和字段精度(小数点后的位数)。FieldType ,nFieldWidth 和 nPrecision 的取值情况参考表 3—1。

【例 3—4】在学生成绩管理数据库中,修改学生档案信息:将学号设置为主索引,添加新字段:考生来源,字段类型:字符,宽度 10,并为其设置有效性规则:考生来源只能取"高职 3+2"或"高中",错误则提示"考生来源错误"。

【操作步骤】

①打开命令窗口,在窗口中输入:OPEN DATABASE 学生成绩管理.dbc EXCLU-SIVE 。

②换行后,继续输入:ALTER TABLE 学生档案 ALTER 学号 C(10) PRIMARY KEY。

③换行后,继续输入:ALTER TABLE 学生档案 ADD 考生来源 C(10) CHECK(考生来源="高中" OR 考生来源="高职 3+2") ERROR "考生来源错误"。

【例 3—5】在学生成绩管理数据库中,修改班级信息:将班级号设置为主索引,并建立学生档案信息表与班级信息表之间的一对多的永久关系。

【操作步骤】

①打开命令窗口,在窗口中输入:OPEN DATABASE 学生成绩管理.dbc EXCLU-SIVE。

②换行后,继续输入:ALTER TABLE 班级信息 ALTER 班级号 C(4) PRIMARY KEY。

③换行后,继续输入:ALTER TABLE 学生档案 ALTER 班级号 C(4) REFER-ENCE 班级信息 TAG 班级号。

从上面的语句格式可以看出,该格式无法完成字段名的修改,删除字段,也不能删除已经定义的规则。

【格式2】

ALTER TABLE TableName1 ALTER [COLUMN] FieldName2

课堂速记

【功能】

该格式可以为已有字段定义、修改和删除有效性规则和默认值。若字段已经存在有效性规则和默认值,则该语句格式完成的是修改和删除功能。否则,完成定义功能。

【说明】ALTER [COLUMN] FieldName2,指定要修改的已有的字段名。

【例3-6】在学生成绩管理数据库中,为学生成绩表中的成绩字段设置有效性规则,规则:成绩不能为负,错误提示"成绩数据不合法"

【操作步骤】

①打开命令窗口,在窗口中输入:OPEN DATABASE 学生成绩管理.dbc EXCLUSIVE。

②换行后,继续输入:ALTER TABLE 学生成绩 ALTER 成绩 SET CHECK 成绩 >=0 ERROR "成绩数据不合法"。

【例3-7】在学生成绩管理数据库中,修改学生成绩表中的成绩字段设置有效性规则,新规则:成绩不能为负并且不能超过100,错误则提示"成绩数据不合法"。

【操作步骤】

①打开命令窗口,在窗口中输入:OPEN DATABASE 学生成绩管理.dbc EXCLUSIVE。

②换行后,继续输入:ALTER TABLE 学生成绩 ALTER 成绩 SET CHECK (成绩 >=0 AND 成绩<=100) ERROR "成绩数据不合法"。

以上两种语句格式都不能删除字段、重命名字段、删除表间关系、删除主索引或候选索引,并且所有的规则都是字段有效性规则,而不是记录有效性规则。

【格式3】

ALTER TABLE TableName1 [DROP [COLUMN] FieldName3]

【功能】

该格式可以删除字段、重命名字段、定义和删除记录有效性规则、定义和删除主索引和候选索引,建立及取消表间关系。

【说明】DROP [COLUMN] FieldName3,从表中删除一个字段。删除一个字段的同时也删除了字段的默认值和字段有效性规则。

【例3-8】在学生成绩管理数据库中,删除考生来源字段,删除学号主索引。

【操作步骤】

①打开命令窗口,在窗口中输入:OPEN DATABASE 学生成绩管理.dbc EXCLUSIVE。

②换行后,继续输入:ALTER TABLE 学生档案 DROP 考生来源 DROP PRIMARY KEY。

【例3-9】在学生成绩管理数据库中,建立学生档案表与学生成绩表之间一对多永久关系。

【操作步骤】

①打开命令窗口,在窗口中输入:OPEN DATABASE 学生成绩管理.dbc EXCLUSIVE。

② 换行后,继续输入:ALTER TABLE 学生档案 ADD PRIMARY KEY 学号 TAG 学号。

③换行后,继续输入:ALTER TABLE 学生成绩 ADD FOREIGN KEY 学号 TAG 学号 REFERENCE 学生档案 TAG 学号(&& 也可以使用:ALTER TABLE 学生成绩

ALTER 学号 C(10) REFERENCE 学生档案 TAG 学号)。

【例3—10】在学生成绩管理数据库中,将学生档案表中的出生年月字段重命名为出生日期。

【操作步骤】

①打开命令窗口,在窗口中输入:OPEN DATABASE 学生成绩管理.dbc EXCLU-SIVE。

②换行后,继续输入:ALTER TABLE 学生档案 RENAME 出生年月 TO 出生日期。

3.1.3 删除数据表

删除数据表可以使用 DROP TABLE 语句。

【格式】

DROP TABLE TableName

【功能】

从磁盘上删除数据库表或自由表。

【说明】

TableName,指定被删除的数据表。若是自由表,则直接从磁盘上删除。若是数据库表,如果所在数据库不是当前数据库,虽然从磁盘上删除了数据表,但数据表在数据库中的信息没有被删除,此后会出现错误提示。所以,建议删除数据库表时,将所在数据库设置为当前数据库。

3.2 SQL 操作功能

3.2.1 插入表记录

在第 2 章我们已经学过使用 Visual FoxPro 命令 INSERT 和 APPEND 向数据表插入记录。除此之外,也可以使用 SQL—INSERT 语句向数据表插入记录。INSERT 语句有两种格式。

【格式1】

INSERT INTO dbf_name [(fname1 [, fname2, ...])] VALUES (eExpression1 [, eExpression2, ...])

【功能】

在表尾插入一个包含指定字段值的记录。

【说明】

(1)INSERT INTO dbf_name

指定要追加记录的表名。如果指定的表没有打开,则 Visual FoxPro 先在一个新工作区中以独占方式打开该表,然后再把新记录追加到表中。

(2)[(fname1 [, fname2 [, ...]])]

指定新记录的字段名。

（3）VALUES（eExpression1［，eExpression2［，...］]）

新插入记录的字段值。如果省略了字段名,那么必须按照表结构定义字段的顺序来指定字段值。

【例3-11】在课程信息表中添加一门新的课程,课程编号:0007,课程名:VF程序设计,课时数:72,学分:5,考核方式:考试。

【操作步骤】

打开命令窗口,输入命令:INSERT INTO 课程信息（课程号,课程名,课时数,学分,考核方式）VALUES（"0007","VF程序设计",72,5,"考试"）。

【例3-12】在学生成绩表中添加一名学生的考试成绩,学号:2008010101,课程号:0007,成绩:83分。

【操作步骤】

打开命令窗口,输入命令:INSERT INTO 学生成绩 VALUES（"2008010101","0007",83）

【格式2】

INSERT INTO dbf_name FROM ARRAY ArrayName｜FROM MEMVAR

【功能】

在表尾插入一个字段值来自数组或内存变量的记录。

【说明】

（1）FROM ARRAY ArrayName

指定一个数组,数组中的数据将被插入到新记录中。从第一个数组元素开始,数组中的每个元素的内容依次插入到记录的对应字段中。第一个数组元素的内容插入到新记录的第一个字段,第二个元素的内容插入到第二个字段,依次类推。

（2）FROM MEMVAR

把内存变量的内容插入到与它同名的字段中。如果某一字段不存在同名的内存变量,则该字段为空。

【例3-13】使用数组的方法,备份学生档案表中的第一条记录至学生档案备份表。

【操作步骤】

①打开命令窗口,输入命令:OPEN DATABASE 学生成绩管理.dbc 。

②换行后,继续如下命令序列:

```
USE 学生档案
SCATTER TO S_ARR                && 将第一条记录读到数组 S_ARR
COPY STRUCTURE TO 学生档案备份    && 拷贝学生档案表结构
INSERT INTO 学生档案备份 FROM ARRAY S_ARR
```

INSERT命令和APPEND命令与SQL-INSERT语句的不同之处在于:INSERT命令和APPEND命令是先插入空白记录,之后在填写字段的值,当表中有主索引或候选索引时,由于主索引和候选索引不允许取空值,故无法使用INSERT命令和APPEND命令插入记录。另外,在使用INSERT命令和APPEND命令时,需要提前打开数据表,而SQL-INSERT语句不需要。

3.2.2 修改表记录

在第2章已经学过使用REPLACE命令修改数据表中的数据,但REPALCE命令需

要打开数据表之后才能使用。使用 SQL－UPDATE 语句也可以修改数据表中的记录，而无须打开数据表。

【格式】

UPDATE [DatabaseName1!]TableName1SET Column_Name1 ＝ eExpression1[，Column_Name2 ＝ eExpression2 ...]［WHERE FilterCondition1［AND｜OR Filter-Condition2 ...］]

【功能】

更新数据表中的记录。

【说明】

(1)UPDATE [DatabaseName1!]TableName1

TableName1 指定要更新记录的表。DatabaseName1 指定包含表的非当前数据库名。如果包含表的数据库不是当前数据库,则应包含这个数据库名。在数据库名称与表名之间有一个感叹号（!）。

(2)SET Column_Name1 ＝ eExpression1［，Column_Name2 ＝ eExpression2...］

指定要更新的字段以及这些字段的新值。如果省略了 WHERE 子句,在字段中的每一条记录都用相同的值更新。

(3)WHERE FilterCondition1［AND｜OR FilterCondition2...］

FilterCondition 指定要更新的记录所符合的条件。

【例 3－14】在课程信息表中,更新考查的学分,新学分为原有学分加 3。

【操作步骤】

打开命令窗口,输入命令:UPDATE 课程信息 SET 学分＝学分＋3 WHERE 考核方式＝"考查"。

【例 3－15】在课程信息表中,将所有课程的课时数增加 50％。

【操作步骤】

打开命令窗口,输入命令:UPDATE 课程信息 SET 课时数＝课时数＋课时数＊0.5。

3.2.3 删除表记录

使用 SQL－DELETE 语句也可以修改数据表中的记录,而无须打开数据表。

【格式】

DELETE FROM [DatabaseName!]TableName[WHERE FilterCondition1［AND｜OR FilterCondition2 ...］]

【功能】

逻辑删除数据表中的记录。

【说明】

(1)FROM [DatabaseName!]TableName

指定要给逻辑删除记录的表。DatabaseName! 指定包含该表的非当前数据库名。如果数据库不是当前的数据库,必须加上包含有该表的数据库名。在数据库名的后面、表名的前面包含感叹号（!）分隔符。

(2)WHERE FilterCondition1［AND｜OR FilterCondition2 ...］

FilterCondition 指定要做删除标记的记录必须满足的条件。忽略 WHERE 子句,则逻辑删除表中所有记录。

课堂速记

【例3-16】在学生成绩数据表中,逻辑删除考试成绩不及格的学生记录。

【操作步骤】

打开命令窗口,输入命令:DELETE FROM 学生成绩 WHERE 成绩<60。

【例3-17】在学生成绩数据表中,物理删除考试成绩不及格的学生记录。

【操作步骤】

①打开命令窗口,输入命令:DELETE FROM 学生成绩 WHERE 成绩<60。

②换行继续输入:PACK。

3.3　SQL 查询功能

3.3.1　SELECT 命令的格式

【格式】

SELECT [DISTINCT] [TOP nExpr [PERCENT]]

Select_Item [AS Column_Name]

[, Select_Item [AS Column_Name] ...]

FROM [DatabaseName!]Table

[[INNER | LEFT | RIGHT | FULL JOIN

DatabaseName!]Table

[ON JoinCondition ···]

[[INTO Destination]

| [TO FILE FileName | TO PRINTER

| TO SCREEN]]

[WHERE JoinCondition [AND JoinCondition ...]

[AND | OR FilterCondition [AND | OR FilterCondition ...]]]

[GROUP BY GroupColumn [, GroupColumn ...]]

[HAVING FilterCondition]

[[ALL]| [ANY]| [SOME] [[NOT]EXISTS] SELECT 命令]

[ORDER BY Order_Item [ASC | DESC] [, Order_Item [ASC | DESC] ...]]

【功能】

查询数据表中的数据。

【说明】

(1)SELECT

在 SELECT 子句中指定在查询结果中包含的字段、常量和表达式。

(2)DISTINCT

在查询结果中剔除重复的行。注意:每一个 SELECT 子句只能使用一次 DIS-TINCT。

(3)TOP nExpr [PERCENT]

在符合查询条件的所有记录中,选取指定数量或百分比的记录。TOP 子句必须与

ORDER BY 子句同时使用。TOP 子句根据此排序选定最开始的 nExpr 个或 nExpr%
的记录。

(4)Select_Item

指定包括在查询结果中的项。一个项可以是:FROM 子句所包含的表中的字段名
称。一个常量,查询结果中每一行都出现这个常量值;一个表达式,可以是用户自定义函
数名。

(5)AS Column_Name

指定查询结果中列的标题。当 Select_Item 是一个表达式或一个字段函数时,如果
要给此列取一个有含义的名称,一般可以使用这个子句。

(6)FROM

列出所有从中检索数据的表。如果没有打开表,Visual FoxPro 显示"打开"对话框
以便指定文件位置。表打开以后,直到查询结束时才关闭。

(7)DatabaseName!

当包含表的数据库不是当前数据库时,DatabaseName! 指定这个数据库的名称。如
果数据库不是当前数据库,就必须指定包含表的数据库名称。应在数据库名称之后表名
之前加上感叹号(!)分隔符。

(8)INNER JOIN

只有在其他表中包含对应记录(一个或多个)的记录时才出现在查询结果中。

(9)LEFT JOIN

在查询结果中包含:JOIN 左侧表中的所有记录,以及 JOIN 右侧表中匹配的记录。

(10)RIGHT JOIN

在查询结果中包含:JOIN 右侧表中的所有记录,以及 JOIN 左侧表中匹配的记录。

(11)FULL JOIN

在查询结果中包含:JOIN 两侧所有的匹配记录和不匹配的记录。

(12)ON JoinCondition

指定连接条件。

(13)INTO Destination

指定在何处保存查询结果。Destination 可以是下列子句之一:

ARRAY ArrayName ,将查询结果保存到变量数组中。

CURSOR CursorName,将查询结果保存到临时表中。

DBF TableName | TABLE TableName ,将查询结果保存到一个表中。

(14)TO FILE FileName

查询结果定向输出到名为 FileName 的 ASCII 码文件。

(15)TO PRINTER [PROMPT]

查询结果定向输出到打印机。

(16)TO SCREEN

查询结果定向输出到 Visual FoxPro 主窗口或活动的用户自定义窗口中。

(17)WHERE

查询结果中仅包含一定数目的记录。如果要从多个表中检索数据,WHERE 子句是
必需的。

(18)JoinCondition

指定一个字段,该字段连接 FROM 子句中的表。连接多个查询条件必须使用操作

符 AND。每个连接条件都有下面的形式：FieldName1 Comparison FieldName2。其中 FieldName1 是一个表中的字段名，FieldName2 是另一表中的字段名，Comparison 是表 3—6 中列出的某一操作符。

表 3—6　操作符

操作符	比较关系
=	相等
= =	完全相等
LIKE	SQL LIKE
<>, ! =, #	不相等
>	大于
>=	大于等于
<	小于
<=	小于等于

(19)Filter Condition

指定将包含在查询结果中的记录必须符合的条件。使用 AND 或 OR 操作符，您可以包含随意数目的过滤条件。您还可以使用 NOT 操作符将逻辑表达式的值取反，或使用 EMPTY() 函数以检查空字段。

(20)GROUP BY GroupColumn [, GroupColumn ...]

按列的值对查询结果的行进行分组。GroupColumn 可以是常规的表字段名，也可以是一个包含 SQL 字段函数的字段名，还可以是一个数值表达式。

(21)HAVING FilterCondition

指定包括在查询结果中的组必须满足的筛选条件。HAVING 应该同 GROUP BY 一起使用。它能包含数量不限的筛选条件，筛选条件用 AND 或 OR 连接，还可以使用 NOT 来对逻辑表达式求反。FilterCondition 不能包括子查询。使用 HAVING 子句的命令如果没有使用 GROUP BY 子句，则它的作用与 WHERE 子句相同。

(22)[ALL]| [ANY]| [SOME] [[NOT]EXISTS] SELECT

谓词和量词查询，[ALL]| [ANY]| [SOME]是量词，EXISTS 是谓词。

(23)ORDER BY Order_Item

根据列的数据对查询结果进行排序。ASC 指定查询结果根据排序项以升序排列。它是 ORDER BY 的默认选项。DESC 指定查询结果以降序排列。

从 SELECT 语句的格式来看似乎十分复杂，实际上只要理解语句中各个短语的含义，SELECT 语句还是很容易掌握的，下面从投影查询、条件查询、连接查询、自连接查询、嵌套查询、统计查询、分组查询、量词谓词查询、查询结果排序和查询结果输出，10 个方面对 SELECT 语句做详细介绍。

1. 投影查询

投影查询的特点是查询结果中包含数据表的部分或所有字段。也就是在数据表上做投影运算。投影查询的格式为：SELECT [DISTINCT] Select_Item [AS Column_Name][, Select_Item [AS Column_Name] ...] FROM [DatabaseName!]Table

【例 3—18】在学生档案数据表中查询每名学生的姓名、性别和入学成绩。

【操作步骤】

①打开命令窗口,输入命令:OPEN DATABASE 学生成绩管理.dbc 。

②换行继续输入:SELECT 姓名,性别,入学成绩 FROM 学生成绩管理! 学生档案。

【例3—19】在学生档案数据表中查询每名学生的姓名和出生年月,并且在查询结果中将出生年月重新命名为出生日期。

【操作步骤】

①打开命令窗口,输入命令:OPEN DATABASE 学生成绩管理.dbc 。

②换行继续输入:SELECT 姓名,出生年月 AS 出生日期 FROM 学生档案。

【例3—20】在学生档案数据表中查询每名同学的所有档案信息。

【操作步骤】

①打开命令窗口,输入命令:OPEN DATABASE 学生成绩管理.dbc 。

②换行继续输入:SELECT ＊ FROM 学生档案。

【例3—21】查询学生档案数据表中的学生班级号,并且查询结果中不包括重复的班级号。

【操作步骤】

①打开命令窗口,输入命令:OPEN DATABASE 学生成绩管理.dbc 。

②换行继续输入:SELECT DISTINCT 班级号 FROM 学生档案。

2.条件查询

所谓条件查询是指查询满足条件的记录。查询条件由 WHERE 子句指明。语句格式为:

SELECT [DISTINCT] [TOP nExpr [PERCENT]] Select_Item [AS Column_Name]

[, Select_Item [AS Column_Name] ...] FROM [DatabaseName!]Table

[WHERE][AND | OR FilterCondition [AND | OR FilterCondition ...]]]

【例3—22】在学生档案数据表中,查询男同学的所有档案信息。

【操作步骤】

①打开命令窗口,输入命令:OPEN DATABASE 学生成绩管理.dbc 。

②换行继续输入:SELECT ＊ FROM 学生档案 WHERE 性别＝"男"。

该查询语句也可以写成 SELECT ＊ FROM 学生档案 WHERE 性别! ＝"女"。

【例3—23】在学生档案数据表中,查询入学成绩580分以上的男同学的所有档案信息。

【操作步骤】

①打开命令窗口,输入命令:OPEN DATABASE 学生成绩管理.dbc 。

②换行继续输入:SELECT ＊ FROM 学生档案 WHERE 性别＝"男" AND 入学成绩＞580。

【例3—24】在课程信息数据表中,查询课程学分为6分或7分的课程信息。

【操作步骤】

①打开命令窗口,输入命令:OPEN DATABASE 学生成绩管理.dbc 。

②换行继续输入:SELECT ＊ FROM 课程信息 WHERE 学分＝6 OR 学分＝7。

该查询语句也可以写成:SELECT ＊ FROM 课程信息 WHERE 学分 IN(6,7)。

【例3—25】在学生档案数据表中,查询入学成绩在[580,590]之间的学生档案信息。

【操作步骤】

①打开命令窗口,输入命令:OPEN DATABASE 学生成绩管理.dbc 。

课堂速记

②换行继续输入：SELECT * FROM 学生档案 WHERE 入学成绩 BETWEEN 580 AND 590。

该查询语句也可以写成：SELECT * FROM 学生档案 WHRER 入学成绩＞＝580 AND 入学成绩 ＜＝590。

【例3—26】在学生档案数据表中，查询姓李的学生所有档案信息。

【操作步骤】

①打开命令窗口，输入命令：OPEN DATABASE 学生成绩管理.dbc 。

②换行继续输入：SELECT * FROM 学生档案 WHERE 姓名 LIKE "李％"。

这里的 LIKE 是字符串匹配运算符，通配符"％"表示 0 个或多个字符，还有一个通配符"_(下划线)"表示一个字符。

【例3—27】在班级信息数据表中，查询班级号以"010"开头的班级信息。

【操作步骤】

①打开命令窗口，输入命令：OPEN DATABASE 学生成绩管理.dbc 。

②换行继续输入：SELECT * FROM 班级信息 WHERE 班级号 LIKE "010_"。

【例3—28】在班级信息数据表中，查询班级号不以"010"开头的班级信息。

【操作步骤】

①打开命令窗口，输入命令：OPEN DATABASE 学生成绩管理.dbc 。

②换行继续输入：SELECT * FROM 班级信息 WHERE 班级号 NOT LIKE "010_"。

【例3—29】在课程信息数据表中，查询考核方式暂时未确定的课程信息。

【操作步骤】

①打开命令窗口，输入命令：OPEN DATABASE 学生成绩管理.dbc 。

②换行继续输入：SELECT * FROM 课程信息 WHERE 考核方式 IS NULL。

3. 统计查询

SELECT 语句不仅具有一般的查询能力，而且还有统计查询功能。例如，查询学生入学成绩的平均分，最高分等。所谓统计查询是指利用统计函数对数据表某字段完成统计计算的查询，查询结果中包含了统计计算的结果。常见的统计函数有：COUNT（计数函数）、AVG（计算平均值函数）、SUM（求和函数）、MAX（求最大值函数）和 MIN（求最小值函数）。

【例3—30】在学生档案数据表中，统计学生的人数。

【操作步骤】

①打开命令窗口，输入命令：OPEN DATABASE 学生成绩管理.dbc 。

②换行继续输入：SELECT COUNT（学号）AS 学生人数 FROM 学生档案。

由于在学生档案数据表中，一条记录代表一名学生，故该查询语句也可以写成：SELECT COUNT（*）AS 学生人数 FROM 学生档案。

【例3—31】在班级信息数据表中，统计系部个数。

【操作步骤】

①打开命令窗口，输入命令：OPEN DATABASE 学生成绩管理.dbc 。

②换行继续输入：SELECT COUNT（DISTINCT 系部名称）AS 系部个数 FROM 班级信息。

【例3—29】在学生成绩数据表中，计算课程号 0001 这门课程的平均成绩。

【操作步骤】

①打开命令窗口,输入命令:OPEN DATABASE 学生成绩管理.dbc 。

②换行继续输入:SELECT AVG(成绩) AS 平均成绩 FROM 学生成绩 WHERE 课程号＝"0001"。

【例3－32】在学生成绩数据表中,计算学号 2008010101 这名同学考试总分(考试总分等于各科考试成绩之和)。【操作步骤】

①打开命令窗口,输入命令:OPEN DATABASE 学生成绩管理.dbc 。

②换行继续输入:SELECT SUM(成绩) AS 总分 FROM 学生成绩 WHERE 学号＝"2008010101"。

【例3－33】在学生档案数据表中,查询入学成绩最高的学生姓名和最高分。

【操作步骤】

①打开命令窗口,输入命令:OPEN DATABASE 学生成绩管理.dbc 。

②换行继续输入:SELECT 姓名,MAX(入学成绩) AS 最高分 FROM 学生档案。

4. 分组查询

所谓分组查询是指根据一个或多个字段,对数据表中的记录分组,再对每个分组进行计算。在查询结果中包含分组情况及计算结果。分组查询使用 GROUP BY 和 HAV-ING 子句。

【例3－34】在班级信息数据表中,统计每个系部的班级数量,查询结果中包含系部名称和班级数量。

【操作步骤】

①打开命令窗口,输入命令:OPEN DATABASE 学生成绩管理.dbc 。

②换行继续输入:SELECT 系部名称 ,COUNT(班级号) AS 班级数量 FROM 班级信息 GROUP BY 系部名称。

【例3－35】在班级信息数据表中,查询至少有 3 个班级的系部名称。

【操作步骤】

①打开命令窗口,输入命令:OPEN DATABASE 学生成绩管理.dbc 。

②换行继续输入:SELECT 系部名称 FROM 班级信息 GROUP BY 系部名称 HAVING COUNT(班级号)＞＝3。

【例3－36】在学生档案数据表中,统计每个班级男同学的人数。查询结果包含班级号和人数。

【操作步骤】

①打开命令窗口,输入命令:OPEN DATABASE 学生成绩管理.dbc 。

②换行继续输入:SELECT 班级号,COUNT（学号）AS 人数 FROM 学生档案 WHERE 性别＝"男" GROUP BY 班级号。

注意:这个查询语句的执行顺序:先执行 WHERE 子句,筛选记录,再执行 GROUP BY 子句记录分组,最后对每个分组中的记录完成计算。子句的执行顺序与书写顺序无关。另外,WHRER 子句是对记录进行筛选,而 HAVING 子句是对分组进行筛选,故 HAVING 要与 GROUP BY 一同使用,不允许单独使用 HAVING 子句。

【例3－37】在学生档案数据表中,查询每个班级中男同学入学成绩最高分和女同学入学成绩最高分。

【操作步骤】

①打开命令窗口,输入命令:OPEN DATABASE 学生成绩管理.dbc 。

②换行继续输入:SELECT 班级号,性别,MAX(入学成绩) AS 最高分 FROM 学生档案 GROUP BY 班级号,性别。

分组查询时,可以根据实际需求,设定多个分组依据。如 GROUP BY 班级号,性别,先按班级分组,在每个班级内部再按性别分组。

5. 连接查询

所谓连接查询又称为多表查询,即查询结果来自多个表。连接查询使用 WHRER 子句或 JION ON 子句。

【例3－38】查询每名同学的姓名和所在班级的名称。

【操作步骤】

①打开命令窗口,输入命令:OPEN DATABASE 学生成绩管理.dbc 。

②换行继续输入:SELECT 学生档案.姓名 ,班级信息.班级名称 FROM 学生档案,班级信息 WHERE 学生档案.班级号＝班级信息.班级号。

该查询的查询结果来自学生档案表和班级信息表,连接条件由 WHERE 子句引出。由于连接条件是:学生档案.班级号＝班级信息.班级号,把这种连接称为等值连接。除了使用 WHERE 子句之外,还可以使用 INNER JOIN ON 子句。INNER JOIN ON 表示只有满足连接条件的记录才会出现在查询结果中。即:SELECT 学生档案.姓名,班级信息.班级名称 FROM 学生档案 INNER JOIN 班级信息 ON 学生档案.班级号＝班级信息.班级号。

【例3－39】查询暂时没有学生的班级的名称。

【操作步骤】

①打开命令窗口,输入命令:OPEN DATABASE 学生成绩管理.dbc。

②换行继续输入:SELECT DISTINCT 班级信息.班级名称 FROM 班级信息 ,学生档案 where 班级信息.班级号!＝学生档案.班级号。

【例3－40】查询女同学的姓名及所在系部的名称。

【操作步骤】

①打开命令窗口,输入命令:OPEN DATABASE 学生成绩管理.dbc 。

②换行继续输入:SELECT DISTINCT 班级信息.系部名称,学生档案.姓名 FROM 学生档案 ,班级信息 WHERE 学生档案.性别＝"女" AND 班级信息.班级号＝学生档案.班级号。

与 INNER JOIN 相似,还有 LEFT JOIN(左连接),表示查询结果中包含第一个表中所有记录与第二个表中满足连接条件的记录,对于第二个表中不满足连接条件的记录,在查询结果中显示空值。RIGHT JOIN(右连接),表示查询结果中包含第二个表中所有记录与第一个表中满足连接条件的记录,对于第一个表中不满足连接条件的记录,在查询结果中显示空值。FULL JOIN(完全连接),表示两个表中的记录不管是否满足连接条件,都出现在查询结构中。

【例3－41】查询参加过考试的每名学生的姓名及考试成绩。

【操作步骤】

①打开命令窗口,输入命令:OPEN DATABASE 学生成绩管理.dbc 。

②换行继续输入:SELECT 学生档案.姓名,学生档案.学号 ,学生成绩.成绩 FROM

学生档案 RIGHT JOIN 学生成绩 ON 学生档案.学号＝学生成绩.学号。

【例3－42】查询参加过考试的学生的姓名、学号及所考科目数量。

【操作步骤】

①打开命令窗口,输入命令:OPEN DATABASE 学生成绩管理.dbc 。

②换行继续输入:SELECT 学生档案.姓名,学生档案.学号 ,COUNT(课程号) AS 科目数量 FROM 学生档案 RIGHT JOIN 学生成绩 ON 学生档案.学号＝学生成绩.学号 GROUP BY 学生成绩.学号。

注意:该语句的执行顺序:先执行连接查询,查询结果中包含学生成绩表中的所有记录(参加考试的学生),然后再执行分组查询,最后执行分组的计算。

【例3－43】查询参加考试的每名学生的姓名、所考科目名称、成绩和所在班级名称。

【操作步骤】

①打开命令窗口,输入命令:OPEN DATABASE 学生成绩管理.dbc 。

②换行继续输入:SELECT 学生档案.姓名,班级信息.班级名称,课程信息.课程名,学生成绩.成绩 FROM 课程信息 RIGHT JOIN 学生成绩 JOIN 学生档案 JOIN 班级信息;

ON 学生档案.班级号＝班级信息.班级号;

ON 学生成绩.学号＝学生档案.学号;

ON 课程信息.课程号＝学生成绩.课程号。

6. 别名与自连接查询

在连接查询中,经常使用表名做前缀,当涉及多个表时,查询语句书写烦琐。SQL 允许在 FROM 子句中为表定义别名。例如,例3－35 的连接查询:

SELECT 学生档案.姓名 ,班级信息.班级名称 FROM 学生档案 ,班级信息 WHERE 学生档案.班级号＝班级信息.班级号

使用别名后的连接查询:

SELECT 学生档案.姓名 ,班级信息.班级名称 FROM 学生档案 S ,班级信息 C WHERE S.班级号＝C.班级号

在上面的例子中,别名并不是必须使用,但在自连接查询中,别名是不可缺少的。所谓自连接查询是指将同一个表与其自身进行连接。这种查询的特点是,数据表中存在两个不同的字段取相同(部分相同)的字段值。由此引出数据表中的记录存在一种层次关系,即根据出自同一字段值的两个不同字段,可以与另一些记录有一对多的关系。

【例3－44】在课程信息数据表中,查询每门课程的先修课程。课程信息数据表如表3－7所示。

表3－7 课程信息数据表

课程号	课程名	课时数	学分	考核方式	先修课程
0001	计算机应用基础	72	6	考试	NULL
0002	数据库技术	56	4	NULL	0003
0003	C 语言程序设计	72	6	考试	0001
0004	人工智能	56	7	考查	0002
0005	WEB 技术	56	7	考查	0002
0006	编译原理	72	6	考试	0003

课堂速记

【操作步骤】

①打开命令窗口,输入命令:OPEN DATABASE 学生成绩管理.dbc 。

②换行继续输入:SELECT C1.课程名 AS 计划课程 ,C2.课程名 AS 先修课程 FROM 课程信息 C1,课程信息 C2 WHERE C1.先修课程＝C2.课程号。

在这个查询中,课程信息数据表中课程号字段和先修课程字段取值部分相同,为查询每门课程的先修课程,将课程信息数据表分别命名别名 C1 和 C2,以 C1.先修课程＝C2.课程号作为连接条件。

7. 嵌套查询

所谓嵌套查询是指 SELECT 语句中又包含了 SELECT 语句。这种查询的特点是查询结果来自一个数据表,而查询条件却涉及其他多个数据表。

【例 3-45】查询入学成绩 580 分以上的学生所在班级的名称。

【操作步骤】

①打开命令窗口,输入命令:OPEN DATABASE 学生成绩管理.dbc 。

②换行继续输入:SELECT 班级名称 FROM 班级信息 WHERE 班级号 IN（SE-LECT DISTINCT 班级号 FROM 学生档案 WHERE 入学成绩＞580）。

在这个查询中,内层查询 SELECT DISTINCT 班级号 FROM 学生档案 WHERE 入学成绩＞580 的结果为"0101,0102",外层查询相当于 SELECT 班级名称 FROM 班级信息 WHERE 班级号 IN("0101,0102")。另外,当内层查询的查询结果是一个集合时,外层查询的查询条件应该使用 IN 运算符。

【例 3-46】查询参加过考试的学生的姓名和学号。

【操作步骤】

①打开命令窗口,输入命令:OPEN DATABASE 学生成绩管理.dbc 。

②换行继续输入:SELECT 姓名,学号 FROM 学生档案 WHERE 学号 IN（SE-LECT DISTINCT 学号 FROM 学生成绩）。

【例 3-47】查询暂时没有学生的班级的名称。

【操作步骤】

①打开命令窗口,输入命令:OPEN DATABASE 学生成绩管理.dbc 。

②换行继续输入:SELECT 班级名称 FROM 班级信息 WHERE 班级号 NOT IN（SELECT 班级号 FROM 学生档案 ）。

【例 3-48】查询入学成绩与学号为 2008010101 这名学生相同的学生的档案信息。

【操作步骤】

①打开命令窗口,输入命令:OPEN DATABASE 学生成绩管理.dbc 。

②换行继续输入:SELECT ＊ FROM 学生档案 WHERE 入学成绩＝（SELECT 入学成绩 FROM 学生档案 WHERE 学号＝"2008010101"）AND 学号！＝"2008010101"。

在该查询中,外层查询使用学号！＝"2008010101"的目的是在查询结果中过滤掉该名同学的档案信息。

【例 3-49】查询哪门课程有学生参加过考试。

【操作步骤】

①打开命令窗口,输入命令:OPEN DATABASE 学生成绩管理.dbc 。

②换行继续输入:SELECT 课程名 FROM 课程信息 WHERE 课程号 IN(SELECT 课程号 FROM 学生成绩 GROUP BY 课程号)。

【例3-50】查询在班级号0101班级中,入学成绩高于班级平均入学成绩的学生档案信息。

【操作步骤】

①打开命令窗口,输入命令:OPEN DATABASE 学生成绩管理.dbc 。

②换行继续输入:SELECT ＊ FROM 学生档案 WHERE 班级号＝"0101" AND 入学成绩＞(SELECT AVG(入学成绩) FROM 学生档案 WHERE 班级号＝"0101")。

【例3-51】查询入学成绩高于班级号为0101的班级中任何一名学生入学成绩的学生档案信息。

【操作步骤】

①打开命令窗口,输入命令:OPEN DATABASE 学生成绩管理.dbc 。

②换行继续输入:SELECT ＊ FROM 学生档案 WHERE 班级号！＝"0101" AND 入学成绩＞(SELECT MIN(入学成绩) FROM 学生档案 WHERE 班级号＝"0101")。

【例3-52】查询入学成绩高于班级号为0101的班级中所有学生入学成绩的学生档案信息。

【操作步骤】

①打开命令窗口,输入命令:OPEN DATABASE 学生成绩管理.dbc 。

②换行继续输入:SELECT ＊ FROM 学生档案 WHERE 班级号！＝"0101" AND 入学成绩＞(SELECT MAX(入学成绩) FROM 学生档案 WHERE 班级号＝"0101")。

8. 谓词与量词查询

所谓谓词与量词查询是指在 SELECT 语句中包含 ANY、SOME、ALL 或[NOT]EXISTS 的查询。其中 ANY、SOME、ALL 是量词。ANY 和 SOME 是同意词,其含义是只要子查询中有一行能使外层查询条件为真,则外层查询结果就为真。而 ALL 表示子查询中所有行都使外层查询条件为真,外层查询结果才为真。[NOT]EXISTS 子句含义是检查子查询中是否或没有查询结果返回。

【例3-53】查询暂时没有学生的班级的名称。

【操作步骤】

①打开命令窗口,输入命令:OPEN DATABASE 学生成绩管理.dbc 。

②换行继续输入:SELECT 班级名称 FROM 班级信息 WHERE NOT EXISTS(SELECT ＊ FROM 学生档案 WHERE 班级号＝班级信息.班级号)。

在这个查询中,"SELECT ＊ FROM 学生档案 WHERE 班级号＝班级信息.班级号"表示班级有学生的学生档案信息的集合,"NOT EXISTS(子查询)"则表示对子查询结果所构成的集合取否定运算,即查询出不在子查询结果所构成的集合中的记录。

【例3-54】查询入学成绩高于班级号为0101的班级中任何一名学生入学成绩的学生档案信息。

【操作步骤】

①打开命令窗口,输入命令:OPEN DATABASE 学生成绩管理.dbc 。

②换行继续输入:SELECT ＊ FROM 学生档案 WHERE 班级号！＝"0101" AND 入学成绩＞ANY(SELECT 入学成绩 FROM 学生档案 WHERE 班级号＝"0101")。

【例3-55】查询入学成绩高于班级号为0101的班级中所有学生入学成绩的学生档案信息。

▶ **课堂速记**

课堂速记

【操作步骤】

①打开命令窗口,输入命令:OPEN DATABASE 学生成绩管理.dbc 。

②换行继续输入:SELECT ＊ FROM 学生档案 WHERE 班级号！＝"0101" AND；
入学成绩＞ALL(SELECT 入学成绩 FROM 学生档案 WHERE 班级号="0101")。

9. 查询结果的排序

可以使用 ORDER BY 子句对查询结果排序。排序方式由升序或降序组成。

【例3－56】按出生年月降序方式,浏览学生档案信息。

【操作步骤】

①打开命令窗口,输入命令:OPEN DATABASE 学生成绩管理.dbc 。

②换行继续输入:SELECT ＊ FROM 学生档案 ORDER BY 出生年月 DESC。

【例3－57】在学生档案数据表中,统计每个班级男同学的人数。查询结果按人数升序排序。

【操作步骤】

①打开命令窗口,输入命令:OPEN DATABASE 学生成绩管理.dbc 。

②换行继续输入:SELECT 班级号,count(学号) AS 人数 FROM 学生档案；
WHERE 性别＝"男" GROUP BY 班级号 ORDER BY 人数。

【例3－58】按出生年月降序方式,浏览学生档案信息,出生年月相同的按入学成绩升序排序。

【操作步骤】

①打开命令窗口,输入命令:OPEN DATABASE 学生成绩管理.dbc 。

②换行继续输入:SELECT ＊ FROM 学生档案 ORDER BY 出生年月 DESC,入学成绩 ASC。

【例3－59】查询入学成绩最高的5名学生的档案信息。

【操作步骤】

①打开命令窗口,输入命令:OPEN DATABASE 学生成绩管理.dbc 。

②换行继续输入:SELECT ＊ TOP 5 FROM 学生档案 ORDER BY 入学成绩 DESC。

注意:在该查询中,TOP 子句必须与 ORDER BY 子句一同使用。

10. 查询结果的输出

SELECT 语句默认的查询结果输出是浏览窗口,除此之外,还可以将查询结果输出到数组、临时表、永久表、文本文件和打印机。

【例3－60】查询入学成绩最高的5名学生的档案信息,并将查询结果保存在数组 ARR 中。

【操作步骤】

①打开命令窗口,输入命令:OPEN DATABASE 学生成绩管理.dbc 。

②换行继续输入:SELECT ＊ TOP 5 FROM 学生档案 ORDER BY；
入学成绩 DESC INTO ARRAY ARR。

从查询结果可以看出,ARR 数组是一个二维数组,一维下标表示记录数量,二维下标表示查询结果中字段数量。

【例3－61】查询入学成绩最高的5名学生的档案信息,并将查询结果保存在临时表 TMP 中。

【操作步骤】

①打开命令窗口,输入命令:OPEN DATABASE 学生成绩管理.dbc 。

②换行继续输入：SELECT ＊ TOP 5 FROM 学生档案！；

ORDER BY 入学成绩 DESC INTO CURSOR TMP。

所谓临时表是指不在磁盘上保存的数据表,表被关闭后,即被删除。

【例3-62】查询入学成绩最高的5名学生的档案信息,并将查询结果保存在永久表TABLE1中。

【操作步骤】

①打开命令窗口,输入命令：OPEN DATABASE 学生成绩管理.dbc 。

②换行继续输入：SELECT ＊ TOP 5 FROM 学生档案！；

ORDER BY 入学成绩 DESC INTO TABLE TABLE1。

所谓永久表是指在磁盘上保存的数据表,表被关闭后,不被删除。

【例3-63】查询入学成绩最高的5名学生的档案信息,并将查询结果保存在文本文件 TEXT1中。

【操作步骤】

①打开命令窗口,输入命令：OPEN DATABASE 学生成绩管理.dbc 。

②换行继续输入：SELECT ＊ TOP 5 FROM 学生档案；

ORDER BY 入学成绩 DESC TO FILE TEXT1。

3.3.2　查询设计器

前面我们已经介绍了使用 SELECT 语句完成各种查询,在 Visual FoxPro 6.0 中除了使用 SELECT 语句之外,也为我们提供了图形化的查询工具,即查询设计器。利用查询设计器,可以设计投影查询、条件查询、统计查询、分组查询和连接查询,并将设计过程保存为查询文件(.QPR)。查询文件是一个文本文件,它的主要内容是 SELECT 语句,另外还有和查询结果去向有关的语句。

1. 建立查询文件

建立查询文件的方法很多。可以使用 CREATE QUERY 命令打开查询设计器建立查询文件;可以选择菜单"文件→新建"打开"新建"对话框,选择"查询"并单击"新建文件"打开查询设计器建立查询文件。如图3-1所示。

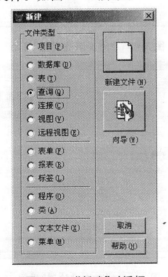

图3-1　"新建"对话框

可以在项目管理器的"数据"选项卡下选择"查询",然后单击"新建"命令按钮打开查询设计器建立查询文件。如图3－2所示。

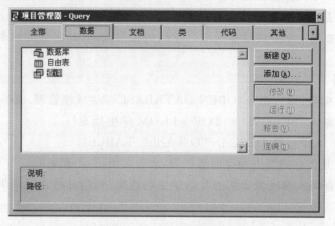

图3－2 "数据"选项卡

2. 查询设计器的使用

打开查询设计器后,进入图3－3所示的界面,选择用于建立查询的表或视图。单击要选择的表或视图,然后单击"添加"按钮(单击"其他"按钮可以选择自由表)。当选择完表或视图后,单击"关闭"按钮进入图3－4所示的查询设计器界面。

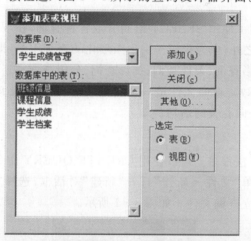

图3－3 "添加表或视图"界面

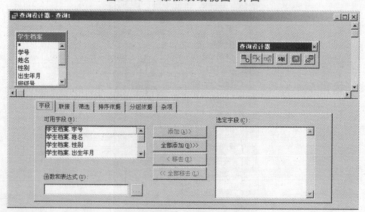

图3－4 "查询设计器"界面

查询设计由字段选项卡、联接选项卡、筛选选项卡、排序依据选项卡、分组依据选项卡和杂项选项卡构成。

（1）"字段"选项卡

"字段"选项卡用于设置查询结果中显示的字段或者字段表达（函数和表达式文本框），相当于 SELECT 语句中 SELECT 与 FROM 之间的内容。

【例 3－64】在学生档案数据表中查询每名学生的姓名、性别和入学成绩。

【操作步骤】

①在图 3－4 所示的界面中，将"可用字段"列表框中的姓名、性别和入学成绩添加到"选定字段"列表框中。如图 3－5 所示。

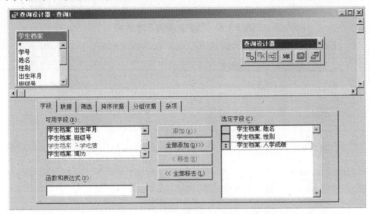

图 3－5　查询设计器的"选定字段"列表框

②按 CTRL＋Q 键、单击工具栏的运行按钮或选择菜单"查询—运行查询"，执行查询文件。

③按 CTRL＋S 键或选择菜单"文件—保存"，保存查询文件，命名为 3－62.qpr。

④在查询设计器中选择菜单"查询—查看 SQL"或单击查询设计器工具栏中的"显示 SQL 窗口"图标查看查询设计器生成的 SELECT 语句。

（2）"联接"选项卡

"联接"选项卡用于设置联接类型和条件；当添加多个表时，自动根据表间联系提取联接条件。相当于 SELECT 语句中的 JOIN ON 子句。

【例 3－65】查询参加过考试的每名学生的姓名及考试成绩。

【操作步骤】

①新建查询，添加学生档案数据表和学生成绩数据表。

②在"联接条件"对话框中设置联接条件"学生档案.学号＝学生成绩.学号"，联接类型为右联接。如图 3－6 所示。

③在"字段"选项卡下设置选定字段为姓名和成绩。如图 3－7 所示。

（3）"筛选"选项卡

"筛选"选项卡用于设置记录筛选条件，相当于 WHERE 子句。

【例 3－66】查询参加过考试的，入学成绩高于 580 分的每名学生的姓名及考试成绩。

【操作步骤】

在上题操作基础上，单击"筛选"选项卡，设置筛选条件，如图 3－8 所示。

除了一些常用的关系运算符外，还有 4 个特殊的关系运算符：

◆　"IN"表示字段值是实例中的任意一个，实例以逗号分隔。

课堂速记

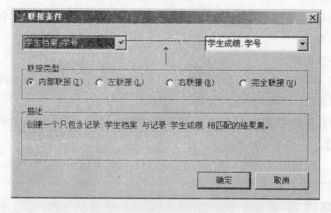

图3—6 "联接条件"对话框

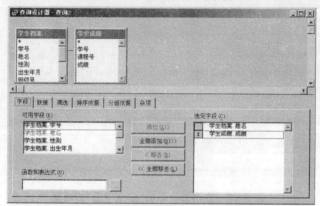

图3—7 "字段"选项卡

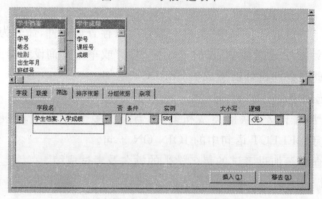

图3—8 "筛选"选项卡

◆ "LIKE"表示字段值与带通配符的实例进行匹配,通配符"％"表示0个或多个字符,"_(下划线)"表示一个字符。

◆ "BETWEEN"表示字段值大于等于实例最低值,小于等于实例最高值。

◆ "IS NULL"表示字段值为 NULL。

(4)"排序依据"选项卡

"排序依据"选项卡用于设置查询结果的排序条件。相当于 ORDER BY 子句。"排序条件"列表框中的字段顺序决定了排序顺序。注意:若按某字段排序,则该字段必须出现在"字段"选项卡中的"选定字段"列表中。

【例3—67】查询参加过考试的,入学成绩高于580分的每名学生的姓名及考试成绩,查询结果按考试成绩从低到高排序。

【操作步骤】

在上题操作基础上,单击"排序依据"选项卡,设置排序依据。如图3-9所示。

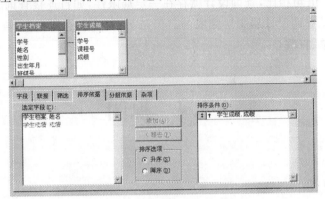

图3-9 "排序依据"选项卡

保存查询,命名为3-65.qpr。

(5)"分组依据"选项卡

"分组依据"选项卡用于设置记录的分组查询。相当于GROUP BY子句。

【例3-68】在班级信息数据表中,统计每个系部的班级数量,查询结果中包含系部名称和班级数量。

【操作步骤】

①新建查询,添加班级信息表。

②单击"分组依据"选项卡,设置分组字段为"系部名称"。

③单击"字段"选项卡,在"函数和表达式"文本框中输入:COUNT(班级号) AS 班级数量,然后单击"添加"按钮,将其添加到"选定字段"列表框中。

④按 CTRL+Q 键、单击工具栏的运行按钮或选择菜单"查询—运行查询",执行查询文件。

⑤按 CTRL+S 键或选择菜单"文件—保存",保存查询文件,命名为3-66.qpr。

(6)"杂项"选项卡

"杂项"选项卡用于设置在查询结果中去掉重复记录和显示前 N 条记录。相当于DISTINCT 和 TOP 关键字。

(7)"查询去向"对话框

选择菜单"查询—查询去向",打开"查询去向"对话框,用于设置查询去向。如图3-10所示。

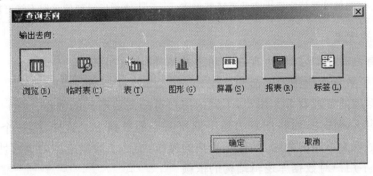

图3-10 "查询去向"对话框

3. 查询设计器的局限性

与 SELECT 语句相比,查询设计器存在一定局限性,如自连接查询、嵌套查询和谓词与量词查询,都是查询设计器无法完成的。但与 SELECT 语句相比,查询设计器图形化操作,其操作简单、直观。

3.4 视图

3.4.1 本地视图

1. 视图的概念

视图是一个本地的、远程的或带参数的虚拟表。视图中的数据是从已有的表或者其他视图中筛选出来的。用户可以在视图中更新数据,并将更新发送给数据源头(基本表),以更新基本表中的相关数据。视图属于数据库的一部分,根据数据源的存储位置分为本地视图和远程视图。

2. 视图与查询的区别

视图与查询的区别见表3—8。

表3—8 视图与查询的区别

功　能	视　图	查　询
文件功能	视图不是一个独立的文件,它是数据库中的一部分,只有打开数据库才能使用视图	查询文件是一个独立的文件,可以不属于数据库
数据来源	视图的数据来源可以是本地表、其他视图、也可以是远程数据表	查询不能访问远程数据源
数据引用	视图可以作为数据源被引用	查询只能一次获得结果并输出,不能被引用
格式	视图只能当数据表使用	查询可以作为数据表、图表、报表、标签等多种格式
更新	视图可以更新字段内容并返还基本表	查询所得到的数据不能更新

3. 视图的优点

视图与查询有相似之处,也存在不同之处,它的优点如下。

(1)提高了数据库应用的灵活性

一个数据库通常拥有多个用户,不同的用户可能需要不同的数据。用户可以根据自身的需求来定义视图,从而将注意力集中到所关心的数据上。这样,同一个数据库在不同用户眼中呈现为不同的数据,简化了用户的操作,提高了数据应用的灵活性。

(2)减少了用户对数据库逻辑结构的依赖

在数据库中,数据表的结构难免会发生变化。一旦数据表结构发生变化,用户应用程序也要跟着修改,不胜麻烦。通过在应用程序中使用视图,当数据库逻辑结构发生变化时,便可以通过更改视图来代替应用程序的更改,从而减少了用户对数据库逻辑结构的依赖。这也是视图支持数据更新,并把更新发送回数据源的原因。

（3）支持网络应用

利用远程视图,用户可以直接在客户端应用程序中使用服务器端数据库中的数据。从而扩大了用户的数据查询范围。

4. 视图的建立

可以使用 CREATE VIEW 命令或视图设计器建立视图。

【例3—69】在学生成绩管理数据库中,建立视图 V1,浏览入学成绩高于 580 分的学生档案信息。

【操作步骤】

①在命令窗口输入:OPEN DATABASE 学生成绩管理.dbc EXCLUSIVE

②换行后继续输入:CREATE VIEW V1 AS SELECT ＊ FROM 学生档案 WHERE 入学成绩＞580

③换行后继续输入:SELECT ＊ FROM V1

【例3—70】在学生成绩管理数据库中,建立视图 V2,浏览每个系部的班级数量。

【操作步骤】

①在命令窗口输入:OPEN DATABASE 学生成绩管理.dbc EXCLUSIVE

②换行后继续输入:CREATE VIEW V1 AS SELECT 系部名称 ,COUNT（班级号）AS 班级数量 FROM 班级信息 GROUP BY 系部名称

③换行后继续输入:SELECT ＊ FROM V2

【例3—71】利用视图设计器建立视图 V3,浏览考试方式为考查的课程信息。

【操作步骤】

①打开"学生成绩管理"数据库设计器。

②选择菜单"数据库—新建本地视图",打开"新建本地视图"对话框,如图 3—11 所示。单击"新建视图"按钮,打开"添加表或视图"对话框,选择"课程信息",单击"添加"按钮,然后单击"关闭"按钮,打开"视图设计器"界面,如图 3—12 所示。

③在"字段"选项卡下,单击"全部添加"按钮。设置"筛选"选项卡,如图 3—13 所示。

④保存视图,命名为 V3。

图 3—11 "新建本地视图"对话框

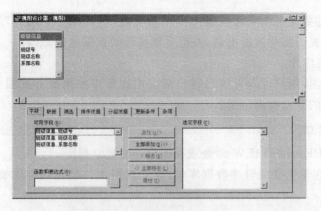

图 3-12 "视图设计器"界面

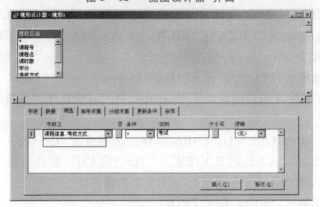

图 3-13 "筛选"选项卡

3.4.2 远程视图

在开发客户一服务器(Client/Server)模式的应用程序时,客户端程序经常浏览或更新远程数据库中的数据,为此,可以建立远程视图完成远程数据的访问。所谓远程视图,是指生成视图的数据表在远程数据库中保存。为建立远程视图,必须首先为远程数据库建立一个数据源或一个连接。

1. 建立数据源

在安装 VFP 时,如果用户选择"完全安装"选项,便可以安装上 Visual FoxPro 的 ODBC 驱动程序。利用 ODBC,可以为远程数据库建立一个数据源。

【例 3-72】在 Windows XP 操作系统中,以 ACCESS 作为客户一服务器模式的应用程序中远程数据库,建立一个数据源,名称为 VFPDSN,数据源连接仓库管理数据库.MDB。

【操作步骤】

①打开"Windows 控制面板",双击"管理工具"图标,打开"管理工具"窗口,双击"数据源 ODBC"图标。打开"ODBC 数据源管理器"对话框,选择"系统 DSN"选项卡。如图 3-14所示。

②单击"添加"按钮,在"创建新数据源"对话框的"选择您想为其安装数据源的驱动程序"列表框中,选择"Microsoft Access Driver",单击"完成"按钮,如图 3-15 所示。

③打开"ODBC Microsoft Access 安装"对话框,在"数据源名称"文本框中输入"vfp-dsn",选择仓库管理数据库,最后单击"确定"按钮,如图 3-16 所示。返回"ODBC 数据源管理器"对话框,数据源建立完毕。

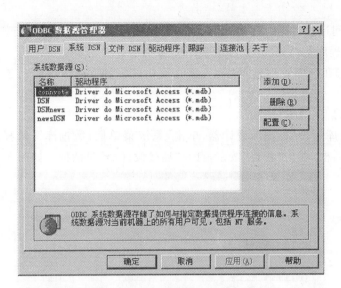

图 3－14 "系统 DSN"选项卡

图 3－15 "创建新数据源"对话框

图 3－16 ODBC Microsoft ACCESS 安装"对话框

2. 建立连接

在建立远程视图时,除了使用 ODBC 数据源之外,还可以为远程数据库建立一个连接。在 Visual FoxPro 中,"连接"是数据库中的一种对象。当使用远程视图时,远程视图利用"连接"访问远程数据。在建立连接前,在操作系统中,必须已经安装 Visual FoxPro 的 ODBC 驱动程序,并已经建立一个 ODBC 数据源。

【例 3—73】在仓库管理数据库中,建立使用数据源"VFPDSN"的连接,连接名称为 CONN。

【操作步骤】

①打开"仓库管理"数据库设计器,单击"系统菜单栏|数据库",选择"连接"菜单项, 打开"连接"对话框,单击"新建"按钮,打开"连接设计器"对话框。如图 3—17 所示。

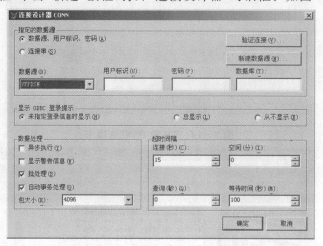

图 3—17 "连接设计器"对话框

②选择"指定的数据源"为"数据源、用户标识、密码",在"数据源"下拉列表框中 选择"VFPDSN",单击"确定"按钮,在"保存"对话框中,输入连接名称 CONN。如 图 3—18所示。

图 3—18 "保存"对话框

3. 建立远程视图

建立好连接或 ODBC 数据源之后,就可以建立远程视图了。建立远程视图的方法与 建立本地视图的方法基本一致。

【例 3—74】利用连接 CONN,建立远程视图 ROMOTEV1,浏览职工信息。

【操作步骤】

①打开"仓库管理"数据库设计器,单击"系统菜单栏|数据库",选择"新建远程视图" 菜单项。单击"新建视图"按钮,打开"选择连接或数据源"对话框,如图 3—19 所示。

②选择"数据库中的连接"列表框中的"CONN",单击"确定"按钮。在"打开"对话框 中,选择"职工",如图 3—20 所示。单击"添加"按钮。关闭"打开"对话框,进入视图设计 器。如图 3—21 所示。

③在视图设计器的"字段"选项卡下,将"可用字段"列表中字段添加到"选定字段"列 表框中。保存视图,命名为 ROMOTEV1。

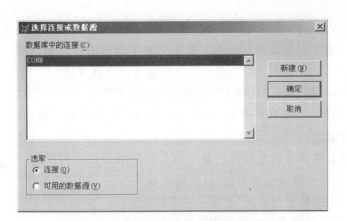

图 3—19 "选择连接或数据源"对话框

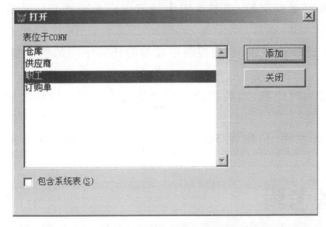

图 3—20 "打开"对话框

图 3—21 视图设计器

4. 数据更新

与查询不同,视图中的数据是可以被更新的,并将更新发送到数据源(基本表),从而对数据源进行更新。但是,默认情况下,对视图的更新并不发送到基本表,为了将更新发送到基本表,需要在视图设计器中设置数据更新。

【例3—75】利用远程视图 REMOTEV1,更新仓库管理. MDB 数据库中职工所在仓库号和工资。

【操作步骤】

①打开"REMOTEV1"视图设计器,选择"更新条件"选项卡,对于"职工号"字段,在

"钥匙"列上钩选,表示将"职工号"字段设置为关键字段。在视图中,通过基本表的关键字段完成更新。建议不要试图更新基本表中关键字段的值。对于"仓库号"和"工资"字段,在"铅笔"列上钩选,表示将以上两个字段设置为可更新字段。在视图中,以上两个字段的值发生变化时,基本表中这两个字段的值也随之更新。

②选择"更新条件"选项卡中的"发送 SQL 更新"复选框项。选中它后,基本表中的数据才可以被更新。

为了检查用视图操作的数据在更新之前是否被其他用户修改过,在"SQL WHERE 子句包括"部分设置更新合法性检查,以便确定当多用户访问同一数据时如何更新记录。

"SQL WHERE 子句包括"中各个选项的含义:

◆ 关键字段:当基本表中关键字被修改时,更新失败。

◆ 关键字和可更新字段:当基本表中任何标记为可更新的字段被修改时,更新失败。

◆ 关键字和已修改字段:当在视图中改变的任一字段的值在基本表中已被修改时,更新失败。

◆ 关键字段和时间戳:当远程表上记录的时间在首次检索之后被改变时,更新失败。

最后设置更新方式,包括先 SQL DELETE 再 INSERT 方法和 SQL UPDATE 方法。

闯关考验

一、单项选择题

1. 在 SQL SELECT 语句的 ORDER BY 短语中如果指定了多个字段,则(　　)。

A. 无法进行排序 B. 只按第一个字段排序

C. 按从左至右优先依次排序 D. 按字段排序优先级依次排序

2. 删除视图 myview 的命令是(　　)。

A. DELETE myview VIEW B. DELETE myview

C. DROP myview VIEW D. DROP VIEW myview

3. 以下关于"视图"的描述正确的是(　　)。

A. 视图保存在项目文件中 B. 视图保存在数据库中

C. 视图保存在表文件中 D. 视图保存在视图文件中

4. 在 Visual FoxPro 中以下叙述正确的是(　　)。

A. 利用视图可以修改数据 B. 利用查询可以修改数据

C. 查询和视图具有相同的作用 D. 视图可以定义输出去向

5. 以下关于"查询"的描述正确的是(　　)。

A. 查询保存在项目文件中 B. 查询保存在数据库文件中

C. 查询保存在表文件中 D. 查询保存在查询文件中

6. "图书"表中有字符型字段"图书号"。要求用 SQL DELETE 命令将图书号以字母 A 开头的图书记录全部打上删除标记,正确的命令是(　　)。

A. DELETE FROM 图书 FOR 图书号 LIKE"A％"

B. DELETEFROM 图书 WHILE 图书号 LIKE"A%"

C. DELETE FROM 图书 WHERE 图书号="A*"

D. DELETE FROM 图书 WHERE 图书号 LIKE"A%"

7. SQL 语句中修改表结构的命令是(　　)。

A. ALTER TABLE　　　　　　B. MODIFY TABLE

C. ALTER STRUCTURE　　　　D. MODIFY STRUCTURE

8. 假设"订单"表中有订单号、职员号、客户号和金额字段,正确的 SQL 语句只能是(　　)。

A. SELECT 职员号 FROM 订单;

GROUP BY 职员号 HAVING COUNT(*)＞3 AND AVG_金额＞200

B. SELECT 职员号 FROM 订单;

GROUP BY 职员号 HAVING COUNT(*)＞3 AND AVG(金额)＞200

C. SELECT 职员号 FROM 订单;

GROUP,BY 职员号 HAVING COUNT(*)＞3 WHERE AVG(金额)＞200

D. SELECT 职员号 FROM 订单;

GROUP BY 职员号 WHERE COUNT(*)＞3 AND AVG_金额＞200

9. 要使"产品"表中所有产品的单价上浮 8%,正确的 SQL 命令是(　　)。

A. UPDATE 产品 SET 单价=单价+单价*8%FOR ALL

B. UPDATE 产品 SET 单价=单价*1.08 FOR ALL

C. UPDATE 产品 SET 单价=单价+单价*8%

D. UPDATE 产品 SET 单价=单价*1.08

10. 假设同一名称的产品有不同的型号和产地,则计算每种产品平均单价的 SQL 语句是(　　)。

A. SELECT 产品名称,AVG(单价)FROM 产品 GROUP BY 单价

B. SELECT 产品名称,AVG(单价)FROM 产品 ORDERBY 单价

C. SELECT 产品名称,AVG(单价)FROM 产品 ORDER BY 产品名称

D. SELECT 产品名称,SUM(单价)FROM 产品 GROUP BY 产品名称

二、读程序题,请写出下列 SQL－SELECT 语句的功能。

1. SELECT 职工号 FROM 职工 WHERE 工资＞1 230 。

2. SELECT 职工号 FROM 职工 WHERE (仓库号="WH1"OR 仓库号="WH2")AND 工资。

3. SELECT * FROM 职工 ORDER BY 仓库号,工资 DESC。

4. SELECT COUNT(DIST 地址) FROM 供应商。

5. SELECT 订货单号 FROM 订货单 WHERE 供应商号 IS NULL。

6. SELECT * FROM 仓库 WHERE 仓库号 NOT IN(SELECT 仓库号 FROM 职工)。

7. SELECT TOP 3 * FROM 职工 ORDER BY 工资 DESC。

8. SELECT SUM(工资) FROM 职工。

9. SELECT * FROM 职工 WHERE BETWEEN 1 220 AND1 240。

10. SELECT * FROM 供应商 WHERE 供应商名 LIKE "%公司"。

课堂速记

三、操作题

1.将选课在5门以上(包括5门)的学生的学号,姓名,平均分和选课门数按平均分降序排序,并将结果存于数据库表 stu_temp(字段名为学号,姓名,平均分和选课门数)中。

学生(学号,姓名,性别,年龄,系)

课程(科称号,课程名称)

选课(学号,课程号,成绩)

2.统计选修了课程的人数(选修多门时,只计算一次),统计结果保存在一个新表 new_table 中,表中只有一个字段:学生人数。

Student(学号,姓名,性别,系部,出生日期)

Course(课程号,课程名,开课单位,学时数,学分)

Score1(学号,课程号,成绩)

程序设计篇

第4章 面向过程程序设计

目标规划

（一）学习目标

基本了解：

1. 程序和程序文件概念；
2. 面向过程程序设计方法；
3. 常量和变量的概念；
4. 数据类型、表达式和函数的概念；
5. 顺序结构、选择结构和循环结构的特点；
6. 多模块设计思想；
7. 程序测试与调试的概念。

重点掌握：

1. 程序运行方法；
2. 常见的输入/输出语句；
3. 常见的表达式及函数的语法特点，数组的概念；
4. 选择结构和循环结构语法；
5. 变量作用域，模块的定义与调用，参数传递；
6. 程序测试与调试的方法。

（二）技能目标

1. 创建并运行程序；
2. 在程序设计过程中灵活应用选择语句和循环语句；
3. 实现多模块程序设计；
4. 调试程序。

课前热身随笔

本章穿针引线

Visual FoxPro 支持两种程序设计方法：面向过程程序设计和面向对象程序设计。本章介绍面向过程程序设计方法，包括：变量、表达式、常用函数、程序基本结构、多模块程序设计和程序调试技术。本章知识结构图如下：

面向过程程序设计

- 程序设计基础
  - 程序设计概述
  - 程序的建立、保存、运行和调试修改
  - 程序中常用的命令

- 数据类型、常量及变量、表达式、函数和数组
  - 数据类型
  - 常量及变量
  - 表达式
  - 函数
  - 数组

- 程序的基本结构
  - 顺序结构
  - 分支结构
  - 循环结构

- 多模块程序设计
  - 过程与过程文件
  - 变量作用域及参数传递
  - 自定义函数

- 程序调试技术
  - 调试概述
  - 调试器

4.1 程序设计基础

4.1.1 程序设计概述

1. 程序的设计方法

程序是一组按部就班执行的指令,它告诉计算机如何解决问题或执行任务。根据算法编写计算机执行的命令序列,就是编程。程序设计语言是专门设计的用于向计算机发布命令的语言。为解决某个问题所采用的方法与步骤称为算法。

对于简单的、一次性的数据处理问题,可以利用 Visual FoxPro 的菜单方式或命令窗口等交互方式求解。而对于需要重复处理的,或需要根据某个条件决定是否操作的复杂问题,往往采用程序方式解决。

程序执行方式的优点:

①程序可以被修改并重新执行。

②一个程序可以调用其他程序或被其他程序所调用。

③执行命令效率高,而且可以重复调用。

程序设计方法有两大类:即面向过程的程序设计方法和面向对象的程序设计方法。面向过程的程序完全由过程代码组成,而面向对象的程序由用户界面和过程代码两部分组成。面向对象程序设计将在下一章介绍。

面向过程的程序设计(结构化程序设计):采用自顶向下、逐步求精的方法,将复杂的问题(程序)分为不同的模块,每个模块可继续细分为若干个子模块,直到每个模块都可以用一段程序实现。

在 Visual FoxPro 中,将完成某项任务所需执行的命令序列以文件的形式存储在磁盘上,这种文件称为命令文件或程序文件,其扩展名为.PRG,程序文件在执行时必须从磁盘调入内存才能执行。

2. 程序的基本要求与算法表示

面向过程程序设计是用结构化编程语句来编写程序。它把一个复杂的程序分解成若干个较小的过程,每个过程都可以单独地设计、修改、调试。其程序流程完全由程序员控制,用户只能按照程序员设计好的程序处理问题。

程序设计的基本要求:

①清晰第一、效率第二。

②书写规范、风格第一。

③程序的基本结构规定为:顺序结构、选择结构和循环结构。

④一个大的程序开发应采用"自顶向下、逐步细化和模块化"的方法。

⑤程序模块应该只有一个入口、一个出口、无死循环。

用计算机解决问题,必须先寻找或设计出解决问题的方法和步骤,并将其转换成计算机程序,以便告诉计算机该怎么做。算法就是解决问题的方法和步骤。在编写代码之前,须先确定算法,然后通过编程来实现算法,即求解问题。

表示算法的形式很多,如自然语言、流程图、N－S结构图和伪代码等。无论哪种表

示方法都具有清晰描述、整理解决问题思路的作用。

4.1.2 程序的建立、保存、运行和调试修改

1. 程序文件的建立

Visual FoxPro 程序文件,是一个以. PRG 为扩展名的文本文件。Visual FoxPro 建立和编辑程序文件可以采用多种文本编辑工具实现,这些文本编辑工具可以是 Visual FoxPro 系统提供的内部编辑器,也可以是其他的常用文本编辑软件。

在 Visual FoxPro 系统环境下,建立和编辑程序文件有多种方法,在此主要介绍命令方式和菜单方式。

(1)命令方式

【命令】MODIFY COMMAND〈程序文件名〉

【功能】打开一个编辑器窗口,用于建立或修改程序文件。

【例4-1】用命令方式建立能显示学生档案表中性别为女的记录的程序文件 prog1. prg。

【操作步骤】

①在命令窗口中输入下列命令,进入"程序文件"编辑窗口。

MODIFY COMMAND prog1. prg

②在"程序文件"编辑窗口,输入下列命令。

USE 学生档案

BROWSE FOR 性别="女"

USE

CANCEL

③输入完成后,在"文件"菜单中选择"保存"命令,在"对话框"的"保存文档为"文本框中输入 prog1. prg,保存文件。

(2)菜单方式

【操作步骤】

①如果是新建文件,在"文件"菜单中选择"新建"命令选项,在屏幕显示的"新建"对话框中选择"程序"项进入程序编辑窗口。如果是修改已有的程序文件,则选择"文件"菜单中选择"打开"命令选项,在屏幕显示的"打开"对话框中输入或选择要修改的文件名,系统自动将按输入或选择的文件名将程序文件调入内存并显示在文本编辑窗口以供修改。

②在程序编辑窗口逐条输入或修改程序语句。

③输入或修改完成后,在"文件"菜单中选择"保存"或"另存为"命令,保存文件。

2. 程序的修改和运行

(1)程序的修改

①命令方式。

命令方式修改程序的方法与新建程序的方法一样。

②菜单方式。

【例4-2】用菜单方式修改程序文件 prog1. prg,使之显示教师表中职称为教授或副教授的教师记录,并另存文件为 prog2. prg。

【操作步骤】

课堂速记

①选择"文件"菜单中的"打开"命令选项,在屏幕显示的"打开"对话框中输入程序文件名:prog1.prg。进入"程序文件"编辑窗口。

②在"程序文件"编辑窗口,将命令更改如下:

USE 学生档案

BROWSE FOR 性别="男"

USE

CANCEL

③ 输入完成后,在"文件"菜单中选择"另存为"命令,在"对话框"的"保存文档为"文本框中输入 prog2.prg,保存文件。

(2)程序的运行

执行程序文件就是依次执行程序文件中的每条命令或语句。程序文件的执行有命令和菜单两种方式。

①命令方式。

【命令】DO〈程序文件名〉

【功能】在命令窗口运行以.prg 为扩展名的程序文件。

②菜单方式。

在 Visual FoxPro 系统环境下,选择"程序"菜单中的"运行"命令选项,在显示的对话框中确定或输入要执行的程序文件名。

【例 4—3】用菜单方式运行程序文件 prog2.prg。

【操作步骤】

选择"程序"菜单中的"运行"命令选项,在显示的对话框中确定或输入要执行的程序文件名:prog2.prg,然后单击对话框中的"运行"按钮,得到如图 4—1 所示的运行结果。

学号	姓名	性别	出生年月	班级号	入学成绩	简历	照片
2008010102	李小波	男	09/09/91	0101	588	memo	gen
2008010104	刘明	男	03/02/91	0101	566	memo	gen
2008010105	李维明	男	10/01/90	0101	568	memo	gen
2008010203	吴刚	男	02/03/90	0102	588	memo	gen
2008010204	朱语	男	06/06/91	0102	578	memo	gen

图 4—1　运行程序文件 prog2.prg 窗口

执行程序文件时,将依次执行文件中的命令,直到所有命令执行完毕,或者执行到以下命令:

①CANCEL:终止程序运行,清除所有的私有变量,返回命令窗口。

②RETURN:结束程序执行,返回调用它的上级程序,若无上级程序则返回命令窗口。

③QUIT:结束程序执行并退出 Visual FoxPro 系统,返回操作系统。

4.1.3　程序中常用的命令

1. 注释命令

【命令】NOTE〈注释内容〉

或 *〈注释内容〉

或 &&〈注释内容〉

【功能】用于在程序中加入说明,以注明程序的名称、功能或其他备忘标记。

【说明】注释命令为非执行语句。其中前两个命令格式作为独立的一行语句,第三条命令放在某一个语句的右边。

2. 输入命令

输入命令用于在程序的执行过程中给程序赋值。在程序文件中,交互式输入命令有以下几种形式。

(1)赋值命令

【命令】STORE〈表达式〉TO〈内存变量名表〉

　　　　或〈内存变量〉=〈表达式〉

【功能】给内存变量赋值。

【说明】STORE 命令可以同时给多个内存变量赋值,而〈内存变量〉=〈表达式〉命令只能给一个变量赋值。

(2)字符串输入命令

【命令】ACCEPT [〈提示信息〉] TO〈内存变量〉

【功能】暂停程序的运行,等待用户从键盘上输入一串字符,存入指定的内存变量中。

【说明】〈提示信息〉用于提示用户进行操作的信息。从键盘接受的字符串,可以加定界符也可以不加定界符,系统都将其作为字符型数据输入到内存变量中。

(3)单字符输入命令

【命令】WAIT [〈提示信息〉][TO〈内存变量〉]

【功能】暂停程序的运行,等待用户从键盘上输入单个字符后恢复程序的运行。

【说明】〈提示信息〉用于提示用户进行操作的信息,TO〈内存变量〉是可选项,当选用时,键入的单个字符均作为字符型数据赋给〈内存变量〉。如果只有 WAIT 命令,没有选项,则系统默认的提示信息是:PRESS ANY KEY TO CONTINUE…

(4)表达式输入命令

【命令】INPUT [〈提示信息〉] TO〈内存变量〉

【功能】暂停程序的运行,等待用户输入表达式并将其值赋给指定的内存变量。

【说明】〈提示信息〉用于提示用户进行操作的信息,命令中〈内存变量〉的类型决定于输入数据的类型,但不能为 M 型。如果键入的是表达式,本命令先计算出表达式的值,再将结果赋给〈内存变量〉;如果键入的是字符常量、逻辑常量和日期常量时应带定界符,既字符常量加引号,逻辑常量左右加圆点,日期常量使用日期格式。

(5)定位输入命令

【命令】@〈行,列〉SAY〈提示信息〉GET〈变量〉[PICTURE〈格式符〉][FUNC-TION〈功能符〉][RANGE〈表达式1〉,〈表达式2〉][VALID〈条件〉]

READ

【功能】在屏幕指定的行列位置上输入数据。

【说明】①〈行,列〉是指屏幕窗口的位置,行号(0~24)、列号(0~79)。

②SAY〈提示信息〉给出提示信息。

③GET〈变量〉取得变量的值。其中〈变量〉可以是字段变量或内存变量,如果是字段变量,应先打开表文件,如果是内存变量,应先赋值。

④GET 子句必须使用命令 READ 激活。在带有多个 GET 子句的命令后,必须遇到 READ 命令才能编辑 GET 中的变量。当光标移出这些 GET 变量组成的编辑区时,

READ 命令才执行结束。

　　⑤RANGE 子句设置变量的最大与最小值。

　　⑥VALID 子句检验输入数据的有效性,若无效,光标不下移。

　　⑦〈格式符〉与〈功能符〉对输入和输出的数据格式进行控制。

常用的格式符:

◆　9——字符型数据允许数字,数字型数据允许数字、正负号。

◆　♯——只允许数字、空格、正负号。

◆　X——允许任何字符。

◆　!——小写字母转换成大写字母。

◆　*——数据前的位用"*"代替。

◆　$——数据前的位用"$"代替。

　　3.输出命令

输出命令用于显示程序中的输出内容和结果。下面介绍一些常用输出命令。

　　(1)非格式输出命令

【命令】?〈表达式表〉

　　　　或 ??〈表达式表〉

【功能】先计算〈表达式表〉中各表达式的值,然后将结果显示输出在屏幕上。

【说明】? 是在光标所在行的下一行开始显示,而?? 则是在当前光标位置开始显示。如果只执行不带任何表达式的"?"命令,则输出一个空行。

　　(2)格式输出命令

【命令】@〈行,列〉SAY〈表达式〉

【功能】按指定的坐标位置在屏幕上输出表达式的值。

【说明】输出〈表达式〉的位置由〈行,列〉指定,〈表达式〉的内容可以是数值、字符、内存变量和字段变量。

　　(3)文本输出命令

【命令】TEXT

　　　　　〈文本信息〉

　　　　ENDTEXT

【功能】将 TEXT 和 ENDTEXT 之间的文本信息照原样输出。

【说明】TEXT 与 ENDTEXT 在程序中必须配对。

　　4.环境设置语句

为了保证程序的正常运行,需要为其设置一定的运行环境。Visual FoxPro 系统提供的 SET 命令组就是用来设置程序运行环境的。这些命令相当于一个状态转换开关,当命令置为"ON"时,开启指定的某种状态;而置为"OFF"时,则关闭该种状态。常用的系统环境设置命令有以下几个:

　　(1)设置对话命令

【命令】SET TALK ON|OFF

【功能】控制非输出性的执行结果是否在屏幕上显示或打印出来。

【说明】系统默认值为 ON。

　　(2)设置跟踪命令

【命令】SET ECHO ON|OFF

课堂速记

【功能】控制程序文件执行过程中的每条命令是否显示或打印出来。

【说明】系统默认值为 OFF。

(3)设置打印命令

【命令】SET PRINTER ON|OFF

【功能】控制程序执行的结果到打印机或显示在屏幕上。

【说明】在命令格式中选择 ON 表示将输出结果送到打印机,选择 OFF 则将输出结果显示在屏幕上,系统默认值为 OFF。

(4)设置定向输出命令

【命令】SET DEVICE TO SCREEN ｜ TO PRINTER ｜ TO FILE〈文件名〉

【功能】控制输出结果到屏幕、打印机或指定的文件。

【说明】在命令格式中选择 SCREEN 表示将输出结果显示在屏幕上,选择 PRINT-ER 表示将输出结果送到打印机,选择 FILE〈文件名〉则将输出结果送到指定文件。

(5)设置精确比较命令

【命令】SET EXACT ON|OFF

【功能】在进行字符比较时是否需要精确比较。

【说明】在命令格式中选择 ON 表示需要精确比较,选择 OFF 表示不需要精确比较,系统默认值为 OFF。

(6)设置保护状态命令

【命令】SET SAFETY ON|OFF

【功能】系统在用户提出对文件重写或删除的要求时给出警告提示。

【说明】需要提示选择 ON,否则选择 OFF。系统默认值为 ON。

(7)设置删除记录标志命令

【命令】SET DELETED ON|OFF

【功能】屏蔽或处理有删除标记的记录。

【说明】在命令格式中选择 ON 时,命令将不对有删除标记的记录进行操作,但索引命令除外。系统默认值为 OFF。

(8)设置屏幕状态命令

【命令】SET CONSOLE ON|OFF

【功能】发送或暂停输出内容到屏幕上。

【说明】系统默认值为 ON。

(9)设置缺省目录命令

【命令】SET DEFAULT TO〈默认目录〉

【功能】用于设置系统默认的磁盘文件目录。

5. 其他命令

在程序中,有一些专门用于程序开始和结束时的命令以及对程序进行说明的命令。

(1)清屏命令

【命令】CLEAR

【功能】清除屏幕上的内容。

(2)返回命令

【命令】RETURN

【功能】结束当前程序的运行。

【说明】如果当前程序无上级程序,该命令用于结束程序的运行,返回到命令窗口。如果当前程序是一个子程序,该命令用于结束程序的运行,返回到调用该程序的上级程序中。

(3)终止程序执行命令

【命令】CANCEL

【功能】终止程序执行并关闭所有打开的文件,返回到系统的命令窗口。

(4)退出系统命令

【命令】QUIT

【功能】终止程序运行,关闭所有打开的文件,退出 Visual FoxPro 系统,返回到 Windows 环境。

4.2 数据类型、常量及变量、表达式、函数和数组

4.2.1 数据类型

数据类型是数据的基本属性,不同的数据类型有不同的存储方式和运算规则。Visual FoxPro 支持多种数据类型。

1. 字符型

字符型数据是指不具有计算功能的文字数据,是常用的数据类型之一。字符型数据由汉字和 ASCII 字符集中可打印字符(英文字符、数字字符、空格及其他专用字符)组成,最大长度可达 254 个字符。使用字符型数据时,必须用定界符(单引号、双引号或方括号)将字符串引起来。

注意:当字符串中包含有一种定界符时,必须用另一种定界符来定界该字符串。例如,"x"、"XYZ"、[计算机]、"数据类型"、"789"都是合法的字符型数据。

2. 数值型

数值型数据是描述数量的数据类型,在 Visual FoxPro 系统中被细分为数值型、浮点型、货币型、双精度型和整型 5 种类型。

(1)数值型

数值型数据是指可以进行算术运算的数据。数值型数据是由数字(0～9)、小数点和正负号组成。最大长度为 20 位(包括正、负号和小数点)。在内存中,数值型数据占用 8 个字节的存储空间,数值范围在 $-0.999\,999\,999\,9 \times 10^{19} \sim +0.999\,999\,999\,9 \times 10^{20}$ 之间。例如,25、3.141\,5、-123.456、$+0.009\,87$ 都是合法的数值型数据。

(2)浮点型(Float)

浮点型数据是数值型数据的一种,与数值型数据完全等价,只是在存储方式上采取浮点格式且数据的精度要比数值型数据高。浮点型数据由尾数、阶数和字母 E 组成。例如,$0.123E+3$ 表示 0.123×10^3,$-1.29E-7$ 表示 -1.29×10^{-7}。

(3)货币型(Currency)

货币型数据是数值型数据的一种特殊形式,在数据的第一个数字前冠一个货币符号($)。货币型数据小数位的最大长度是 4 个字符,小数位超过 4 个字符的数据,系统将

会按四舍五入原则自动截取。例如，$38、$321.789 都是合法的货币型数据。

（4）双精度型（Double）

双精度型数据是具有更高精度的数值型数据。它只用于数据表中的字段类型的定义，并采用固定长度浮点格式存储。双精度型数据的范围在±4.940 656 458 412 47×10^{-324}～±1.797 693 413 486 232×10^{308}之间。

（5）整型（Integer）

整型数据是不包含小数点部分的数值型数据，它只用于数据表的字段中，即在数据表中字段类型需用整数时才定义为整型数据。整型字段的取值范围在－2 147 483 647～＋2 147 483 647 之间。

3．日期型

日期型数据是用于表示日期的数据。日期型数据包括年、月、日 3 个部分，每部分间用规定的分隔符分开。日期型数据的一般输入格式为：{^yyyy/mm/dd}，一般输出格式为 mm/dd/yy，其中 yyyy（或 yy）表示年，mm 表示月，dd 表示日。

例如，ctod（"12/31/2009"）、{^2009－12－31}、{^2009.12.31}、{^2009/12/31}都是合法的日期型数据。

日期型数据用 8 个字节存储，取值范围为：{^0001－01－01} ～ {^9999－12－31}。

下面介绍几条影响日期格式的设置命令。

（1）SET DATE [TO]命令

【命令】SET DATE [TO] AMERICAN | ANSI | BRITISH | FRENCH | GER-MAN |；

ITALIAN | JAPAN | USA | MDY | DMY | YMD

【功能】用于设置日期显示的格式。该命令中各个短语所定义的日期格式如表 4－1 所示。

表 4－1　常用日期格式

短　语	格　式	短　语	格　式
AMERICAN	mm/dd/yy	ANSI	yy.mm.dd
BRITISH | FRENCH	dd/mm/yy	GERMAN	dd.mm.yy
ITALIAN	dd－mm－yy	JAPAN	yy/mm/dd
USA	mm－dd－yy	MDY	mm/dd/yy
DMY	dd/mm/yy	YMD	yy/mm/dd

（2）SET CENTURY ON/OFF 命令

【命令】SET CENTURY ON/OFF

【功能】用于设置显示日期型数据时是否显示世纪。

（3）SET STRICTDATE TO 命令

【命令】SET STRICTDATE TO [0 | 1 | 2]

【功能】用于设置是否对日期格式进行检查。该命令中的值 0、1、2 的意义如下：

◆　0：表示不进行严格的日期格式检查。

◆　1：表示进行严格的日期格式检查。这是系统默认的设置。

◆　2：表示进行严格的日期格式检查，并且对 CTOD()函数的格式也有效。

4．日期时间型

日期时间型数据是描述日期和时间的数据，包括日期和时间两部分内容：{〈日期〉，

课堂速记

〈时间〉}。日期时间型数据除了包括日期的年、月、日,还包括时、分、秒以及上午、下午等内容。日期时间型数据的输入格式为{^yyyy/mm/dd hh:mm:ss},输出格式为 mm/dd/yy hh:mm:ss,其中 yyyy 表示年,mm 表示月,dd 表示日,hh 表示小时,mm 表示分钟,ss 表示秒。AM(或 A)和 PM(或 P)分别代表上午和下午,默认值为 AM。

日期时间型数据用 8 个字节存储。日期部分的取值范围与日期型数据相同,时间部分的取值范围为 00:00:00 AM ~ 11:59:59 PM。

5. 逻辑型

逻辑型数据是用于描述客观事物真假的数据,用于表示逻辑判断的结果。逻辑型数据只有真(.T.)和假(.F.)两个值,其长度固定为 1 个字节。使用时也可用.t.、.Y.和.y.代替.T.,用.f.、.N.和.n.代替.F.。

6. 备注型

备注型数据主要用于存放不定长或大量的字符型数据。可以把它看成是字符型数据的特殊形式。备注型数据只用于数据表中的字段类型的定义,其字段长度固定为 4 个字符。这种类型的数据没有数据长度限制,仅受限于磁盘空间的大小。备注型数据不出现在数据表中,而是存放在与数据表文件同名、扩展名为.FPT 的备注文件中。

7. 通用型

通用型数据是指在数据表中引入的 OLE(对象链接与嵌入)对象,具体内容可以是一个文档、表格、图片等。通用型数据常用于存储图形、图像、声音、电子表格等多媒体信息。通用型数据只用于数据表中字段类型的定义,其字段长度固定为 4 个字符。这种类型的数据没有数据长度限制,仅受限于磁盘空间的大小。和备注型数据一样,通用型数据也是存放在与数据表同名、扩展名为.FPT 的备注文件中。

4.2.2 常量及变量

1. 常量

常量是一个在命令或程序中直接引用的具体值,在命令操作或程序运行过程中其值始终保持不变。Visual FoxPro 的常量类型有数值型、字符型、逻辑型、浮点型、日期型和日期时间型 6 种,而没有备注型、通用型等数据类型。

(1)数值型常量

数值型常量即数学中用的整数和小数,例如−12.3、1234 等。

(2)字符型常量

字符型常量也叫字符串,它由数字、字母、空格等字符和汉字组成,使用时必须用定界符(''、""和[ ])括起来,例如:'abc'、"123"、"XYZ123"和[计算机系统]等都是合法的字符型常量。

注意:数字用定界符括起来(如"123")后就不再具有数学上的含义,即只是字符符号,不能参加数学运算。

(3)逻辑型常量

逻辑型常量只有两个值,即.T.(真)和.F.(假)。逻辑真的常量表示形式有:.T.、.t.、.Y.、.y.。逻辑假的常量表示形式有:.F.、.f.、.N.、.n.。

注意:表示逻辑值的前后两个小圆点是必不可少的。

(4)浮点型常量

浮点型常量是数值型常量的浮点格式,例如,1.23E+10、-3.14E-12等。

(5)日期型常量

日期型常量表示一个确定的日期,例如,{^2009/12/31}。

(6)日期时间型常量

日期时间型常量表示一个确定的日期和时间,例如{^2009-12-31 12:11:11}。

2. 变量

变量是命令操作和程序运行过程中其值可以改变的量。Visual FoxPro的变量一般分内存变量和字段变量两大类。

(1)内存变量

内存变量是内存中的一些临时工作单元,是一种简单变量。每一个内存变量都必须有一个固定的名称,它的定义是通过赋值语句来实现的。内存变量独立于数据库和表文件,常用来保存所需要的常数、中间结果或对数据表和数据库进行某种处理后的结果等。

内存变量的数据类型由它所存放的数据类型来决定,其类型有:字符型、数值型、浮点型、日期型、日期时间型和逻辑型六种。当内存变量中存放的数据类型改变时,内存变量的类型也随之改变。

当内存变量与数据表中的字段变量同名时,在引用内存变量时,必须在内存变量名字的前面加上前缀 M.(或 M->),否则系统将优先访问同名的字段变量。

内存变量需要时可随时定义和释放。当退出 Visual FoxPro 系统后,内存中的所有内存变量都将消失。

①内存变量的命名规则。

内存变量可由数字、字母(大小写通用)、汉字和下划线组成,其长度最多可达到254个字符。

②内存变量的赋值。

【命令1】STORE〈表达式〉TO〈内存变量名表〉

【命令2】〈内存变量〉=〈表达式〉

【功能】将表达式的值赋给内存变量,并同时定义内存变量和确定其数据类型。

【说明】STORE 命令可以同时给多个内存变量赋予相同的值。当〈内存变量名表〉中有多个变量时,各内存变量名之间必须使用逗号分开;等号命令一次只能给一个内存变量赋值。〈表达式〉可以是一个具体的值,如不是具体值,先计算表达式的值,再进行赋值。可以通过给内存变量重新赋值来改变其内容和类型。

③内存变量的输出。

【命令】LIST | DISPLAY MEMORY [LIKE〈通配符〉][TO PRINTER | TO FILE〈文件名〉]

【功能】按选项要求输出内存变量的名称、类型和当前值。

【说明】①LIKE〈通配符〉中的通配符有"*"(代表多个字符)和"?"(代表一个字符)。

②TO PRINTER 选项指将显示结果在屏幕上显示的同时输出到打印机。

③TO FILE〈文件名〉选项指将显示结果在屏幕上显示的同时输出到指定的文件中。

④内存变量的保存与恢复。

当退出 Visual FoxPro 系统后,用户所建立的内存变量将不会存在,如果希望保存这些内存变量,可用下面的命令将它们保存到内存变量文件中。

【命令】SAVE TO〈内存变量文件名〉[ALL LIKE〈通配符〉/ALL EXCEPT〈通配符〉]

【功能】将当前内存中的内存变量存放到内存变量文件中。

【说明】内存变量文件的扩展名为. MEM;缺省可选项时,将所有内存变量(系统变量除外)存放到内存变量文件中。

如果要重新使用已保存在内存变量文件中的内存变量,可用命令 RESTORE FROM〈内存变量文件名〉[ADDITIVE]进行恢复,将内存变量调入内存。

⑤内存变量的清除

为节省存储空间,不再使用的内存变量应使用清除命令来释放其所占的内存空间。

【命令1】CLEAR MEMORY

【命令2】RELEASE〈内存变量名表〉

【命令3】RELEASE ALL [EXTENDED]

【命令4】RELEASE ALL [LIKE / EXCEPT〈通配符〉]

【功能】命令1清除内存中所有内存变量。

命令2清除内存变量名表中指定的内存变量。

命令3清除所有的内存变量。在人机会话状态下,其作用与命令1相同。如果该命令出现在程序中,则应当加上短语 EXTENDED,否则不能清除公共内存变量。

命令4利用通配符选择清除内存变量。如果选用短语 LIKE,清除与通配符相匹配的内存变量;如果选用短语 EXCEPT,则清除与通配符不相匹配的内存变量。

(2)字段变量

由于表中的各条记录对同一个字段名可能取值不同,因此,表中的字段名就是变量,称为字段变量。字段变量即数据表中的字段名,它是建立数据表时定义的一类变量。数据表与通常所说的二维表格的形式基本相同,它的每一列称为一个字段。Visual FoxPro对使用的数据表要先定义其结构(如给每一字段定义字段名、数据类型等)之后才能使用。在一个数据表中,同一个字段名下有若干个数据项,数据项的值取决于该数据项所在记录行的变化,所以称为字段变量。字段变量的数据类型有数值型、浮点型、货币型、整型、双精度型、字符型、逻辑型、日期型、日期时间型、备注型和通用型等。

另外,系统内存变量是 Visual FoxPro 自动生成和维护的变量,用于控制 Visual FoxPro 的输出和显示的格式。为了和一般的内存变量有不同的形式,可以在系统内存变量名前面加一条下划线"_"。例如,系统内存变量_DIARYDATE 用于存储当前日期,系统内存变量_PEJECT 用于设置打印输出时的走纸方式,系统默认值是 BEFORE,即打印前走纸换页,用户可以将其设置为 NOT,即打印前不换页走纸。

4.2.3 表达式

在 Visual FoxPro 中,表达式广泛地应用在命令、函数、对话框、属性程序中,它是 Visual FoxPro 的重要组成部分,具有计算、判断和数据类型转换等作用。

表达式是由常量、变量、函数和运算符组成的运算式子。表达式通过运算得出表达式的值,不同类型的表达式,要求给出相应类型的常量、变量、函数和运算符。表达式分为数值表达式、字符表达式、关系表达式、日期或日期时间表达式和逻辑表达式5种。

1. 数值表达式

数值表达式是由算术运算符、数值型常量、数值型内存变量、数值类型的字段、数值型数组和函数组成。数值表达式的运算结果是数值型常数。

在进行算术运算时,运算的规则是:括号优先,然后乘方,再乘除,再取模,最后加减,见表4—2。

表4—2 算术运算符与数值表达式

运算符	功 能	表达式举例	运算结果	优先级别
（ ）	圆括号	(3−5)＊(3＋5)	−16	高
＊＊、^	乘幂	2＊＊3,3^2	8,9	↓
＊、/	乘、除	2＊3,24/3	6,8	
％	模运算(取余数)	23％5,3％5	3,3	
＋、−	加、减	3＋5,12−4	8,8	低

2. 字符表达式

字符表达式是由字符运算符、字符型常量、字符型内存变量、字符型字段变量、字符型数组和函数组成。字符表达式的运算结果是字符型常数。字符运算符用于连接字符串。字符运算符及表达式见表4—3。

表4—3 字符运算符与字符表达式

运算符	功 能	表达式举例	运算结果
＋	字符串连接	"微型"＋"计算机" "微型 "＋"计算机"	"微型计算机" "微型 计算机"
−	字符串连接,但要把运算符左边的字符串的尾部空格移到结果字符串的尾部	"微型 "−"计算机"	"微型计算机 "

3. 关系表达式

关系表达式由关系运算符、算术表达式、字符表达式等组成。

关系表达式的一般格式为:〈表达式1〉〈关系运算符〉〈表达式2〉

关系表达式的运算结果是逻辑值真或假,当关系成立,结果为.T.(真);若不成立,则结果为.F.(假)。关系运算符及表达式见表4—4。

表4—4 关系运算符及表达式

运算符	功 能	表达式举例	运算结果
＜	小于	(3＊5)＜(3＋5)	.F.
＞	大于	(3＊5)＞(3＋5)	.T.
＝	等于	4＊4＋4＝24 "AB"＝"ABC" "ABC"＝"AB"	.F. .F. .T.
＜＞,# 或！＝	不等于	2＜＞3 或 3#5 "ABC"！＝"AB"	.T.、.T. .T.
＜＝	小于或等于	2＊3＜＝6	.T.
＞＝	大于或等于	2＋3＞＝6	.F.
＝＝	字符串等于(精确比较)	"AB"＝＝"ABC" "ABC"＝＝"ABC"	.F. .T.
$	包含比较。测试运算符左边的字符串是否整体包含在右边的字符串中	"AB"$"ABC" "AB"$"ACBC" "ABC"$"AB"	.T. .F. .F.

注意:当用单等号运算符"="比较两个字符串时,运算结果与命令 SET EXACT ON|OFF ▶ **课堂速记**
的设置有关。该命令是设置是否进行精确匹配的开关。

4. 日期或日期时间表达式

日期或日期时间表达式是由算术运算符、算术表达式、日期或日期时间型常量、日期或日期时间型内存变量及函数组成。日期或日期时间型的运算结果是日期或日期时间型或者是数值型常数。

【格式1】日期1-日期2(获得两个日期相隔的天数)

【格式2】日期±整数(产生一个新的日期)

合法的日期或日期时间表达式的格式见表4-5,其中的〈天数〉和〈秒数〉都是数值表达式。

表4-5 日期或日期时间表达式的格式

格　　式	结果及类型
〈日期〉+〈天数〉	指定日期若干天后的日期。其结果是日期型
〈日期〉-〈天数〉	指定日期若干天前的日期。其结果是日期型
〈日期〉-〈日期〉	两个指定日期相差的天数。其结果是数值型
〈日期时间〉+〈秒数〉	指定日期时间若干秒后的日期时间。其结果是日期时间型
〈日期时间〉-〈秒数〉	指定日期时间若干秒前的日期时间。其结果是日期时间型
〈日期时间〉-〈日期时间〉	两个指定日期时间相差的秒数。其结果是数值型

日期或日期时间的运算及举例见表4-6。

表4-6 日期时间运算符及表达式

运算符	功能	表达式举例	运算结果	数据类型
+	加	{^2009/12/31}+8	01/08/2010	日期型
		{^2009/12/31 9:15:20}+150	12/31/2009 09:17:50 AM	日期时间型
-	减	{^2009/08/28}-{^2009/08/23}	5(相隔天数)	数值型
		{^2009/12/31 9:15:20}-200	12/31/2009 09:12:00 AM	日期时间型

5. 逻辑表达式

逻辑表达式是由逻辑运算符、逻辑型常量、逻辑型内存变量、逻辑型数组、函数和关系表达式组成。逻辑表达式运算的结果是逻辑值真(.T.)或假(.F.)。逻辑运算符及表达式见表4-7。

表4-7 逻辑运算符及表达式

运算符	功能	表达式举例	结果	优先级别
.NOT. 或!	逻辑非,取逻辑值相反的值	.NOT. 5>3 .NOT. 5<3	.F. .T.	高
.AND.	逻辑与,两边的条件都成立,其结果值为真(.T.)、否则为假(.F.)	3*2>5 .AND. 7>3	.T.	↓
.OR.	逻辑或,只要一边条件成立,其结果值为真(.T.)、否则为假(.F.)	3*2>5 .OR. 7<3	.T.	低

对于两个逻辑型数据,一般不用比较的方式来确定它们之间的关系,而是直接运用逻辑运算的方式进行处理。如对表中记录实施选择运算时,是用 FOR〈条件〉或 WHILE〈条件〉进行逻辑判断,其中〈条件〉就是一个关系表达式或逻辑表达式。对于以逻辑型字段进行逻辑判断的情况,一般不用关系表达式而直接用逻辑表达式。如"性别"是一个逻辑型字段,并约定"真"表示男性,"假"表示女性。那么判断某记录对应人员是否为男性,用 FOR 性别,而不用 FOR 性别=. T. ;判断是否为女性,用 FOR . NOT. 性别,而不用 FOR 性别=. F. 。

6. 运算符及表达式的运算顺序

表达式由运算符号和运算对象组成。运算符两边的运算对象的类型必须一致。表达式的运算按运算符的优先级顺序进行运算。

算术运算符的运算顺序:幂(* * ,^)→乘除(* ,/)→模运算(%)→加减(+,−)。

逻辑运算符的运算顺序:. NOT. → . AND. → . OR. 。

各种表达式的运算顺序:算术运算→字符运算→关系运算→逻辑运算。

【例4−4】分析表达式的结果,表达式:9−2>7.or. "a"+"b" $ "123abc"

分析:第一步:9−2 为 7;"a"+"b"为字符串"ab";

　　　第二步:7>7 为.F. ;字符串"ab" $ "123abc"为. T. ;

　　　第三步:. F. . or. . T. 结果为. T. 。

4.2.4 函数

Visual FoxPro 系统中,函数是一段程序代码,用来进行一些特定的运算或操作,支持和完善命令的功能,帮助用户完成各种操作与管理。Visual FoxPro 系统有数百种不同函数,按函数提供方式,可分为系统(标准)函数和用户自定义函数,函数按其功能或返回值的类型主要分为几类:数值运算函数、字符处理函数、转换函数、日期时间函数和测试函数等。

Visual FoxPro 的函数由函数名与自变量两部分组成。标准函数是 Visual FoxPro 系统提供的系统函数,其函数名是 Visual FoxPro 保留字,自定义函数是用户自己定义的函数,函数名用户指定;自变量必须用圆括号对括起来,如有多个自变量,各自变量以逗号分隔;有些函数可省略自变量,或不需自变量,但也必须保留括号;函数自变量有其规定的数据类型,使用时必须符合规定的类型。函数运算的结果(函数值)又称函数的返回值,也有一定的数据类型。

函数是一类数据项,除个别(如宏替换)函数外,函数都不能像命令一样单独使用,只能作为命令的一部分进行操作运算。

同常量、变量一样,函数也是表达式的重要组成部分。Visual FoxPro 提供了丰富的函数,极大地提高了系统的运算能力。

1. 数值运算函数

在 Visual FoxPro 中提供了多种数值运算函数,极大地增强了数学运算功能。数值运算函数用于数值运算,其自变量与函数都是数值型数据。

(1)绝对值函数

【格式】ABS(〈数值表达式〉)

【功能】返回指定数值表达式的绝对值。

例如:? ABS(−23.5)

结果:23.5

(2)指数函数

【格式】EXP(〈数值表达式〉)

【功能】计算以 e 为底的指数幂。

例如:? EXP(2)

结果:7.39

(3)取整函数

【格式】INT(〈数值表达式〉)

【功能】INT()函数返回指定数值表达式的整数部分。

例如:? INT(−312.83)

结果:−312

(4)求自然对数函数

【格式】LOG(〈数值表达式〉)

【功能】求数值表达式值的自然对数。

例如:? LOG(10)

结果:2.30

(5)最大值函数

【格式】MAX(〈数值表达式 1〉,〈数值表达式 2〉,[〈数值表达式 3〉…])

【功能】计算各个数值表达式的值,并返回其中的最大值。

【说明】自变量表达式的类型可以是数值型、字符型、货币型、双精度型、浮点型、日期型和日期时间型,但所有表达式的类型必须相同。

例如:? MAX(3 * 2+5,−32−21,23.5)

结果:23.5

(6)最小值函数

【格式】MIN(〈数值表达式 1〉,〈数值表达式 2〉,[〈数值表达式 3〉…])

【功能】计算各个数值表达式的值,并返回其中的最小值。

例如:? MIN(3 * 2+5,−32−21,23.5)

结果:−53

(7)平方根函数

【格式】SQRT(〈数值表达式〉)

【功能】计算数值表达式的算术平方根。自变量表达式的值不能为负。

例如:? SQRT(3 * 2+10)

结果:4.00

(8)四舍五入函数

【格式】ROUND(〈数值表达式〉,〈小数保留位数〉)

【功能】计算数值表达式的值,根据小数保留位数进行四舍五入。当小数保留位数为 n(≥0)时,对小数点后第 n+1 位四舍五入;当小数保留位数为负数 n 时,则对小数点前第 |n| 位四舍五入。

例如:? ROUND(123.4567,3)

结果:123.457

例如:? ROUND(1834.5678,−3)

结果:2000

（9）求余函数（模函数）

【格式】MOD(〈数值表达式1〉,〈数值表达式2〉)

【功能】返回两个数值相除后的余数。〈数值表达式1〉是被除数,〈数值表达式2〉是除数。〈数值表达式2〉的值不能为0。

【说明】余数的正负号与除数相同。如果被除数与除数同号,函数值为两数相除的余数;如果被除数与除数异号,则函数值为两数相除的余数再加上除数的值。

例如:? MOD(13,3),MOD(13,−3),MOD(−13,3),MOD(−13,−3)

结果:　　1　　　　　−2　　　　　2　　　　　−1

例如:? MOD(3,5),MOD(3,−5),MOD(−3,5),MOD(−3,−5)

结果:　　3　　　　　−2　　　　　2　　　　　−3

2.字符处理函数

字符处理函数是处理字符型数据的函数,其自变量或函数值中至少有一个是字符型数据。

（1）求字符串长度函数

【格式】LEN(〈字符表达式〉)

【功能】测试并返回指定字符串的长度,即所包含的字符个数,返回值为数值型。

例如:? LEN("abc xyz")

结果:7

例如:? LEN("计算机＋系统")

结果:11

（2）空格生成函数

【格式】SPACE(〈数值表达式〉)

【功能】产生由数值表达式所指定个数的空格,返回值为字符型。

例如:?"微型"＋SPACE(6)＋"计算机"

结果:微型　　　计算机

（3）求子串位置函数

【格式】AT(〈字符表达式1〉,〈字符表达式2〉[,〈数值表达式〉])

【功能】AT()函数测试〈字符表达式1〉在〈字符表达式2〉中的位置,返回值为数值型。如果〈字符表达式1〉是〈字符表达式2〉的子串,则返回〈字符表达式1〉的首字符在〈字符表达式2〉中的位置;如果〈字符表达式1〉不在〈字符表达式2〉中,则返回值为0。如有〈数值表达式〉,其值为n,则返回〈字符表达式1〉在〈字符表达式2〉中第n次出现的起始位置,其默认值为1。

例如:? AT("is","this is a boy")

结果:3

例如:? AT("is","this is a boy")

结果:0

例如:? AT("is","this is a boy",2)

结果:6

（4）取子串函数

【格式】SUBSTR(〈字符表达式〉,〈数值表达式1〉[,〈数值表达式2〉])

【功能】在〈字符表达式〉中,截取一个子字符串,起点由〈数值表达式1〉指定;截取字符的个数由〈数值表达式2〉指定。如缺省〈数值表达式2〉,将从起点截取到字符表达式的结尾。函数的返回值为字符型。

例如:? SUBSTR("微型计算机系统",5,6)

结果:计算机

例如:? SUBSTR("微型计算机系统",5)

结果:计算机系统

(5)取左子串函数

【格式】LEFT(〈字符表达式〉,〈数值表达式〉)

【功能】从〈字符表达式〉的左端开始截取由〈数值表达式〉指定个数的子字符串,返回值为字符型。

例如:? LEFT("微型计算机",4)

结果:微型

(6)取右子串函数

【格式】RIGHT(〈字符表达式〉,〈数值表达式〉)

【功能】从〈字符表达式〉的右端开始截取由〈数值表达式〉指定个数的子字符串,返回值为字符型。

例如:? RIGHT("微型计算机",6)

结果:计算机

(7)删除空格函数

【格式】TRIM(〈字符表达式〉)

　　　　LTRIM(〈字符表达式〉)

　　　　ALLTRIM(〈字符表达式〉)

【功能】TRIM()函数返回删除指定字符串的尾部空格后的字符串。LTRIM()函数返回删除指定字符串的前导空格后的字符串。ALLTRIM()函数删除指定字符串中的前导空格和尾部空格后的字符串。

例如:? TRIM("微型计算机 ")

结果:微型计算机

例如:? LTRIM(" 微型计算机")

结果:微型计算机

例如:? LEN(ALLTRIM(" 微型计算机 "))

结果:10

(8)计算子串出现次数函数

【格式】OCCURS(〈字符表达式1〉,〈字符表达式2〉)

【功能】返回第一个字符串在第二个字符串中出现的次数。若第一个字符串不是第二个字符串的子串,则返回值为0。函数的返回值为数值型。

例如:? OCCURS("ab","asdabcjhabs")

结果:2

(9)字符替换函数

【格式】CHRTRAN(〈字符表达式1〉,〈字符表达式2〉,〈字符表达式3〉)

【功能】函数中有3个字符表达式。当第一个字符串中的一个或多个字符与第二个字符串中的某个字符相匹配时,就用第三个字符串中的对应字符(相同位置)替换这些字符。如果第三个字符串包含的字符个数少于第二个字符串包含的字符个数,因而没有对应字符,那么第一个字符串中相匹配的各字符将被删除。如果第三个字符串包含的字符个数多于第二个字符串包含的字符个数,多余字符被忽略。

例如:? CHRTRAN("asdabcjhabs","ab","xy")

结果:asdxycjhxys

(10)大写转小写函数

【格式】LOWER(〈字符表达式〉)

【功能】将字符表达式中的大写字母转换为小写字母,返回值为字符型。

例如:? LOWER("asdABCjkl")

结果:asdabcjkl

(11)小写转大写函数

【格式】UPPER(〈字符表达式〉)

【功能】将字符表达式中的小写字母转换为大写字母,返回值为字符型。

例如:? UPPER("asdABCjkl")

结果:ASDABCJKL

(12)宏替换函数 &

【格式】&〈字符内存变量〉[.]

【功能】在字符内存变量前使用宏替换函数符号 &,将用该内存变量的值去替换 & 后内存变量名。

【说明】字符表达式只用于赋值的字符变量。可使用符号"."表示替换变量的结束。

例如:STORE "计算机" TO m

STORE "m" TO k

? m,k,&k

结果:计算机 m 计算机

3. 转换函数

在数据库应用的过程中,经常要将不同数据类型的数据进行相互转换,满足实际应用的需要。Visual FoxPro 系统提供了若干个转换函数,较好地解决了数据类型转换的问题。

(1)字符串转日期或日期时间函数

【格式】CTOD(〈字符表达式〉)

【功能】CTOD()函数将〈字符表达式〉值转换成日期型数据,返回值为日期型。

例如:? CTOD("12/31/2009")

结果:12/31/2009(日期)

(2)日期转字符串函数

【格式】DTOC(〈日期表达式〉/〈日期时间表达式〉[,1])

【功能】DTOC()函数将日期型数据或日期时间型数据的日期部分转换成字符串,返回值为字符型。TTOC()函数将日期时间数据转换成字符串。如果使用选项1,对于DTOC()函数来说,字符串的格式为 YYYYMMDD,共8个字符。

例如:? DTOC({^2009/12/31})

结果:12/31/2009(字符串)

(3)数值转字符串函数

【格式】STR(〈数值表达式1〉[,〈长度〉[,〈小数位数〉]])

【功能】将〈数值表达式〉的值转换为字符串,返回值为字符型。

〈长度〉值确定返回字符串的长度(小数点和负号均占一位),当长度大于实际数值的位数,则在字符串前补上相应位数的空格。

〈小数位数〉的值确定返回字符串的小数位数,当位数大于实际数值的小数位数,在字符串后补相应位数的0;当位数小于实际数值,小数位数自动按四舍五入处理。当缺省〈小数位数〉时作整数处理,同时缺省〈长度〉时在字符串前补相应位数的空格至10位。

例如:?"abc"+STR(1234.5678,10,2)

结果:abc 1234.57

例如:?"abc"+STR(1234.5678,6,2)

结果:abc1234.6

例如:?"abc"+STR(1234.5678,3,2)

结果:abc ＊＊＊

(4)字符串转数值型函数

【格式】VAL(〈字符表达式〉)

【功能】将数字字符串转换为数值型数据,返回值为数值型。转换时,遇到第一个非数字字符时停止转换。若第一个字符不是数字,则返回结果为0.00(默认保留两位小数)。

例如:VAL("12.5abc")+32

结果:44.5

(5)字符转换成 ASCII 码函数

【格式】ASC(〈字符表达式〉)

【功能】将字符串中最左边的字符转换成 ASCII 码。

例如:? ASC("abc")

结果:97

(6)ASCII 码转换成字符函数

【格式】CHR(〈数值表达式〉)

【功能】将数值作为 ASCII 码转换为相应的字符。

例如:? CHR(66)

结果:B

4. 日期和时间函数

日期时间函数是处理日期型或日期时间型数据的函数。

(1)系统日期和时间函数

【格式】DATE()

　　　　TIME()

　　　　DATETIME()

【功能】DATE()函数返回系统当前日期,函数值为日期型。TIME()函数以 24 小时制、hh:mm:ss 格式返回系统当前时间,函数值为字符型。DATETIME()函数返回系统当前日期时间,函数值为日期时间型。

例如:? DATE()

结果:返回当前的系统日期,如 10/28/2009。

例如:? DATETIME()

结果:返回当前的系统日期和时间,如 10/28/2009 09:53:17 PM。

课堂速记

（2）求年份、月份和天数函数

【格式】YEAR(〈日期表达式〉|〈日期时间表达式〉)

　　　　MONTH(〈日期表达式〉|〈日期时间表达式〉)

　　　　DAY(〈日期表达式〉|〈日期时间表达式〉)

【功能】YEAR()函数从指定的日期表达式或日期时间表达式中返回年份。MONTH()函数从指定的日期表达式或日期时间表达式中返回月份。DAY()函数从指定的日期表达式或日期时间表达式中返回月里面的天数。这3个函数的返回值都是数值型。

例如：? YEAR(DATE())

结果：如果当前的系统日期是：10/28/2009，则为：2009

例如：? MONTH(DATE())

结果：如果当前的系统日期是：10/28/2009，则为：10

例如：? DAY(DATE())

结果：如果当前的系统日期是：10/28/2009，则为：28

5. 测试函数

在数据库应用的操作过程中，用户需要了解数据对象的类型、状态等属性，Visual FoxPro 提供了相关的测试函数，使用户能够准确地获取操作对象的相关属性。

（1）值域测试函数

【格式】BETWEEN(〈表达式 1〉,〈表达式 2〉,〈表达式 3〉)

【功能】判断一个表达式的值是否介于另外两个表达式的值之间。当〈表达式 1〉大于等于〈表达式 2〉且小于等于〈表达式 3〉时，即〈表达式 2〉≤〈表达式 1〉≤〈表达式 3〉，函数的值为逻辑真(.T.)，否则函数的值为逻辑假(.F.)。

【说明】函数中的表达式的类型可以是数值型、字符型、货币型、双精度型、整型、浮点型、日期型和日期时间型，但所有表达式的类型必须一致。

例如：? BETWEEN(2+3,2 * 3,2^3)

结果：.F.

例如：? BETWEEN(2 * 3,2+3,2^3)

结果：.T.

（2）空值(NULL)测试函数

【格式】ISNULL(〈表达式〉)

【功能】判断一个表达式的运算结果是否为 NULL 值，如果为 NULL 值，函数的值为逻辑真(.T.)，否则返回逻辑假(.F.)。

例如：? ISNULL(2 * 3)

结果：.F.

（3）数据类型测试函数

【格式】TYPE(〈表达式〉)

【功能】返回表达式串表示的数据对象的数据类型，返回值是一个表示数据类型的大写字母。C:字符型；D:日期型；N:数值型；L:逻辑型；M:备注型；G:通用型；U:未定义。

例如：? TYPE("3>2")

结果：L

例如：? TYPE("abc")

结果:U

例如:x="abc"

  ? TYPE("x")

结果:C

例如:? TYPE("date()")

结果:D

例如:x=2*3

  ? TYPE("x")

结果:N

【格式】VARTYPE(〈表达式〉)

【功能】测试〈表达式〉值的类型,返回一个表示数据类型的大写字母。函数返回值为字符型。函数返回的大写字母的含义见表4-8。

表4-8 用 VARTYPE( )函数测得的数据类型

返回的字母	数据类型	返回的字母	数据类型
C	字符型或备注型	G	通用型
N	数值型、整型、浮点型或双精度型	D	日期型
Y	货币型	T	日期时间型
L	逻辑型	X	NULL 值
O	对象型	U	未定义

(4)条件测试 IIF 函数

【格式】IIF(〈逻辑表达式〉,〈表达式1〉,〈表达式2〉)

【功能】测试〈逻辑表达式〉的值,如果其值为逻辑真.T.,函数返回〈表达式1〉的值;如果为逻辑假.F.,则返回〈表达式2〉的值。返回值有多种类型。

例如:x=2

   y=3

? IIF(x<y,2+3,2*3)

? IIF(x>y,2+3,2*3)

结果:5 6

(5)当前记录号测试函数

【格式】RECNO([〈工作区号〉|〈表别名〉])

【功能】测试当前或指定工作区中数据表的当前记录号,即记录指针当前指向的记录号。返回值为数值型。默认工作区号或别名时指当前工作区。

注意:别名须放入定界符('、" "或[ ])中。

(6)文件起始标志测试函数

【格式】BOF([〈工作区号〉|〈表别名〉])

【功能】测试当前或指定工作区中数据表的记录指针是否指向第一条记录之前。返回值为逻辑型,当指针指向第一条记录之前时为逻辑真.T.,其他情况为逻辑假.F.。默认工作区号或别名时指当前工作区。

(7)文件结束标志测试函数

【格式】EOF([〈工作区号〉|〈表别名〉])

【功能】测试当前或指定工作区中数据表的记录指针是否指向最后一条记录之后。返回值为逻辑型,当指针指向最后一条记录之后时为逻辑真.T.,其他情况为逻辑假.F.。

课堂速记

默认工作区号或别名时指当前工作区。

(8)查询结果测试函数

【格式】FOUND([〈工作区号〉|〈表别名〉])

【功能】在命令 LOCATE/CONTINUE、FIND、SEEK 后用来测试数据表的当前记录号,即记录指针当前指向的记录号,返回值为逻辑型。默认工作区号或别名时指当前工作区。

(9)文件存在测试函数

【格式】FILE(〈文件名〉)

【功能】测试在系统中指定的文件是否存在,返回值为逻辑型。如果存在,返回.T.;否则返回.F.。

注意:〈文件名〉必须给出扩展名并放在定界符('、"" 或[ ])中。

(10)记录个数测试函数

【格式】RECCOUNT([〈工作区号〉|〈表别名〉])

【功能】测试当前或指定工作区中数据表的记录个数,包含已做逻辑删除的记录。返回值为数值型。默认工作区号或别名时指当前工作区。

6.其他函数

对话框函数 Messagebox()

【格式】[变量名]=Messagebox(信息内容,对话框类型,对话框标题)

【功能】显示用户定义的对话框。

"信息内容"是指显示在对话框的文本;"对话框类型"指定对话框功能要求的按钮和图标,由 3 个数字之和构成。例如,"对话框类型"为:3+32+256,就指定了对话框有以下特征:

①有 3 个按钮,分别是:"是","否","取消"。

②信息框显示问号图标。

③默认按钮为第二个按钮。

对话框类型的参数说明见表 4—9。

表 4—9　对话框类型的参数说明

种 类	值	说 明
参数 1 出现 按钮	0	仅有"确定"按钮
	1	有"确定"和"取消"按钮
	2	有"终止"、"重试"和"忽略"3 个按钮
	3	有"是"、"否"和"取消"3 个按钮
	4	有"是"和"否"两个按钮
	5	有"重试"和"取消"两个按钮
参数 2 图标 类型	16	停止图标
	32	问号图标
	48	惊叹号图标
	64	信息图标
参数 3 默认 图标	0	第一个按钮
	256	第二个按钮
	512	第三个按钮

对话框函数的返回值见表4—10。

表4—10 对话框函数的返回值

返回值	选定按钮
1	确定
2	取消
3	终止
4	重试
5	忽略
6	是
7	否

4.2.5 数 组

数组是按一定顺序排列的一组内存变量的集合。数组中的变量称为数组元素。每一数组元素用数组名以及该元素在数组中排列的序号一起表示,也称为下标变量。例如,a(1)、a(2)与x(1,1)、x(1,2)、x(2,1)、x(2,2)等。因此数组也看成是名称相同、而下标不同的一组变量。

下标变量的下标个数称为维数,只有一个下标的数组叫一维数组,有两个的叫二维数组。数组的命名方法和一般内存变量的命名方法相同,如果新定义的数组名称和已经存在的内存变量同名,则数组取代内存变量。

数组的引入是为了提高程序的运行效率、改善程序结构。

1. 数组的定义

数组使用前须先定义,Visual FoxPro中可以定义一维数组和二维数组。

【格式】DIMENSION / DECLARE〈数组名1〉(〈数值表达式1〉[,〈数值表达式2〉])[,〈数组名2〉(〈数值表达式3〉[,〈数值表达式4〉])]……

【功能】定义一个或多个一维或二维数组。

2. 数组的赋值

数组定义好后,数组中的每个数组元素自动地被赋予逻辑值.F.。当需要对整个数组或个别数组元素进行新的赋值时,与一般内存变量一样,可以通过STORE命令或赋值号"="来进行。对数组的不同元素,可以赋予不同数据类型的数据。

3. 表中数据与数组数据之间的交换

(1)将表的当前记录复制到数组

【格式1】SCATTER [fields〈字段名表〉][memo]TO〈数组名〉[blank]

【格式2】SCATTER [fields like 通配符][fields except〈通配符〉][memo] TO 数组名[blank]

【功能】将表的当前记录的字段的值复制到数组

(2)将数组数据复制到表的当前记录

【格式1】格式1:GATHER FROM〈数组名〉[fields〈字段名表〉][memo]

【格式2】格式2:GATHER FROM〈数组名〉[fields like/except〈通配符〉][memo]

【功能】将数组数据复制到表的当前记录。

▶课堂速记

113

4.3 程序的基本结构

4.3.1 顺序结构

在 Visual FoxPro 中,结构化程序设计主要依靠系统提供的结构化语句构成,程序的基本结构有 3 种:顺序结构、分支结构和循环结构。每一种基本结构可以包含一个或多个语句。

顺序结构是指程序按照语句排列的先后顺序逐条的执行。它是程序中最简单、最常用的基本结构。Visual FoxPro 中,大多数命令都可以作为顺序结构中的语句来实现编程。

【例 4—5】按姓名查询并显示学生档案表中的学生。

程序代码如下:

```
USE 学生档案
ACCEPT "输入姓名:" TO xm
LOCATE FOR 姓名＝TRIM(xm)
DISP
USE
```

4.3.2 分支结构

分支结构是在执行程序时,按照一定的条件选择不同的语句,用来解决选择、转移的问题。分支结构的基本形式有 3 种。

(1)单向分支

单向分支,即根据用户设置的条件表达式的值,决定某一操作是否执行。

【语句】IF〈条件表达式〉

　　　　〈命令行序列〉

　　　　ENDIF

【功能】当条件表达式的值为真时,执行〈命令行序列〉,否则执行 ENDIF 后面的命令。

【说明】〈条件表达式〉是关系表达式或逻辑表达式,IF 和 ENDIF 必须成对使用。〈命令行序列〉可以由一条语句或多条语句构成。

(2)双向分支

双向分支,即根据用户设置的条件表达式的值,选择两个操作中的一个来执行。

【语句】IF〈条件表达式〉

　　　　〈命令行序列 1〉

　　　　ELSE

　　　　〈命令行序列 2〉

　　　　ENDIF

【功能】执行该命令时,首先判断〈条件表达式〉的值,若为真,则执行〈命令行系列

1），然后执行 ENDIF 后的命令；若为假，则执行〈命令行序列 2〉，然后执行 ENDIF 后的命令。

【说明】IF…ELSE…ENDIF 语句必须成对使用。〈命令行序列 1〉和〈命令行序列 2〉中可以嵌套 IF 命令。

【例 4—6】可继续按姓名查询并显示学生档案表中的学生。

程序代码如下：

```
CLEAR
USE 学生档案
ACCEPT '请输入学生姓名：' TO xm
LOCA FOR 姓名＝xm
DISP
WAIT '是否继续查询(Y/N)？' TO x1
IF UPPE(x1)＝'N'
    QUIT
ELSE
    DO prog4.prg
ENDIF
CANCEL
```

IF 选择语句的嵌套（多重判断）

```
格式 1：                          格式 2：
IF〈条件 1〉                       IF〈条件 1〉
    〈语句序列 1〉                     IF〈条件 2〉
ELSE                                 〈语句序列 21〉
    IF〈条件 2〉                      ELSE
        〈语句序列 2〉                   〈语句序列 22〉
    ELSE                             ENDIF
        〈语句序列 3〉                ELSE
    ENDIF                            IF〈条件 3〉
ENDIF                                   〈语句序列 3〉
                                     ENDIF
                                 ENDIF
```

【说明】If 选择语句允许多层嵌套，嵌套时不允许交叉。

【例 4—7】用嵌套 IF 语句编写程序，计算下列分段函数。

$$Y=\begin{cases} 1(X>0) \\ 0(X=0) \\ -1(X<0) \end{cases}$$

程序代码如下：

```
CLEAR
Y＝0
INPUT "请输入一个数：" TO X
IF X＞＝0
    IF X＞0
```

```
                    Y＝1
        ELSE
                    Y＝0
        ENDIF
ELSE
    Y＝-1
ENDIF
? "Y＝",Y
CANCEL
```

（3）多向分支

多向分支，即根据多个条件表达式的值，选择多个操作中的一个来执行。

【语句】DO CASE

```
        CASE〈条件表达式1〉
            〈命令行序列1〉
        CASE〈条件表达式2〉
            〈命令行序列2〉
            ·· ···
        CASE〈条件表达式N〉
            〈命令行序列N〉
        OTHERWISE
            〈命令行序列N＋1〉
    ENDCASE
```

【功能】系统从多个条件中依次测试〈条件表达式〉的值，若为真，即执行相应〈条件表达式〉后的〈命令行序列〉；若所有的〈条件表达式〉的值均为假，则执行 OTHERWISE 后面的〈命令行序列〉。

【说明】DO CASE 和第一个 CASE 子句之间不能插入任何命令。DO CASE 和 ENDCASE 必须配对使用。

【例4-8】用 DO CASE … ENDCASE 多分支结构编写程序，计算下列分段函数。

$$f(x) = \begin{cases} e^2 & x \leqslant 0 \\ x^2 + 7 & 0 < x \leqslant 5 \\ 10x - 2 & 5 < x \leqslant 10 \\ x^3 - 5 & 10 < x \leqslant 20 \\ 3x + 1 & x > 20 \end{cases}$$

程序代码如下：

```
SET TALK OFF
CLEAR
INPUT "输入 X 的值:" TO X
DO CASE
    CASE X<=0
        ?"Y＝EXP(2)＝",EXP(2)
    CASE X<=5
        ? "Y＝X * X＋7＝",X * X＋7
```

```
        CASE X<=10
            ?"Y=10*X-2=",10*X-2
        CASE X<=20
            ?"Y=X*X*X-5=",X*X*X-5
        OTHERWISE
            ?"Y=3*X+1=",3*X+1
    ENDCASE
```

4.3.3 循环结构

循环结构是重复执行一段命令序列若干次或重复执行一段命令序列直到满足某种条件为止。循环结构可以简化程序,提高程序效率。常用的循环语句有以下几种形式。

(1)条件循环

条件循环是根据条件表达式的值,决定循环体内语句的执行次数,也称为当型循环。

【语句】DO WHILE〈条件表达式〉

    〈命令行序列1〉

        [LOOP]

    〈命令行序列2〉

        [EXIT]

    〈命令行序列3〉

    ENDDO

【功能】语句执行时,先判断〈条件表达式〉的值,若为真,则执行循环体内的命令,即DO与ENDDO之间的命令;若为假,则执行 ENDDO 后面的命令。

【说明】① DO WHILE 和 ENDDO 子句要配对使用。

②DO WHILE〈条件表达式〉是循环语句的入口;ENDDO 是循环语句的出口;中间〈命令行序列〉是重复执行的循环体。

③LOOP 和 EXIT 只能在循环语句中使用,其中 LOOP 是转到循环的入口语句;EX-IT 是强行退出循环的语句。

④循环结构允许嵌套,这种嵌套不仅限于循环结构自身的嵌套,而且还可以是和选择结构的相互嵌套。

【例4-9】用 DO WHILE…ENDDO 语句编写程序,计算 $s=1+2+3+\cdots+100$。

程序代码如下:

```
CLEAR
    s=0
    k=1
    DO WHILE k<=100
    s=s+k
    k=k+1
    ENDDO
    ?"s=",s
    CANCEL
```

【例4-10】用 DO WHILE…ENDDO 语句编写程序,逐条显示学生档案表中女生的记录。

程序代码如下：

```
CLEAR
USE 学生档案
DO WHILE. NOT. EOF()
    if 性别＝"女"
        DISP
    ENDIF
    SKIP
  ENDDO
USE
CANCEL
```

（2）计数循环

计数循环是根据用户设置的循环变量的初值、终值和步长，决定循环体内语句执行次数。

【语句】FOR〈循环变量〉＝〈循环初值〉TO〈循环终值〉[STEP〈步长〉]

　　〈命令行序列 1〉

　　[LOOP]

　　〈命令行序列 2〉

　　[EXIT]

　　〈命令行序列 3〉

ENDFOR ｜ NEXT

【功能】系统执行该命令时，首先将循环初值赋给循环变量，然后判断循环变量的值是否超过终值，若超过则跳出循环，执行 ENDFOR 后面的命令，否则执行循环体内的命令序列。当遇到 ENDFOR 子句时，返回 FOR 命令，并将循环变量的值加上步长值再一次与循环终值比较，如此重复执行，直到循环变量的值超过循环终值。

【说明】①步长值省略时，系统默认步长值为 1。当初值小于终值时，步长值为正值。当初值大于终值时，步长值为负值。步长值不能为 0，否则造成死循环。

②在循环体内不要随便改变循环变量的值，否则会引起循环次数发生改变。

③[LOOP]和[EXIT]命令的功能和用法与条件循环中该命令的用法相同。

【例 4－11】用 FOR…ENDFOR 语句编写程序，计算 $s=1^2+2^2+3^3+\cdots+10^2$。

程序代码如下：

```
CLEAR
  s＝0
  FOR k＝1 to 10
  s＝s＋k * k
  ENDFOR
  ?"s＝",s
  CANCEL
```

（3）指针循环

指针循环是在数据表中建立的循环，它是根据用户设置的当前记录指针，对一组记录进行循环操作。

【语句】SCAN［〈范围〉］［FOR〈条件表达式 1〉］

　　〈命令行序列 1〉

　　［LOOP］

　　〈命令行序列 2〉

　　［EXIT］

　　〈命令行序列 3〉

　ENDSCAN

【功能】该语句在指定的范围内,用记录指针来控制循环次数。执行语句时,首先判断函数 EOF() 的值,若为"真",则结束循环,执行 ENDSCAN 后面的语句;否则,结合〈条件表达式 1〉或〈条件表达式 2〉执行〈命令行序列〉,记录指针移到指定的范围和条件内的下一条记录,重新判断函数 EOF() 的值,直到 EOF() 的值为"真"时结束循环。

【说明】①SCAN…ENDSCAN 循环语句中隐含函数 EOF() 和命令 SKIP 的处理。

②无〈范围〉选项时,则表示对所有记录进行处理。

③［LOOP］和［EXIT］命令的功能和用法与条件循环中该命令的用法相同。

【例 4－12】用 SCAN…ENDSCAN 语句编写程序,逐条显示学生档案表中男生的记录。

程序代码如下:

```
CLEAR
USE 学生档案
SCAN FOR 性别＝"男"
DISP
ENDSCAN
USE
CANCE
```

(4)多重循环

多重循环是指在一个循环语句内又包含另一个循环语句,多重循环也称为循环嵌套。下面以条件循环为例,进行说明。

【语句】DO WHILE〈条件表达式 1〉

　　〈命令行序列 11〉

　　DO WHILE〈条件表达式 2〉

　　〈命令行序列 21〉

　　　……

　　ENDDO

　〈命令行序列 12〉

　ENDDO

【功能】在多重循环中,首先从外循环进入内循环,执行内循环的语句。当内循环的条件为假时,返回到外循环;当外循环的条件为真时,又进入内循环;否则,退出循环。

【说明】①循环嵌套层次不限,但内循环的所有语句必须完全嵌套在外层循环之中。否则,就会出现循环的交叉,造成逻辑上的混乱。

②循环结构和分支结构允许混合嵌套使用,但不允许交叉。其入口语句和相应的出口语句必须成对出现。

课堂速记

【例4-13】用双重循环编写程序,其程序功能是打印一个九九乘法口诀表。

程序代码如下:

```
CLEAR
* 打印表头
? SPACE(4)
FOR i=1 to 9
?? STR (i,7)
ENDFOR
?
* 打印九九表数据
FOR i=1 to 9
    ? STR (i,4)+")"
    FOR j=1 to i
    ?? STR (j,1)+" * "+STR (i,1)+" = "+STR(i*j,2)+"   "
    ENDFOR
    ?
ENDFOR
RETURN
```

注意:循环语句和结束语句成对出现,一一对应;循环结构只能嵌套,不能交叉使用;不同层的循环控制变量不能重名。

4.4　多模块程序设计

4.4.1　过程与过程文件

1.过程概述

在许多应用程序中,有一些程序段需要反复执行多次,这些程序段不在一个固定的位置上,而是分散在程序的许多位置上重复执行,可将其与嵌入它的程序分开,形成独立的程序段,待使用时再调入程序中,以实现不同位置上的重复操作。这样做增强了程序的可读性和模块化。我们称这种具有独立功能而且可以被其他程序调用的程序段为过程或子程序,用于调用程序段的程序称为主程序。

在应用系统的开发中,一般会根据实际的需要将整个系统划分成若干个模块,然后在主控模块的控制下,调用各个功能模块以实现系统的各种功能操作,通常将这些可调用的功能模块也设计成过程或子程序。过程可分为外部过程和内部过程。

外部过程也叫子程序,和主程序一样是以程序文件(.PRG)的形式单独存储在磁盘上。内部过程也称为过程文件,即把多个过程组织在一个文件中,或者把过程放在调用它的程序文件的末尾。Visual FoxPro为了识别过程文件或者程序文件中的不同过程,规定过程文件或者程序文件中的过程必须用PROCEDURE语句说明。

2.过程的建立与调用

建立过程(子程序)的方法与建立一般程序的方法相同,所不同的是在每个过程中至少要有一个返回语句。

【调用命令】DO〈过程名〉

【功能】执行 DO 调用命令时,将指定的过程调入内存并执行,当执行到 RETURN 命令时,返回到调用该子程序的主程序,并执行调用命令下的第一条可执行命令。

【说明】在返回语句中,若选择可选项〈表达式〉,将表达式的值返回给调用程序。选择可选项[TO〈程序文件名〉],可直接返回指定的程序文件。选择可选项[TO MASTER],则不论前面有多少级调用而直接返回到第一级主程序(子程序调用的多层嵌套)。

【返回语句】RETURN[〈表达式〉| TO〈程序文件名〉| TO MASTER]

主程序调用子程序的过程如图 4-2 所示。

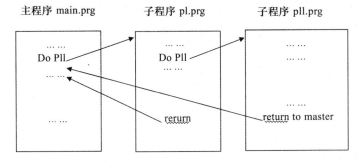

图 4-2 主程序调用子程序的过程

【例 4-14】用主程序调用子程序的方法计算任意三个自然数的阶乘和,即 S=a!+b!+c!。

在同一个文件夹中分别建立主程序 main1.prg 和子程序 fac1.prg。

①主程序代码如下:

```
main1.prg
SET TALK OFF
CLEAR
INPUT "a=" to a
INPUT "b=" to b
INPUT "c=" to c
s=0
ff=1
n=a
DO fac1
s=ff
n=b
DO fac1
s=s+ff
n=c
DO fac1
s=s+ff
? STR(a,3)+"! +"+STR(b,3)+"! +"+STR(c,3)+"!"+"=",s
```

```
SET TALK ON
RETURN
```

②子程序 fac1.prg 代码如下:

```
fac1.prg
ff=1
FOR x=n TO 1 step-1
    ff=ff*x
ENDFOR
RETURN
```

3. 过程文件

过程是作为一个文件独立地存储在磁盘上,每次运行时,必须将程序调入内存,为减少磁盘文件的打开次数,提高系统的运行效率,可以把多个过程写入到一个过程文件中。一个过程文件由多个过程组成,过程文件的扩展名仍然是.PRG。

(1)建立过程文件

【命令】MODIFY COMMAND〈过程文件名〉

【功能】建立过程文件。

过程文件的基本书写格式:

```
    PROCEDURE〈过程名 1〉
      〈命令序列 1〉
    RETURN
    PROCEDURE〈过程名 2〉
      〈命令序列 2〉
    RETURN
    ……
    PROCEDURE〈过程名 N〉
       〈命令序列 N〉
    RETURN
```

(2)打开过程文件

【命令】SET PROCEDURE TO〈过程文件名〉

【功能】打开指定的过程文件,将过程文件中所包含的子程序全部调入内存。

【说明】系统在同一时刻只能打开一个过程文件,打开新过程文件的同时将关闭原来打开的过程文件。若要修改过程文件的内容,一定要先关闭该过程文件。

(3)执行过程文件中的过程

【命令】DO〈过程名〉

【功能】调用过程文件中的指定过程。

(4)关闭过程文件

【命令】CLOSE PROCEDURE
　　　 或　 SET PROCEDURE TO

【功能】关闭已打开的过程文件。

【例 4—15】用过程文件编写子程序,计算圆的面积和周长。

创建一个过程文件 gcp1.prg,包括两个过程 p1,p2 分别计算圆的面积和周长,主程序 main2.prg 调用过程文件 gcp1.prg。

①主程序 main2.prg 代码如下：

```
main2.prg
SET TALK OFF
CLEAR
SET PROCEDURE TO gcp1
s＝0
1＝0
INPUT "请输入圆的半径:" to r
DO p1
DO p2
?"圆的面积:",STR(s,19,2)
?"圆的周长:",STR(1,19,2)
SET PROCEDURE TO
SET TALK ON
```

②过程文件 gcp1.prg 代码如下：

```
gcp1.prg          && 过程文件 gcp1.prg 计算圆的面积和周长
PROCEDURE p1
  s＝pi()9r^2
ENDPROC
PROCEDURE p2
  1＝2 * pi() * r
ENDPROC
RETURN
```

4.4.2 变量作用域及参数传递

1.变量的作用域

在程序设计中,特别是模块程序中,往往会用到许多内存变量,这些内存变量有的在整个程序运行过程中起作用,而有的内存变量只在某些程序模块中起作用,内存变量的这些作用范围称为内存变量的作用域。内存变量的作用域根据作用范围可分为全局变量和局部变量。

(1)全局变量

全局变量是指在程序的任何嵌套中及在程序执行期间始终有效的变量。程序执行完毕,它们不会在内存自动释放。全局变量的定义如下：

【命令】PUBLIC〈内存变量表〉

【功能】将内存变量名表中的变量定义为全局变量。

【说明】〈内存变量表〉中的变量可以是简单变量,也可以是下标变量。

(2)局部变量

局部变量是指未经 PUBLIC 命令定义的,只在建立它的过程及下级过程中有效的内存变量。建立局部变量的程序执行完毕,局部变量的值将被自动清除。

凡是过程中未经特殊说明的内存变量,系统一律认为是局部变量,这种方式称做隐含定义方式。也可以使用专门命令来定义局部变量,即显式定义方式。

【命令】PRIVATE〈内存变量表〉[ALL [LINK | EXCEPT〈通配符〉]]

【功能】定义选定的内存变量为局部变量。

【说明】在同一过程中,用隐式或显式定义的局部变量的作用域完全相同。在主程序或上级过程中未经 PRIVATE 语句定义的局部变量,在下级过程中也未经显式定义,那么它的新值可以带回主程序或上级过程;若在下级过程中进行了显式定义,其新值不能带回主程序或上级过程中使用。

2. 过程的带参调用

在调用过程时,有时需要将数据传递到调用过程,有时又需要从调用过程将数据返回。实现数据相互传递。Visual FoxPro 为此提供了过程的带参调用方法,这种方法是:在调用过程的命令和被调用过程的相关语句中,分别设置数量相同、数据类型一致且排列顺序相互对应的参数表。调用过程的命令将一系列参数的值传递给被调用过程中的对应参数,被调用过程运行结束时,再将参数的值返回到调用它的上一级过程或主程序中。这种调用是通过带参过程调用命令和接受参数命令实现的。

(1)带参调用

【命令】DO〈子程序名〉WITH〈参数表〉

【功能】调用一般过程或过程文件中的过程,并为被调用过程提供参数。

【说明】该命令只用在调用过程的程序中。此处〈参数表〉又称为实参表,其中的参数可以是常量、已赋值的变量或数值表达式,参数之间用逗号分开。

(2)接受参数

【命令】PARAMETERS〈参数表〉

【功能】接受调用过程的命令传递过来的参数。

【说明】该命令必须位于被调用过程的第一条可执行语句处。此处〈参数表〉又称为形参表,其中的参数一般为内存变量。形参与实参的个数应相等、数据类型和个数要对应相同。

【例4-16】编写程序,观察变量的作用域。

主程序 main3.prg 中定义了局部变量 a1,a2,子程序 zcx1.prg 中定义了局部变量 a2、全局变量 a4;分别在调用子程序之前显示变量的值、子程序中显示变量的值、调用后再显示变量的值。

①主程序 main3.prg 代码如下:

```
main3.prg
SET TALK OFF
CLEAR
a1=11
a2=22
DISP MEMO LIKE a*        && 调用子程序前变量的值
DO zcx1
DISP MEMO LIKE a*        && 调用子程序后变量的值
CANCEL
```

②子程序 zcx1.prg 代码如下:

```
zcx1.prg
PRIVATE a2
PUBLIC a4
a2=44
```

a3＝33

a4＝55

DISP MEMO LIKE a *　　　&& 子程序中变量的值

RETURN

注意:在子程序中,子程序中的 a2 屏蔽了主程序中的 a2,全局变量 a4 在返回主程序中也存在。

【例 4－17】编写程序,通过参数传递的方式调用过程文件,计算圆的面积。

主程序 main4.prg 调用过程文件 gcp2.prg,圆的半径和圆的面积作为实际参数,过程文件 gcp2.prg 中的 m,n 作为形式参数。

①主程序 main4.prg 代码如下:

(1)main4.prg

 * 主程序:main4.prg

```
SET TALK OFF
CLEAR
SET PROC TO gcp2            && gcp2.prg 是过程文件
s＝0
INPUT "请输入圆的半径:" to r
DO AREA WITH r,s           && r,s 是实参
?"面积是:",s
CLOSE PROCEDURE
SET TALK ON
```

②子程序文件 gcp2.prg 代码如下:

gcp2.prg

 * gcp2.prg 过程文件

```
PROCEDURE AREA             && area 是过程名
  PARA m,n                 && m,n 是形参
 n＝m * m * pi()
RETURN
```

注意:圆的面积是通过过程文件中的过程 area 中的形参 n 返回给主程序中的实参 S 而得。

4.4.3　自定义函数

除了使用标准函数外,用户还可以自定义函数。

【命令】FUNCTION〈函数名〉(〈参数表〉)

　　　[PARAMETERS〈参数表〉]

　　　　〈语句序列〉

　　　RETURN [〈返回值〉]

　　　ENDFUNC

【功能】定义一个自定义函数。

【说明】①该命令中,〈参数表〉又称为形参表,参数之间用逗号分开。〈返回值〉可以是常量、变量、也可以是表达式。

②可以使用 RETURN 作为函数的最后一行,如果不包含此命令,则自动执行一条隐含的 RETURN 语句。

③函数中形式参数的定义可以采用两种形式,一种是 FUNCTION〈函数名〉(〈参数表〉);另一种是 FUNCTION〈函数名〉,再使用 PARAMETERS〈参数表〉定义形式参数。两种语句的功能是一样的。

调用自定义函数的方法。

【命令】〈函数名〉(〈参数表〉)。

【功能】自定义函数的调用。

注意:使用函数最注重的是返回值,返回值可以是常数、变量或表达式等。如果省略〈返回值〉,Visual FoxPro 将自动返回逻辑值.T.。

【例 4-18】编写程序,通过参数传递的方式调用自定义函数,计算圆的面积。

主程序 main5.prg 调用自定义函数 area1(),圆的半径 x 作为实际参数,自定义函数 area1()中的 r 作为形式参数。

主程序 main5.prg 代码如下:

```
SET TALK OFF
CLEAR
input "请输入圆的半径:" to x
?"圆的面积 s=",str(area1(x),8,2) && 调用自定义函数 area1()
SET TALK ON
CANCE
* 自定义函数 area1()
FUNCTION area1
  PARA r
  s=3.1415926*r*r
  RETURN S
ENDFUNC
```

注意:调用函数 area1()时,圆的半径 x 作为实际参数传递给函数中的形式参数 r,在函数 area1()中计算出的圆的面积 s 作为函数值返回给调用函数,即得圆的面积。

4.5 程序调试技术

4.5.1 调试概述

在开发应用程序时,为了保证程序的正确性和合理性,需要对应用程序进行调试,以发现其中的错误并进行修改,直至达到设计要求,才能投入使用。程序调试的目的就是检查并纠正程序中的错误,以保证程序的可靠运行。调式通常有 3 个步骤:检查程序是否存在错误;确定出错的位置;纠正错误。

1.程序中常见错误

(1)语法错误

包括命令字拼写错误、命令格式错误、使用了中文标点符号作为分界符、使用了没有定义的变量、数据类型不匹配、操作的文件不存在等。

(2)溢出错误

包括计算结果超过 Visual FoxPro 所允许的最大值、文件太大、嵌套层数超过允许范围等。

（3）逻辑错误

指程序设计的差错，如要计算圆的面积，在程序中却用了计算圆周长的公式等。该种程序错误需要用典型数据进行测试才能发现与修改。

2.查错技术

查错技术可分为两类：一类是静态检查，例如，通过阅读程序寻找错误；另一类是动态检查，即通过运行程序来检查运行结果是否正确、是否符合要求。动态检查又有以下几种方法。

（1）设置断点

若程序执行到某一处能自动暂停运行，该处称为断点。

在调试程序时，用户通常采取插入暂停语句的方法来设置断点。例如，要查看程序某处变量 y 的值，通常插入以下两条语句来实现：

? "y=", y

WAIT WINDOWS   && 程序暂停执行

程序执行后，调式者根据变量 y 的值来判断引起错误的语句是在断点前还是在断点后。除输入某些变量的中间结果外，还可以用 disp memory 或 disp stustus 等来得到更多的运行信息，可以帮助寻找错误的原因和信息。

（2）使用出错信息检查程序错误

在程序运行过程中，如果程序存在语法错误或者溢出错误，系统会出现"程序错误"窗口，根据窗口的提示信息进行修改程序错误。

（3）单步执行

一次执行一个命令。

（4）跟踪

在程序执行过程中跟踪某些变化的信息，有的系统还能显示执行过的语句的行号。

（5）设置错误陷阱

在程序中设置错误陷阱可以捕捉可能发生的错误，这时若发生错误就会中断程序运行并转去执行预先编制的处理程序。处理完后再返回中断处理处继续执行原程序。ON ERROR 用于设置错误陷阱，函数 ERROR()和 MESSAGE()可用于错误处理。

4.5.2 调试器

利用 Visual FoxPro 提供的"调试器"工具，通过调试设置、执行程序、修改程序等步骤可帮助用户调试修改程序。调试设置可为用户程序设置断点、设置监视表达式、设置显示的变量、设置显示的结果等，如果发现错误，可以当场切入程序修改。

1.打开调试器窗口

①选择"工具"→"调试器"命令。

②在命令窗口里输入：DEBUG 命令。

2.调试窗口的组成

调试器窗口打开后，通过在该窗口的窗口菜单中选定跟踪、监视、局部、调用堆栈或调试输出命令，就可以打开相应的子窗口。

跟踪窗口：显示要打开的程序，以便调试和观察。

调用堆栈窗口：显示正在执行的过程、程序和方法程序的名称。

监视窗口：设置监视表达式。

课堂速记

调用堆栈窗口：显示正在执行的过程、程序和方法程序的名称。

调试输出窗口：显示活动程序、过程或方法程序。

局部窗口：显示程序、过程或者方法程序中的所有变量、数组、对象以及对象成员。

在调试窗口中，选择"文件"→"打开"菜单项，可将要调试的程序载入"跟踪"窗口中。可以使用"调试"菜单的功能实现程序的调试，"调试"菜单的功能如下：

①运行。开始执行在跟踪窗口中打开的程序。

②取消。关闭程序，终止程序运行。

③定位修改。在程序暂停时，选定该命令后将会出现一个取消程序信息框，选定其中的"是"按钮，就会切换到程序编辑器窗口，用户可修改程序。

④跳出。从当前光标处跳到下一断点处或需要屏幕输入数据处。

⑤单步。逐行执行该程序代码，如果代码调用了函数、方法程序或者过程，那么这些函数、方法程序或者过程在后台运行。

⑥单步跟踪。逐行执行代码。

⑦运行到光标处。执行从当前行指示器到光标所在行之间的代码。

⑧调速。调整运行速度，即设置"延迟时间"。

3. 使用错误处理程序检查程序错误

【命令】ON ERROR〈COMMAND〉

【功能】用来当程序出现错误时指定执行的程序，可以帮助我们定位错误和提供相关信息。

【说明】① COMMAND 是指定程序出错时应执行的 Visual FoxPro 命令。执行此命令后，程序将从引起错误的程序行的下一行重新开始执行。但如果错误处理过程中包含 RETRY，则重新执行引起错误的程序行。

② 如果命令指定了错误出现时执行的一个过程，那么可以使用 ERROR()、MES-SAGE()、LINENO()和 PROGRAM()函数将错误代码、错误消息、程序行号和程序名称传递到该过程，这些信息可以帮助纠正错误。

③ 使用不带参数的 ON ERROR 命令可以恢复 Visual FoxPro 默认的错误处理程序。

④ ERROR 过程不能嵌套。如果在 ON ERROR 过程中又出现了 ON ERROR 命令，则恢复 Visual FoxPro 默认的错误处理程序。

闯关考验

一、选择题

1. 在 Visual FoxPro 中，将日期型数据转换成字符型数据的函数是（　　）。

A. DTOC( )　　　　B. CTOD( )　　　　C. DATE( )　　　　D. STR( )

2. 在 Visual FoxPro 中的 NULL 值的含义是（　　）。

A. 与空字符串相同　　　　　　　　　B. 与数值 0 相同

C. 与逻辑非相同　　　　　　　　　　D. 与以上都不相同

3. 在 Visual FoxPro 中，备注型数据类型在表中占用（　　）个字节。

A. 1　　　　　　　B. 2　　　　　　　C. 4　　　　　　　D. 8

4. 刚打开一张无记录的表时，下列记录指针情况中不正确的是（　　）。

A. BOF( )=.T.　　B. RECNO( )=1　　C. EOF( )=.F.　　D. EOF( )=.T.

5.在 Visual FoxPro6.0 中,下列变量名中命名合法的是(　　)。

A. nV5　　　　　　　B. 5X　　　　　　　C. if　　　　　　　D. x{1}

6.在 Visual FoxPro 系统中,".dbf"文件被称为(　　)。

A. 数据库文件　　　B. 表文件　　　　　C. 程序文件　　　D. 项目文件

二、填空题

1.将 VFP 默认路径设置为 D:\USER 的命令是＿＿＿＿＿＿＿＿。

2.表达式 str(year(date()＋10))的值得数据类型为＿＿＿＿＿。

3.? LEN("ABCabc")的值是＿＿＿＿＿。

4.表达式 str(year(date()＋10))的值得数据类型为＿＿＿＿＿＿＿＿＿。

三、读程序,写出运行后的结果

1.SET TALK OFF

```
    STORE 0 TO X,Y
      DO WHILE X<=10
       X=X+1
       IF INT(X/2)<>X/2
       LOOP
       ELSE
       Y=Y+1
       ENDIF
      ENDDO
      ?"Y=", Y
      SET TALK ON
```

程序运行结果为:

2.SET TALK OFF

```
    USE RSDA && 打开人事档案表
      DO WHILE .NOT. EOF( )
       IF 性别="男"
        SKIP
        LOOP
       ENDIF
       DISP
       WAIT "按任意键继续显示……"
       SKIP
      ENDDO
      USE
    SET TALK ON
    RETURN
```

程序运行结果为:

第 5 章　面向对象程序设计

目标规划

（一）学习目标

基本了解：

1. 对象、类和继承的概念；

2. 表单的概念，表单设计器组成；

3. 控件的分类；

4. 类库文件的概念，类设计器组成；

5. Visual FoxPro 的菜单类型及菜单结构；

6. 报表及报表设计器的组成。

重点掌握：

1. Visual FoxPro 常用基类，事件的概念；

2. 表单的常用属性、方法和事件；

3. 常见控件的属性、方法和事件；

4. 自定义类创建、应用及管理；

5. 菜单设计器的使用；

6. 报表设计器的使用。

（二）技能目标

1. 创建及运行表单，添加新的表单属性和方法；

2. 在表单设计过程中灵活应用常见控件；

3. 创建自定义类，管理自定义类，应用自定义类；

4. 创建下拉式菜单和快捷菜单；

5. 创建报表。

课前热身随笔

本章穿针引线

本章主要介绍 Visual FoxPro 所支持的面向对象程序设计方法,其主要内容包括:面向对象程序设计基本概念、表单及表单设计器、常用控件、类设计器、菜单和报表的设计。知识结构图如下:

面向对象程序设计

- 面向对象程序设计的基本概念
  - 面向对象基本概念
  - 对象和类
  - 对象的创建和引用
  - 程序设计的基本方法

- 表单及表单设计器
  - 表单对象
  - 表单的创建
  - 表单中控件的调整和制定
  - 表单的修改与运行

- 常见控件
  - 标签
  - 文本框
  - 命令按钮及命令按钮组
  - 编辑框
  - 选项按钮组
  - 复选框
  - 列表框
  - 组合框
  - 微调按钮
  - 计时器
  - 图像与形状
  - 表格
  - 页框
  - Activex控件和Activex绑定控件
  - 表单集

- 类设计器及自定义类
  - 类设计器的使用
  - 使用编程方式定义类

- 菜单设计
  - 菜单系统的基本结构
  - 菜单系统的设计步骤
  - 菜单设计器的使用
  - 主菜单中的"显示"和"菜单"下拉菜单中有关选项
  - 下拉式菜单设计
  - 快捷菜单

- 报表设计
  - 报表设计基础
  - 创建简单报表
  - 报表设计器
  - 报表打印输出

课堂速记

5.1 面向对象程序设计的基本概念

5.1.1 面向对象基本概念

1. 基本概念

面向对象的程序设计 OOP(Object Oriented Programming),并不仅仅是一种程序设计的方法,而且已逐步演化成为一种程序开发的范式。面向对象的方法是以认识客观世界的一般理论为基础,用"对象"的概念来理解和分析所要处理的问题空间,将一个复杂的事务处理过程分解为若干个功能上既相互独立又相互联系的具体"对象",然后从每一个具体的"对象"出发,进而设计和开发出由众多"对象"共同构成的软件系统的一种程序设计方法。

(1)对象

客观世界中的任何一个具体事物都可以看成是一个对象(Object),它是客观事物反映在人的主观世界中所形成的一种抽象认识和描述。无论什么对象,通常说来都是由两个方面的基本要素构成的,一个是对象的属性;另一个是对象的行为(或功能)。所谓属性(Property),就是对客观事物某一方面特征的概括和描述。任何一个具体对象,都有它自己特定的行为,或者说都能够根据它所接收到的来自外部的不同消息来完成一些特定的功能。

(2)类

把一组对象的共性抽象概括出来,形成一个总括的一般性概念,这就是类(Class)。类与对象的关系:类是对一组具有相同特征(属性)和相同行为(功能)的对象所作的抽象描述和概括,它抽取了该组对象中的所有共性。现实世界中的某个具体对象,都是其所属类的一个具体实例,它拥有所属类的全部属性和行为。

(3)事件

所谓事件(Event),是指由系统预先定义好的、能够被对象识别和响应的、在特定的时机被触发的一组动作。用户只能使用系统中已定义的事件,而不允许用户自行定义新的事件。

Visual FoxPro 中的常用事件分类见表 5-1。

表 5-1 Visual FoxPro 中的常用事件

事件类型	事件名称
鼠标事件	Click、DblClick、RightClick、DropDown、DownClick、UpClick
键盘事件	KeyPress
改变控件内容的事件	InteractiveChange
控件焦点的事件	GotFocus LostFocus When Valid
表单事件	Load Unload Destroy Activate Resize Paint QueryUnload
数据环境事件	AfterCloseTable、BeforeOpenTable
项目事件	QueryModifyFile 等
OLE 事件	OLECompleteDrag 等
其他事件	Timer Init Destroy Error

一些核心事件和触发时间，见表5—2。

表5—2 核心事件和触发时间

事件	触发时间
Load	当表单或表单集被加载时产生
Unload	当表单或表单集从内存中释放时产生
Init	创建对象时产生
Destroy	从内存中释放对象时产生
Click	用户在对象上单击鼠标时产生
DblClick	用户在对象上双击鼠标时产生
RightClick	用户在对象上单击鼠标右键时产生
GetFocus	对象得到焦点时产生
LostFocus	对象失去焦点时产生
KeyPress	用户按键时产生
MouseDown	在对象上按下鼠标
MouseUp	在对象上松开鼠标
MouseMove	在对象上移动鼠标
InteractiveChange	交互式改变对象值
ProgrammaticChange	可编程地改变对象值

（4）方法

方法（Method）是指为使对象能够实现一定功能而编写的程序代码。方法不响应任何事件，与系统的标准函数和用户自定义函数类似，必须通过程序代码人为地进行显式调用。方法的调用格式：

[[变量名]＝]对象名.方法名()。

例如：Thisform.List1.AddItem("中国吉林")。

Visual FoxPro中的常用方法，见表5—3。

表5—3 Visual FoxPro中的常用方法

名称	调用语法	功能
AddObject	Object. AddObject (cName,cClass[,…])	在运行时向容器对象中添加对象
Clear	Object.Clear	清除组合框或列表框控件中的内容
Hide	Object.Hide	通过把 Visible 属性设置为 .F.，来隐藏表单、表单集或工具栏
Show	Object.Show	把 Visible 属性设置为 .T.，显示并激活一个表单或表单集，并确定表单的显示模式
Refresh	Object.Refresh	重画表单或控件，并刷新所有值
Release	Object.Release	从内存中释放表单或表单集
Quit	Object.Quit	结束一个 Visual FoxPro6.0 实例，返回到创建它的应用程序。

2. 面向对象程序设计的特点

(1)封装性

类的封装性就是指把类的特性及其内部过程、方法等加以信息隐藏,全部封装在类的内部,不让其复杂性暴露在外面。对象的使用者只能看到接口上的信息,对对象的内部一无所知,也就是说对象内部对于使用者来说是隐蔽的,是一个"黑盒子"。程序开发人员在使用类时无需知道类中的具体代码,不用对它进行控制和干预,只需直接使用从类派生出来的对象即可,这就简化了程序的设计过程。就像一个建筑工人一样,他只需按照建筑设计师提供的图纸来下料和施工,而不用关心为什么这样设计。

(2)继承性

在 Visual FoxPro 中,类可由已存在的类派生,类与派生类之间是一种层次结构。在这个层次结构中,处于上层的类称为父类,处于下层的类称为子类。类的继承性是指子类可以继承父类的全部数据和方法,而这种继承具有传递性。在 Visual FoxPro 中,系统为用户提供了最基本的 29 个类,由它们可以不断派生出新类。在 Visual FoxPro 中系统定义的类称为基类。基类被称作子类的父类,这些子类自动具有它的父类的性质,这种自动更新节省了用户的时间和精力,提高了软件的可维护性。若发现类中有错误,用户不必逐一修改子类的代码,只需要在父类中改动一处,这个变动将涉及全部子类。

另外,继承性只能体现在软件中,而不可能在硬件中实现。

(3)多态性

多态性是指能够将同一个基类的不同子类的对象放在一起来处理,而不必顾及子类的不同方面。即多态性允许程序开发者通过向一个对象发送指令来完成一系列的动作,而不必关心对象内部是如何解释这些动作以及这个对象是如何实现这些活动的。开发者关心的仅仅是这些动作对对象产生的作用。当开发者希望不同类型的对象完成相同的操作时,就要用到类的多态性。

5.1.2 对象和类

1. 基类与子类

(1)基类

基类是 Visual FoxPro 预先定义好的类。基类又可以分为容器类和控件类,可以分别生成容器类对象和控件类对象。

①容器类:可以容纳其他对象的基类。例如,在命令按钮组中可以包含命令按钮对象,命令按钮组就是容器类。Visual FoxPro 的容器类见表5-4。

表5-4 **Visual FoxPro** 的容器类

容器	名称	所包含的对象
CommandGroup	命令按钮组	命令按钮
Control	控件	任意控件
Container	容器	任意控件
Column	列	表头对象等
FormSet	表单集	表单、工具栏
Form	表单	任意控件
Grid	表格	表格列

续表

容器	名称	所包含的对象
OptionGroup	选项按钮组	选项按钮
PageFrame	页框	页面
Page	页面	任意控件、容器和自定任意义对象
ProjectHook	项目	文件
ToolBar	工具栏	任意控件、容器和页框

②控件类：不能容纳其他对象的基类。例如，在命令按钮中不能包含其他对象，命令按钮就是控件类。Visual FoxPro 的控件类见表 5—5。

表 5—5 Visual FoxPro 的控件类

控件	名称	说明
CheckBox	复选框	创建一个复选框
ComboBox	组合框	创建一个组合框
CommandButton	命令按钮	创建一个命令按钮
OptionButton	选项按钮	创建一个选项按钮
Label	标签	创建一个标签
EditBox	编辑框	创建一个编辑框
Image	图像	创建一个图像
Line	线条	创建一个线条
ListBox	列表框	创建一个列表框
OLEBound	OLE 绑定控件	创建一个 OLE 绑定控件
OLEContainer	OLE 容器控件	创建一个 OLE 容器控件
Shape	形状	创建一个形状
Spinner	微调按钮	创建一个微调按钮
TextBox	文本框	创建一个文本框
Timer	计时器	创建一个计时器

（2）子类

以某个类（基类）为起点创建的新类称为子类，例如，从基类派生新类时，基类为父类，派生的新类为子类。既可以从基类创建子类，也可以从子类再派生子类，并且允许从用户自定义类派生子类，子类将继承父类的全部特征。

3．类的创建

设计应用程序时，可以把大量的属性、方法和事件定义在一个类中，然后根据需要在这些类的基础上生成一个或多个对象，再在这些对象的基础上设计应用程序。在 Visual FoxPro 中可以通过项目管理器、菜单或命令方式创建一个新类。

（1）项目管理器方式

打开项目管理器，选择"类"选项卡，然后单击"新建"按钮，出现"新建"对话框，如图 5—1所示。

（2）菜单方式

选择"文件"→"新建"命令，打开"新建"对话框，选中"类"文件类型后，单击"新建文件"按钮，出现"新建类"对话框。

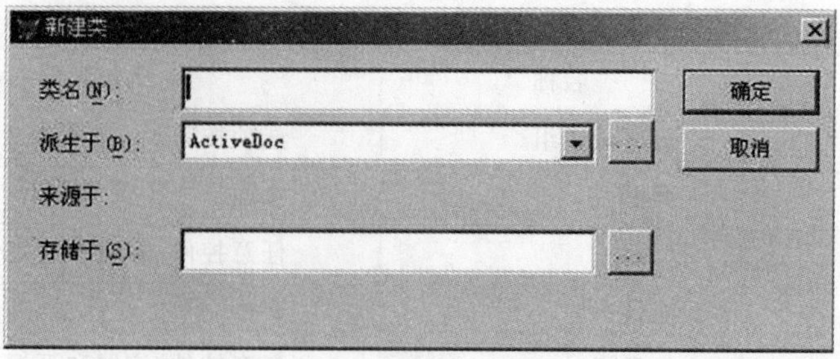

图 5—1 "新建类"对话框

(3)命令方式

【格式】CREATE CLASS〈类名〉[OF〈类库名〉]

【功能】打开"新建类"对话框,创建新类。

5.1.3 对象的创建和引用

1. 对象的创建

对象是在类的基础上派生出来的,只有具体的对象才能实现类的事件或方法的操作。一般创建对象的方法有两种。

(1)编程方式

先创建一个类,再用 CREATEOBJECT()函数来创建。

【格式】〈对象名〉＝CREATEOBJECT〈类名〉

【功能】将以〈类名〉为名的类定义成以〈对象名〉为名的对象。

(2)可视化方式

用表单设计器创建。在 5.2 节详述。

2. 引用对象

在文件系统目录结构中,要标识一个文件,一般要指明文件的位置,即目录路径。对象的引用也是一样,需要指明对象的位置。引用对象时,对象与对象之间、对象与属性之间需用分隔符"."进行分隔。

(1)绝对引用

从容器的最高层引用对象,给出对象的绝对地址。例如,Form1. Text1. Value。

(2)相对引用

在容器层次中相对于某个容器层次的引用。例如,ThisForm . Text1. Value。

常见的对象的引用方法,见表 5—6。

表 5—6 常见的对象的引用方法

属性或要害字	引用
ActiveControl	当前活动表单中具有焦点的控件
ActiveForm	当前活动表单
ActivePage	当前活动表单中的活动页
Parent	该对象的直接容器
This	该对象
ThisForm	包含该对象的表单
ThisFormSet	包含该对象的表单集

3. 设置对象的属性

设置对象的属性标准格式如下：

Parent. Object. Property＝Value

其中：Parent 为对象的父类名；Object 为当前对象名；Property 为属性名；Value 为对象设置的属性值。

由于每个对象可有多个属性，进行对象属性设置时写出全部路径非常麻烦，所以 Visual FoxPro 系统还提供了另一个设置对象属性值的语句。

WITH〈路径〉

〈属性值表〉

ENDWITH

常用的对象属性有以下 3 种：

（1）数据属性

数据属性见表 5－7。

表 5－7　常用的对象数据属性

属性	说明
Comment	存储有关对象的信息
ControlSource	指定对象的数据源
Tag	为应用程序存储额外的数据
Value	表示用户的当前状态
SetFocus	设置对象为当前焦点

（2）布局属性

布局属性见表 5－8。

表 5－8　常用的对象布局属性

属性	说明
AutoSize	指定是否根据对象的内容自动调整尺寸
BackColor	设置对象背景色
BackStyle	指定对象背景透明与否
Caption	指定在对象标题中显示的文本
ColorSource	指定如何设置对象的颜色
DrawIcon	指定在拖放操作过程中鼠标显示的指针
FontSize	指定显示文本的字体大小
ForeColor	设置对象的前景色
Height	设置对象的高度
Left	设置对象的左边缘位置
StatusBarText	指定当焦点在对象上时显示在状态栏中的文字
Top	设置对象的上边缘位置
Visible	设置对象是否可见
Width	设置对象的宽度

（3）其他属性

其他属性见表 5－9。

课堂速记

表 5－9　常用的对象属性

属性	说明
BaseClass	指定基于引用对象的 Visual FoxPro 基类名
Class	返回一个基于对象的类名字
Enabled	设置对象是否可用
Name	指定对象的名字
Parent	对象的容器对象
TabIndex	运行时或用 Tab 键切换时，界面中对象的焦点切换顺序

例如，设有一个表单属性对象 Form2，现要求设置其中的命令按钮 Command1 的属性。

采用点标记法，设置如下：

Form2. Command1. Visible＝. t.　　　　　&& 设置命令按钮为可见
Form2. Command1. Caption＝"确定"　　　&& 设置命令按钮的文本内容
Form2. Command1. Left＝120　　　　　　 && 设置命令按钮左边离主窗口的距离
Form2. Command1. Top＝250　　　　　　 && 设置命令按钮顶边离主窗口的距离
Form2. Command1. Height＝30　　　　　 && 设置命令按钮的高度
Form2. Command1. Width＝40　　　　　　&& 设置命令按钮的宽度
Form2. Command1. BackColor＝RGB(255,0,0)　　&& 设置命令按钮背景色为红色高亮度
Form2. Command1. ForeColor＝RGB(128,128,0)　&& 设置命令按钮字符色为黄色
Form2. Command1. FontName＝"楷体"　　　&& 设置命令按钮为楷体
Form2. Command1. FontSize＝16　　　　　&& 设置命令按钮字体大小

采用 WITH 语句，设置如下：

WITH Form2. Command1
. Visible＝. t.
. Caption＝"确定"
. Left＝120
. Top＝250
. Height＝30
. Width＝40
. BackColor＝RGB(255,0,0)
. ForeColor＝RGB(128,128,0)
. FontName＝"楷体"
. FontSize＝16
ENDWITH

4. 调用对象的方法程序

若对象已经创建，可以在应用程序的任何地方调用该对象的方法程序。调用方法程序的格式为：引用对象. 方法程序(［传递参数表］)

调用时视各方法不同，有的方法无参数，有的方法有可选的参数，有的方法必须有全部参数。在调用方法时，如果不需要返回值，后面的"()"可有可无。

例如，调用显示一个表单对象"Form1"的方法。

程序代码：Form1. Show

5. 响应事件

当事件发生时,该事件的过程代码就将被执行。

用编程方式可以使用 Mouse 命令产生 Click、Doubleclick、Mousemove、Dragdrop 事件,使用 Error 命令产生 Error 事件,或使用 Keyboard 命令产生 Keypress 事件,除此之外不能用其他的程序设计方法产生其他事件,但可调用与它们相关的过程。

5.1.4 程序设计的基本方法

1. 编程基本方法

在面向对象的程序设计中,对象是组成软件的基本元件。每一个对象可看成是一个封装起来的独立元件,在程序中担负某个特定的任务。因此,在设计程序时,不必知道对象的内部细节,只是在需要时,对对象的属性进行设定和控制即可。图 5-2 表示了对象和应用程序的关系。

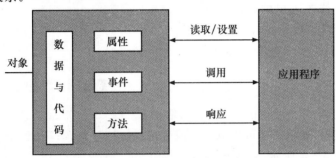

图 5-2 对象和应用程序的关系

2. 编程步骤

在进行面向对象程序设计时,首先要考虑的是如何创建对象,其次考虑对象的功能和可以进行的操作。其中应该包含以下几个要点:

①希望用户能够达到反应用户意图的目标。

②为实现这一目标,对象应具备的环境、状态、条件(数据环境)。

③以这一目标为中心,对象应该具有的可以实施的功能及配套参数。

④作为一个完备的整体所应配备的最佳结构体系。

⑤为用户使用方便提供的最佳接口、交互式操作界面。

5.2 表单及表单设计器

5.2.1 表单对象

表单是 Visual FoxPro 的一种可视对象。表单提供了一个用户和应用程序进行交互的界面,用户可以通过表单输入数据和查询。开发表单的主要任务是设计表单,进行各类可视化的控件对象的制定。面向对象的程序设计方法支持 Visual FoxPro 表单的可视化设计。

Visual FoxPro 提供了一个强大的"表单设计器",使我们可以极为便利地设计应用程序中的表单，以及表单中包含的容器和控件对象。设计方法是通过可视化的面向对象的程序设计思路，对表单及相关控件的属性、事件、方法进行功能定制。

一般说来，开发一个表单应用程序遵循这样几个步骤：

①设置表单属性。

②在表单中添加控件对象。

③设置控件对象属性。

④编写输入表单及控件的事件代码。

1. 表单属性

启动表单设计器之后，若没有出现默认的表单属性窗口，则可以通过选择"显示"菜单中或快捷菜单中的"属性"，或选择工具栏上 [图] 按钮，出现"表单属性"窗口，如图5—3所示。

在 Visual FoxPro 中，表单的属性就是表单的结构特征。通过修改表单的属性可以改变表单的内在或外在的特征。属性窗口的使用如下。

（1）窗口中的选项卡按分类显示属性、事件和方法程序。

（2）对象属性的设置可以通过单击该属性，在属性设置框中更改。√表示确认，×表示取消，f_x 打开表达式生成器，表示属性可以取函数或表达式的返回值。如图5—4所示，将表单的标题属性设为"学生管理"。

（3）属性可以在表单设计时，用上述方式静态地设计，也可以在程序运行中用代码动态地改变。但有部分属性在设计时不可用，在运行中只读。在"属性"窗口，单击右键弹出快捷菜单中，可以选择"重置为默认值"。表5—10列出了表单对象的部分常用属性。

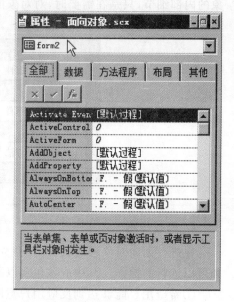

图5—3 "表单属性"窗口

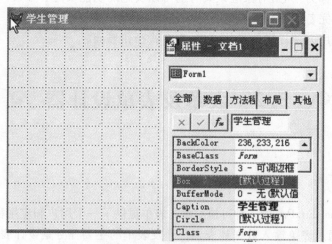

图5—4 表单的属性设置

表5-10 表单常用属性

属 性	说 明
Caption	指定在表单标题中显示的文本
Name	指定在代码中引用表单对象时所用的名称
Backcolor ,Forecolor	指定用于表单的背景色或前景色
ControlBox	指定运行时在表单的左上角是否显示控制菜单框
Maxbutton，Minbutton	指定表单运行时是否含有最大化按钮或有最小化按钮
Visible	指定表单运行时是可见还是隐藏

在选择 Backcolor,Forecolor 属性时,Visual FoxPro 采用 Windows 红绿蓝(RGB)配色方案,因此,该属性的 3 个 0~255 之间的值分别代表红、绿、蓝 3 个分量。颜色属性可以通过"选择框"按钮选取系统调色板颜色。

2. 表单事件

选择"显示"菜单或快捷菜单中的"代码",或选择工具栏上按钮,出现"代码编辑"窗口,如图 5-5 所示。

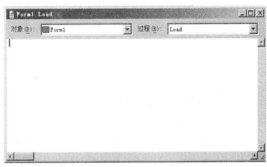

事件是由表单识别的一个动作。可以编写相应的代码对此动作进行响应。事件过程可以由一个用户动作产生,如单击鼠标或按下一个键;也可以由程序代码或系统产生,如计时器。

在"代码编辑"窗口中,左边是表单对象名以及其他控件对象名列表,右边是对象列表框中选中对象的方法和事件。

图 5-5 表单事件"代码编辑"窗口

例如,可以在表单的 Click 事件过程中编写程序,从而在单击表单时,更改表单的颜色。在"代码编辑"窗口中输入:

this. backcolor＝rgb(255,0,0)。

选择"文件"菜单中"保存",将文件保存为.SCX 表单文件。选择"程序"菜单中"运行"或单击工具栏按钮,则可以看到运行结果:鼠标单击窗体,则窗体背景颜色变成了红色。表单对象的部分常用事件见表5-11。

表5-11 表单对象的部分常用事件

事 件	说 明
Click	在表单空白区单击鼠标左键时,此事件发生
Dblclick	当连续两次快速按下鼠标左按钮并释放时,此事件发生
Rightclick	当用户在控制上按下并释放鼠标右键时,此事件发生
Load	在创建对象前发生
Init	在创建对象时发生
Resize	当调整对象大小时发生
Unload	在对象被释放时发生

注意:表单的 Init()事件和 Load()事件发生的时间顺序。对于鼠标双击事件,如果在系统指定的双击时间间隔内不发生 DblClick 事件,那么表单会认为这是一个 Click 事

件。因此,当向这些相关事件中添加过程时,必须确认这些事件过程不冲突。

3. 表单方法

属性窗口中的"方法程序"选卡中,列出了表单可操作执行的基本方法。

例如,方法 Circle 是在表单中画圆形,Cls 是清除表单内容。

在表单的 Load 事件中输入:This. Circle(50,100,100)

在表单的 Click 事件中输入:This. Cls

运行表单后,将会发现在表单的(100,100)坐标处,有一半径为 50 像素单位的圆,当单击表单后,则圆消失。表单的部分常用方法见表 5—12。

表 5—12　表单的部分常用方法

方　　法	说　　明
Box	在表单对象上画矩形
Circle	在表单上画一个圆或椭圆
Cls	清除表单中的图形和文本
Move	移动表单上的一个对象
Refresh	重画表单或控件,并刷新所有值的显示
Release	从内存中释放表单

5.2.2　表单的创建

创建一个新表单的主要方法有:

①选择"文件"→"新建"→"表单"→"新建文件"。

②在项目管理器中,选择"文档"→"表单"→"新建"→"新建表单"。

③在命令窗口中,输入命令"CREATE Form"。

进入"表单设计器"界面,如图 5—6 所示。

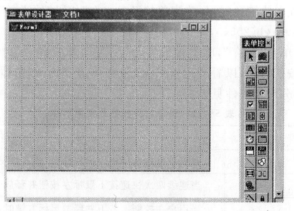

图 5—6　"表单设计器"界面

在"表单设计器"窗口中,Form1 是系统给定的第一个表单对象名称,可以通过对象的属性窗口修改名称及其他参数。"表单控件"是给表单提供控件的主要工具栏。

表单应用的一个重要的方面是与数据表联系在一起,以表单形式显示数据表中的指定字段。在 Visual FoxPro 中有多种方法可以实现数据表单,并对数据表单上的字段可以进行设置、编辑和修饰。

1. 快速表单

"表单"菜单项中,有一个"快速表单"命令能够在当前表单上迅速产生数据表字段。例如,为学生档案表创建一表单窗口,操作步骤如下。

(1)在表单窗体中选择"表单"→"快速表单",如图5—7所示。

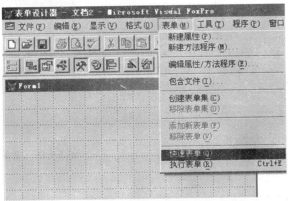

图5—7 进入快速表单

(2)进入表单生成器,在"字段选取"卡中选择表名、字段名,在"样式"卡中选择系统给定的表单样式,如图5—8所示。我们选定学生档案表及其所有字段。

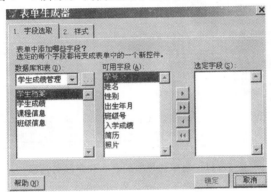

图5—8 "表单生成器"对话框

(3)在"样式"选卡中,选择浮雕样式,出现定义的表单窗口,如图5—9所示。

图5—9 快速数据表单生成窗口

在表单窗口中,依次列出了学生档案表的字段标题和字段。其实这些都是表单上的新增控件对象,可依据应用需要在属性窗口中进行修改。点击字段标题可以发现,标题对象是由标签控件表示的,同样,字段对象是由文本框等控件制定的,其ControlSource属性和相应的数据表字段绑定。运行该表单,各文本框显示学生档案表的第一条记录。其中,备注型字段"简历"采用的是多行文本编辑框。

在实际应用中,往往先创建一个快速表单,作为设计基础,再进一步通过设置、修改、添加控件等操作,完善表单的各种应用。

2.表单向导

表单向导使得表单制作更加简便。在表单向导的引导下,一步一步地按照系统给定的模式进行选择,产生表单窗口。在产生的表单中,具有翻页、编辑、查找、添加、删除等功能。下面仍以学生档案表为例,分解表单向导的操作步骤。

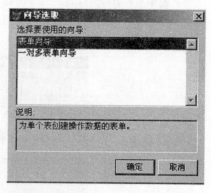

(1)选择"新建"→"表单"→"向导",或选择"工具"→"向导"→"表单"进入"向导选取"对话框,如图5—10所示。

(2)选择"表单向导"→"确定"按钮,进入表单向导的第一个窗口,如图5—11所示。

图5—10 表单"向导选取"对话框

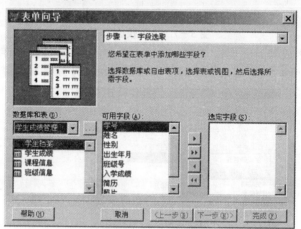

图5—11 表单向导中的表名和字段名选取

(3)选择表及其全部字段,单击"下一步"按钮,进入"样式选择"对话框,如图5—12所示。

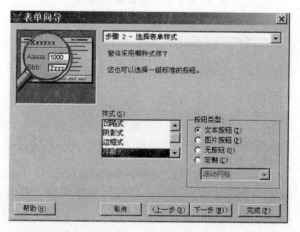

图5—12 表单向导中的"样式选择"

(4)在图5—12所示的对话框中,可以选择表单样式和表单上的按钮类型。我们选择浮雕式和文本按钮。单击"下一步"按钮,进入"排序次序"对话框,如图5—13所示。

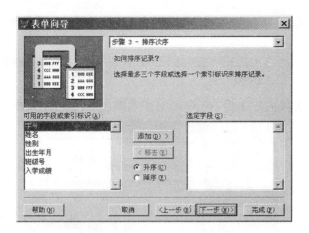

图5—13 表单向导中的排序字段选取

(5)在图5—13所示的对话框中,可选择要排序的关键字段。若应用程序无排序要求,直接单击"下一步"按钮,进入最后的设置,如图5—14所示。

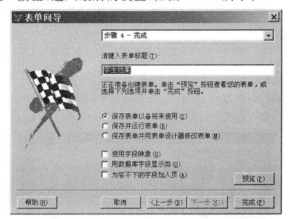

图5—14 表单向导的最后设置

(6)在图5—14中,可以预览显示效果。单击完成后,弹出"保存文件"对话框,保存为"学生档案.scx",运行该文件后,结果如图5—15所示。

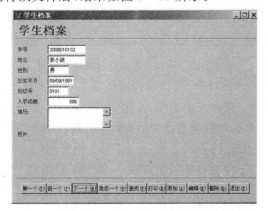

图5—15 "学生档案"表单窗口

在图5—15中,窗口底部有一排按钮,用来完成浏览等功能。其中"编辑"按钮使得记录可修改,否则数据记录是只读的。"查找"按钮弹出一个搜索对话框,可以设置两个相"与"或相"或"的查找条件。"打印"按钮弹出输出对话框,可以选择打印的信息。

当表单涉及两张或以上的数据表时,则在"表单选取"对话框中,选择一对多表单向导。

下面以创建一个涉及"学生档案"和"学生成绩"两张表的成绩管理表单为例进行介绍。

①选择一对多表单向导之后,进入"一对多表单向导"选项对话框,如图5-16所示。

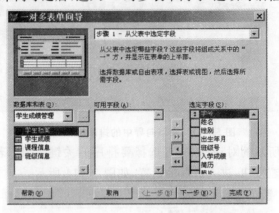

图5-16 一对多表单向导的父表选取

由于"学生档案"中的"学号"与"学生成绩"中的"学号"是一对多的关系,父表应代表该关系为一,子表代表该关系为多。因此,在图5-16中选择父表为"学生档案"。同样,在下一步对话框中,选择子表为"学生成绩",进入图5-17所示的对话框。

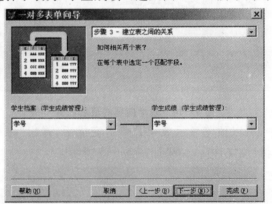

图5-17 一对多表单向导的关联设置

②在图5-17所示的对话框中,可以看到两张表之间的关联已经建立,如果关联条件不对,可以调整,通过选择正确的关键字段,符合一对多关系。单击下一步,进入选择样式对话框同图5-15所示,此后的操作同上述的单表表单。运行该表单的结果如图5-18所示。

在图5-18中,表单上容纳了两张表,其中"学生档案"作为父表,按"学号"提供唯一的数据记录,"学生成绩"作为子表显示在表格中,按"学号"提供相应的记录。

5.2.3　表单中控件的调整和制定

1. 调整控件

调整控件包括在表单上选定控件,调整控件的大小、位置、删除和剪贴控件等。

①选定控件。在表单窗口中的所有操作都是针对当前对象的,在对控件进行操作前,应先选定控件。

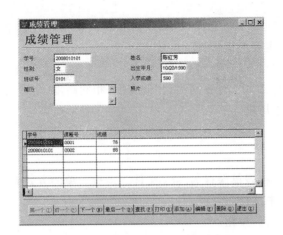

图 5-18　一对多关系表单运行结果

②选定单个控件。单击控件,控件四周会出现 8 个正方形句柄,表示控件已被选定。

③选定多个控件。按下 Shift 键,逐个单击要选定的控件,或按下鼠标按钮拖曳,使屏幕上出现一个虚线框,放开鼠标按键后,圈在其中的控件就被选定。

④取消选定。单击已选控件的外部某处。

⑤调整控件大小。选定控件后,拖曳其四周出现的句柄,可改变控件的大小。

⑥调整控件位置。选定控件后,按下鼠标左键,拖曳控件到合适的位置。

⑦删除控件。选定控件后,按 Del 键或选定编辑菜单中的清除命令。

⑧剪贴控件。选定控件后,利用"编辑"菜单或"快捷"菜单中的剪切、复制和粘贴命令。

2.制定控件属性

当一个控件创建好后,就会在属性窗口的对象选项下拉式列表中看到该对象的名字(系统默认)。在选定控件(单击控件或在属性窗口的下拉式列表框中选取)后,可对其设置属性。对不同的控件来说,有一些属性是用户需要设置的,而另外一些属性是用户可以不设置的,而使用系统给定的默认值。

5.2.4 表单的修改与运行

1.表单的修改

(1)复制和删除表单控件

在设计表单时,可以复制一个已在表单上设置好的控件,以简化表单的设计,保持表单格式的一致性。

1)复制控件的一般步骤如下:

① 选中被复制的控件,单击该控件,使控件被八个小黑点包围。

② 选择:编辑→复制。

③ 选择:编辑→粘贴,在被复制控件处多了一个相同的控件。

④ 用鼠标将该控件拖动到所需的位置上。

2)删除控件的一般步骤如下:

① 选中将删除的控件。

② 按"Delete"键(或操作:编辑→剪切)。

(2)表单中多个控件的布局

课堂速记

利用"格式"菜单项或布局工具栏,可以对齐和调整报表或表单上多个控件的位置,美化表单的布局。其主要的操作有:

①左边对齐、右边对齐、顶边对齐、底边对齐、垂直居中对齐、水平居中对齐。

②恰好容纳(一行文本)、对齐网格、相同宽度、相同高度、相同大小。

③水平居中、垂直居中。

④置前、置后。

2. 表单的运行

设计好表单之后,将表单保存为.scx文件。运行表单的方式有:

①从"程序"菜单中选择"运行"。

②单击工具栏"运行"按钮。

③在项目管理器中,选定表单,选择"运行"。

④在命令窗口中,输入:do form〈表单文件名〉。

5.3 常见控件

5.3.1 标签

标签用于显示一段固定的文本信息字符串,它没有数据源,把要显示的字符串直接赋予标签的"标题"(Caption)属性即可。标签不能用Tab键选择,当运行表单时,用户不能在标签控件中进行编辑,标签标题文本最多可包含的字符数目是256。

显示文本的格式由标签的属性设置。

1. 标签常用属性

标签常用属性见表5—13。

表5—13 标签常用属性

属性	功能
Caption	显示文本内容,最多允许256个字符
AutoSize	指定标签是否可随其中的文本的大小而改变
BackStyle	指定标签的背景是否透明:0—透明,可看到标签后面的东西;1—不透明,背景由标签设置
AlignMent	指定文本在标签中的对齐方式 0—左,1—右,2—居中
ForeColor	指定标签中文本的颜色
FontSize	标签中文本的字号大小
FontName	标签中文本的字体
FontBold	标签中文本是否加粗
Left	标签左边界与表单左边界的距离
Width	设定对象的宽度。
Wisible	指定标签是否可见

2. 用标签产生特殊效果的方法

①字排多行:在需换行的地方加 chr(13)回车符,例如 caption＝"你"＋chr(13)＋"好"。

②改变字的方向:设 fontname 属性为带@的字体名。

③字从小到大:用一个循环不断改变标签的 fontsize,同时调整 top 和 left 属性,每次增加一个值,直到最大时停止:this. top＝thisform. height/2－this. fontsize/2。

④立体字:设计两个标签,将另一个标签的相对位置略加移动,forecolor 设置不同的颜色,就可以产生立体字的效果。

5.3.2 文本框

文本框(TextBox)通常是以表的一个字段或一个内存变量作为自己的数据源。

1. 文本框常用属性

文本框常用属性见表 5－14。

表 5－14 文本框常用属性

属性	功能
PasswordChar	口令字符。此属性赋值后,文本框中的内容均用此内容显示,但实际内容并没有变化
ReadOnly	是否只读。设置为只读后,文本框只能显示 value 属性中的内容,不能修改
Value	存放值。设计时可用此属性赋初值.初值类型决定文本框的数据类型
Inputmark	控制输入数据的格式和显示方式.参数及意义如下: 控制输入的:X—任意字符 9—数字和＋—号 ＃—数字和＋—号和空格 控制显示的:＄—货币符号 ＄＄—浮点货币符号 ＊—数值左边显示" ＊ " .—指示小数点位置 ,—小数点左边的数字用","分隔
ControlSource	指定与文本框绑定的数据源
SelStart	文本框中被选择的文本的起始位置
SelLength	文本框中被选择的文本的字符数
SelText	文本框中被选择的文本
SeleCtentry	当文本框得到焦点时是否自动选中文本框中的内容
Format	指定 Value 属性数据输入输出数据格式。参数及意义如下: A—字符(非空格标点) D—当前日期格式 E—BRITISH 日期数据 K—光标移入选择整个内容 L—数值数据加前导0 M—InputMask 属性中可放入输入选项表 T—去头尾空格 !—转换为大写字母 ^—用科学计数法显示数据 ＄—显示货币符 R—屏蔽字符不放入控制源中

例如,如果表单中一个文本框用于显示和输入日期型数据,则应该将其 Value 属性设为 { };如果一个文本框用于输入 5 个任意字符,应该将其 Inputmark 属性设为 XXXXX;如果一个文本框用于输入 6 位的数字,则应该将其 Inputmark 属性设为 999999。

2. 文本框常用的事件

文本框常用的事件见表 5—15。

表 5—15 文本框常用的事件

事件	发生时间
When	在得到焦点之前发生
GotLocus	在得到焦点时发生
Valid	在失去焦点前发生
LostFocus	在失去焦点时发生

例如,可在 when 事件的代码中保存文本框中原来的内容,可在 valid 事件代码中验证文本框中输入内容的正确性。

5.3.3 命令按钮及命令按钮组

1. 命令按钮(CommandButton)

通常命令按钮用来模拟计算机键盘的执行功能,以图形的外观显示在表单中,完成某些功能,例如确认、撤销、执行、完成等操作。

2. 命令按钮组(CommandGroup)

当一个表单需要多个命令按钮时,可以使用命令按钮组,这样可使事件代码更简洁、界面更加整洁和美观。命令按钮组中各命令按钮的排列方向和位置可根据用户的需要进行调整,操作的步骤如下:

①单击选中表单中的命令按钮组。

②右击命令按钮组,在快捷菜单中选择"编辑"命令。

③选中命令按钮后,根据需要进行相关操作(也可在"属性"窗口的对象选择列表框中直接选择命令按钮组中各个命令按钮)

命令按钮(组)的常用属性见表 5—16。

表 5—16 命令按钮(组)的常用属性

属性	功能
Caption	标题文本. 含"\"、"<"字符,输入该字符可选择该命令按钮
Picture	标题图像
Default	为.T.时,按回车键可选择此命令按钮
Cancel	为.T.时,按 esc 键可选择此命令按钮
Value	命令按钮组中被选中的命令按钮的序号
ButtonCount	命令按钮组中的命令按钮的个数

5.3.4 编辑框

编辑框与文本框的功能类似,都是用于显示,输入和修改数据。它们之间的区别是文本框是在一行中显示数据,输入的内容放不下,会自动向左移动;而编辑框为若干行的一个区域,当编辑框的 ScrollBars 属性设为.T.,还可包含滚动条,适合编辑较多内容的文本。

此外,编辑框的 Integraheight 属性可控制编辑框的高度是否可自动调整,以便其最后一项的内容能被完全显示。

编辑框的常用属性见表5-17。

表 5-17 编辑框的常用属性

属性	值	说明
AllowTabs	.T.	允许用户插入 Tab 键,使用 Ctrl+Tab 移到下一个控件
	.F.(默认)	不允许用户插入 Tab 键
HideSelection	.T.(默认)	编辑框没有获得焦点时,编辑框中选定的文本显示为选定状态
	.F.	编辑框没有获得焦点时,编辑框中选定的文本不显示为选定状态
ReadOnly	.T.	用户不能修改编辑框中的内容
	.F.(默认)	用户可以修改编辑框中的内容
ScrollBars	0	编辑框没有滚动条
	2(默认)	编辑框滚动条是垂直的
RowSourceType	0(默认)—无	在运行时使用 AddListItem 或 AddListItem 方法填充列
	1—值	使用由逗号分隔的列填充
	2—别名	使用 ColumnCount 属性在表中选择字段
	3—SQL 语句	SQL SELECT 命令创建一个临时表或一个表
	4—查询(.QPR)	指定有 .QPR 扩展名的文件名
	5—数组	设置列属性可以显示多维数组的多个列
	6—字段	用逗号分隔的字段列表。字段前可以加上由表别名和句点组成的前缀
	7—文件	用当前目录填充列。这时 RowSource 属性中指定的是文件梗概(诸如 *.DBF 或 *.TXT)或掩码
	8—结构	由 RowSource 指定的表的字段填充列
	9—弹出式菜单	包含此设置是为了提供向后兼容性
SelectedItemBackColor	同其他颜色属性值	列表中选中项的背景颜色
SelectedItemForeColor	同其他颜色属性值	列表中选中项的字体颜色

5.3.5 选项按钮组

选项组(OptionGroup)是包含选项按钮的一种容器。一个选项组中往往包含若干个选项按钮,但用户只能从中选择一个。当用户选择某个选项按钮时,该按钮被选中,而选项组中的其他选项按钮都未被选中。被选中的选项按钮中会显示一个圆点。选项组又称选项按钮组。

选项按钮只能出现在选项组中,不能单独存在,但选项组中每个选项按钮也都有自己的属性、方法和事件。

选项组的常用属性见表5-18。

表 5－18　选项组的常用属性

属性	说明
AutoSize	根据其中的按钮个数及大小自动调整大小
BottonCount	指定按钮个数
ControlSource	指定与对象建立联系的数据源
Enabled	指定选项按钮组是否响应用户引发的事件
SpcialEffect	指定控件的格式
Value	指定被选中的选项号

5.3.6　复选框

复选框(CheckBox)通常用于表示一个单独的逻辑型字段或逻辑变量。通常代表一个逻辑值。复选框由一个方框和一个标题组成,一般情况下,用空框表示该复选项未被选下,而当用户选中某一个复选项时,该复选框前面会出现一个对号。

1. 复选框的常用属性

复选框的常用属性见表 5－19。

表 5－19　复选框的常用属性

属性	说明
AutoSize	根据标题文本自动调整空间的大小
SpecialEffect	指定控件的格式(三维、平面、热追踪)
Visible	指定控件是可见还是隐藏
Enabled	指定与复选框是否响应用户引发的事件
ControlSource	指定复选框的数据源,一般为表的逻辑型字段。字段值为.T.,则复选框被选中;字段值为.F.,则复选项未被选中;字段值为.NULL.,则复选框以灰色显示
Value	指定当前复选框的状态。0－未选中 1－选中 2－禁用;也可设置.T.为选中;.F.为未选中;.NULL.或 NULL 为禁用
Caption	指定复选框的标题
Picture	指定一个图像作为复选框的标题
Style	指定显示风格:0－标准状态;1－图形状态
DisableForeColor	指定复选框失效时的前景色
DisbaleBackColor	指定复选框失效时的背景色

2. 复选框的常用事件

一个是 Click 事件,另一个是 InteractiveChange 事件。

复选框的 3 种状态如图 5－19 所示。

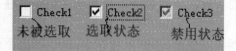

图 5－19　复选框的 3 种状态

5.3.7 列表框

列表框(ListBox)主要用于创建一个可滚动的列表,允许用户从列表中选择所包含的选项。

1. 列表框的常用属性

列表框的常用属性见表5－20。

表5－20　列表框的常用属性

属性	作用
RowSource	列表项内容从何处来(来源)
RowSourceType	列表项内容来源的类型,详见注
DisplayValue	选择值
BoundColumn	在列表框包含多项时指定哪一列作为 value 属性的值
ColumnCount	行源列数
ControlSource	指定与列表框对象建立联系的数据源
List(i)	指定第 i 行的值
Selected(i)	指定第 i 行是否被选中
MultiSelect	是否可以同时选取多项
MoverBars	项目是否可以移动
Sorted	当 rowsourcetype 为 0 和 1 时,列表项是否按字母大小排序
Listindex	指定列表框中当前被选定项的索引值
IntegralHeight	指定列表框的高度是否可自动调整
ListCount	指定列表框中数据项的数目
IncrementalSearch	指定在键盘操作时是否支持增量搜索。值为.T.,当用键盘选择列表项,用户敲一个键,系统将自动定位到与输入字母相应的项前

注:列表框控件的数据项来源类型(RowSourceType 属性可指定的值)见表5－21。

表5－21　列表框控件的数据项来源类型

类型	数据项来源
0—无	运行时使用列表框的 Additem 和 Addlistitem 方法加入
1—值	将列表框的内容在设计时直接写在该属性中
2—表别名	由 ColumnCount 确定表中选择的字段。当用户选择列表框时,记录指针将自动移到该记录上
3— SQL 语句	见 SQL 部分,由执行的结果产生
4—查询文件名	见查询部分,由查询结果产生
5—数组名	指定数组所有元素的值
6—字段名表	可用表别名作为字段前缀。当用户选择列表项时,记录指针将自动移到该记录上
7—文件名	描述框架,可包含"＊"和"?"来描述在列表框中显示的文件名
8—结构	所有数据表内的字段名称
9—弹出式菜单	提供向后兼容

2. 列表框控件的常用方法

（1）AddItem 方法

【语法】列表框名称.Removeitem(〈列表项序号〉)。

【功能】将列表框控件中的指定列表项从列表中移去。

（2）RemoveItem 方法

【语法】列表框名称.Additem(〈字符表达式〉)。

【功能】将指定表达式的值添加到列表框控件的项目列表中。

注意：只有当列表框的数据项来源类型（RowSourceType）定义为"0－无"、"1－值"和"8－结构"的情况下，才能对其实施添加或移去列表项的操作。

（3）Requery 方法

【语法】控件名称.Requery( )。

【功能】在列表框控件的数据项来源已发生了变化的情况下，重新查找并更新列表框中的数据项内容。

3. 列表框的常用事件

Click 事件、DblClick 事件和 InteractiveChange 事件。

5.3.8　组合框

组合框（Combobox）：组合框和列表框的功能类似，但使用更为灵活，更为常用。实际上，组合框是由一个文本框和一个列表框组成的，组合框又被称为弹出式菜单。用户使用时，单击文本框右侧的三角即可展开下拉列表。

1. 组合框常用的属性

组合框常用的属性见表5－22。

表 5－22　组合框常用的属性

属性	作用
RowSource	组合框内容从何处来（来源）
RowSourceType	组合框内容来源的类型
DisplayValue	选择值
BoundColumn	在组合框包含多项时指定哪一列作为 Value 属性的值
ColumnCount	行源列数
ControlSource	指定与列表框对象建立联系的数据源
List(i)	第 i 行的值
Selected(i)	第 i 行是否被选中
MultiSelect	是否可以同时选取多项
MoverBars	项目是否可以移动
Sorted	当 rowsourcetype 为 0 和 1 时，组合框内容是否按字母大小排序
Listindex	组合框中当前被选定项的索引值
IntegralHeight	组合框的高度是否可自动调整
ListCount	组合框中数据项的数目
Style	指定组合框的类型。参数如下：0－下拉组合框，也可在文本框中直接输入；2－下拉列表框，只能在展开的下拉列表中选择

▶ 课堂速记

2．组合框常用的方法

组合框常用的方法见表5－23。

表5－23　组合框常用的方法

方法	作用
Additem	增加列表项
Removeitem	移去列表项
Clear	移去所有列表项
Requery	当rowsourcetype为3和4时，根据rowsource中的最新数据重新刷新列表项

3．组合框常用事件

列表框的常用事件为Click（单击）事件、DbLcLick（双击）事件和InteractiveChange事件（当用户使用键盘或鼠标更改组合框的值时发生的事件，例如，我们单击组合框右侧的三角展开下拉列表时，即会发生此事件）。

5.3.9　微调按钮

微调按钮：可在一定范围内控制数据的变化，同时又可以像文本框一样输入数据．

1．微调按钮的常用属性

微调按钮的常用属性见表5－24。

表5－24　微调按钮的常用属性

属性	作用
Value	指示微调控件的当前值
KeyBoardHighValue	指定键盘输入数值高限
KeyBoardLowValue	指定键盘输入数值低限
IncreMent	指定微调按钮向上和向下的微调量，默认值为1.00
InputMask	指定微调值，与increment属性配合使用可设置带小数的值
SpinnerLowValue	指定鼠标控制数值的下限值
SpinnerHighValue	指定鼠标控制数值的上限值

2．微调按钮的常用事件

微调按钮的常用事件有，Downclick事件：在单击向下箭头时产生；Upclick事件：在单击向上箭头时产生；Interactivechange事件：微调按钮数值改变时发生。

5.3.10　计时器

计时器（Timer）：提供计时功能，即每隔一段指定的时间就产生一次Timer事件，用于控制某些进程。

1．计时器的常用属性

计时器的常用属性见表5－25。

课堂速记

表 5—25　计时器的常用属性

属性	作用
Interval	计时间隔(单位为 ms,即毫秒)。此属性值为 0 时,不产生 timer 事件
Enabled	控制计时器是否启动

2. 计时器的常用事件和方法

计时器常用的事件是 Timer 事件,常用的方法是 RESET。

在设计阶段,设置 Interval 大于 0,Enabled 为 .T.,则当表单启动时计时器便开始计时。若 Enabled 为 .F.,则计时器不启动,调用 RESET 方法可使计时器重新从 0 开始计时。计时器的计时间隔一般不能太小,否则频繁产生 Timer 事件会降低系统的效率。计时器不能自动直接实现定时中断,比如希望 8 点产生定时事件,应将 8 点时间与当前时间 Datetime()进行相减,换算成秒数后作为 Interval 属性值。

注意:计时器控件在运行时是不可见的,所以在设计时,可把它放置在表单的任意位置。

5.3.11　图像与形状

利用图像控件可以在表单上添加图像,图像文件的类型可为 bmp、ico、gif、jpg 等。形状控件用于在表单上画出矩形、圆角形、正方形、椭圆形等形状。

1. 图像控件的常用属性

图像控件的常用属性见表 5—26。

表 5—26　图像控件的常用属性

属性	作用
Top	距父对象上方的距离
Left	距父对象左方的距离
Height	对象的高度
Width	对象的宽度
Enabled	指定对象是否可用
Visible	指定对象是否可见
Picture	指定对象中显示的图片
Stretch	指定如何对图片的尺寸进行调整以适应图像控件的大小(剪裁、等比填充、变比填充)

2. 形状控件的常用属性

形状控件的常用属性见表 5—27。

表 5—27　形状控件的常用属性

属性	作用
Bordercolor	指定形状控件边框线的颜色
Borderstyle	指定边框线的样式(实线、虚线、点线、点划线……)
Borderwidth	指定边框线的宽度
Curvature	指定形状控件的角的曲率(角弧度),它的取值应介于 0～99 之间
SpecialEffect	指定控件的格式(三维、平面)

形状控件的形状由 Curvature（角曲率）、Width 与 Height 的属性指定，具体见表 5—28。

表 5—28　形状控件的形状

Curvature	Width 与 Height 相等	Width 与 Height 不等
0	正方形	矩形
1～99	小圆角正方形→大圆角正方形→圆	小圆角矩形→大圆角矩形→椭圆

5.3.12　表格

表格（grid）类似于一个浏览器，是按行和列操作和显示的容器。在实际应用中，可用表格来浏览或编辑表文件记录内容。若浏览或编辑表中的记录，须在主程序中打开表文件。用表格显示记录时，表格的每一行显示一条记录，每列显示一个字段。运行时，在表格中通常使用鼠标的单击定位，然后可对选择的内容进行编辑或修改，修改后的内容自动存到表文件中。如果表格的宽度不足以显示全部字段，可用鼠标拖动表格下面的滚动条或单击表格下面的左右箭头进行调整。

一个表格对象包含一个表头（header）对象和一个或多个列数据操作对象。表头对象用于列的标题的显示内容和格式。数据操作对象是对列数据进行操作时所选用的控件。在设计阶段，系统自动加入一个文本框对象作为列数据操作对象，用户可加入其他控件对象。例如，某列对象与表中的逻辑型字段绑定，如在该列中以检查框的形式编辑和显示，则应在该列中加入一个检查框（check）控件。一个列中如有一个以上的数据操作对象，则应设置列对象的 currentcontrol 属性确定当前使用哪一个。

1. 表格的常用属性和方法

表格的常用属性见表 5—29。

表 5—29　表格的常用属性

属性	作用
ColumnCount	列数. 如 columncount 为 −1，运行时表格将具有和记录源中字段一样多的列
DeleteMark	是否具有删除标记
RecordSourceType	表格中显示记录的类型（记录源类型）。参数如下：0—表，1—别名，2—查询（.qpr），3—提示，4—sql 说明
RecordSource	对应 recordsourcetype 的名称（记录源）
ChildOrder	与父表主关键字相连的子表中的外部关键字
LinkMaster	表格中显示子表的父表

表格常用的方法见表 5—30。

表 5—30　表格常用的方法

方法	作用
Activecell(行,列)	激活指定单元格
Addcolumn(列号)	在指定位置添加一列，但 columncount 属性值不变
AddObject	在列中添加对象

表格中列对象的常用方法见表 5—31。

表5—31　表格中列对象的常用方法

属性	作用
ControlSource	列控制源
CurrentControl	列接收和显示数据使用的控件
Sparse	CurrentControl 指定的控件是否影响整个列 .T.—只有在列中的活动单元格才以 CurrentControl 指定的控件接收和显示数据,其他单元格用文本框显示; .F.—列中所有单元格均以 CurrentControl 指定的控件显示数据,活动单元格接收数据

说明:列还可用 Inputmark,Format 和 Alignment 等属性控制数据的输入内容、显示格式和对齐方式。如要进行有条件的格式编排,可使用一组动态格式设置属性。例如,Dynamicfontname、Dynamicfontsize、Dynamicforecolor 设置动态字体,字号和颜色。

表头对象常用属性见表5—32。

表5—32　表头对象常用属性

属性	作用
Caption	列标题文本
Alignment	列标题文本的对齐方式

在表格中不仅能显示字段数据,还可以在表格的列中嵌入文本框、复选框、下拉列表框、微调按钮及其他控件。例如,假设表中有一个逻辑型字段,当运行表单时,使用复选框显示其记录值"真"或"假"(.T. 或.F.),比使用文本框更加直观,修改这些字段的值只需设置或清除复选框即可。

用户可在"表单设计器"中交互地在表格中增删列和在列中交互式添加控件和删除已加入列中的控件。

2. 表格操作

(1)表格中列的选择

①选择表格,右击表格,在菜单中选择"编辑",此时表格进入编辑状态。

②在表格的编辑状态下,单击列的表头区即选择列的表头对象,若单击列的非表头区则选择该列。

③可设置列的 controlsource 属性为表中的相应字段名。

(2)表格中列的增删及移动

在表格的编辑状态下,按 Delete 键即删除该列。列删除后,表格的 columncount 属性值会自动减一。

(3)在表格中增加列

选中表格,在"属性"窗口中,改变表格的 columncount 属性值即可。

(4)在表格的列中增加控件

①右击表格,选菜单中的"编辑"命令,使表格进入编辑状态。

②在表格的编辑状态下,点击表格中某一列的非表头区,即选择了该列。

③选"表单控件工具"栏中的某一个控件,然后单击该列对象,即将该控件加入到该列中。

(5)删除列中的控件

① 在"属性"窗口的"对象"列表框选择要移动的控件。

②按 Delete 键即可将该控件删除。

除了交互式向表格中添加控件外,也可以通过编写代码在运行时添加控件。使用 AddColumn 方法向表格中添加列,AddObject 方法向表格列中添加对象,RemoveObject 方法删除表格中的对象。设置 AllowHeaderSizing 和 AllowRowSizing 属性为. T. ,使运行时可改变表头和行的高度。

(6)设置表格的记录源

如果需要在表格中显示或修改表文件的内容,必须在设计时为表格指定数据源,方法如下:选择表格,然后在"属性"窗口中选择 RecordSourceType 属性。如果我们将表格的 RecordSourceType 属性设为"1-别名",然后选择 Recordsource 属性,输入一个表文件名作为属性值,则在包含该表格的程序运行时,该表文件自动打开,其中的记录显示在表格中。

(7)设置列数据源

如果在列中显示一个指定的字段,则可为该列单独设置数据源。首先,右击表格,选"编辑"命令,然后单击选中要设置数据源的列,在"属性"窗口中将其 ControlSource 属性设置为相应的字段名。

(8)添加记录

表格(Grid)控件有一个非常重要的属性:AllowAddNew 在设计阶段,如果我们将表格的 AllowAddNew 属性设为. T. ,则在运行时,当用户选中了表格中显示的一条记录,并且按一下向下的方向键,则在作为表格数据源的表文件中就会添加一条空白记录。如在程序代码中使用 APPEND BLANK 或 INSERT 等命令来添加新记录,则应将表格的 AllowAddNew 属性设为. F. 。

3. 表格生成器

(1)右击表单上的表格控件,在快捷菜单中选"生成器"命令,可以启动"表格生成器"。

(2)在"表格生成器"的"表格项"选项卡中,可以在"数据库和表"列表中选择一个默认目录中的数据库或表;若想打开其他目录中的数据库或表,可单击该列表框右侧的"…",在弹出的"打开"对话框中选择一个表打开。打开表后,Visual FoxPro 会自动将其所有字段放入"表格项"选项卡的"可用字段"列表中,用户可以选择所需字段添加到"选定字段"列表中。使用其中的双箭头按钮可将所有可用字段一次全部添加到选定字段列表中,如图 5-20 所示。

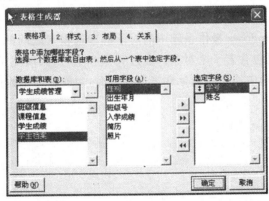

图 5-20 "表格生成器"对话框的"表格项"选项卡

（3）在"样式"选项卡中，Visual FoxPro 提供了 5 种样式，其默认值为"保留当前样式"，另外 4 种样式为专业式，标准式，浮雕式和账务式，当选择其中一项时，在对话框左侧可以预览其效果，如图 5－21 所示。

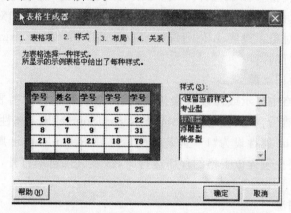

图 5－21 "表格生成器"对话框的"样式"选项卡

（4）在"布局"选项卡中，可以调整和设置行与列。拖动列标题的右边线可调整列宽；拖动行的下边线可调整行高；在"标题"文本框中可为列设置其 Caption（标题）属性；在"控件类型"列表框中可改变列的控件类型，如图 5－22 所示。

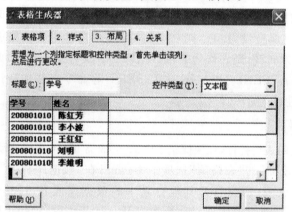

图 5－22 "表格生成器"对话框的"布局"选项卡

5.3.13 页框

页框（PageFrame）和页（Frame）：页框是页的容器，一个页框可以包含多个页。页框和页的关系类似于 Windows 操作系统中的对话框和选项卡之间的关系。页本身也是一种容器，一个页内也可包含若干个对象。通过页框和页，大大展宽了表单的大小，并方便分类组织对象。在页框中通过页面标题来选择页面，当前被选中的页面就是活动页面。

1. 页框常用属性

页框常用属性见表 5－33。

表 5-33　页框常用属性

属性	作用
PageCount	指定页数
ActivePage	指定活动页面
Tabs	指定页面标题是否显示
TabStyle	指定页面标题排列方式。0—两端排列,1—非两端排列
TabStrech	页面标题内容较长时指定所有页的标题排列方式。0—单行排列,1—多行排列

2. 页的常用方法

Zorder 方法:它的功能是把指定的页置于页框的最上层。

页面通过 Caption 属性设置标题的文本。在每个页面上可加入不同的对象。

在页面上加入和选择对象的步骤:

①右击页框,在快捷菜单中选"编辑",此时页框四周出现绿色阴影,进入编辑状态。

②单击页框中各页面的标签,即选中此页面,此时可向该页添加对象,或在"属性"窗口中设置该页面的各种属性。

3. 页面中各对象的引用

(1)绝对引用方式。

ThisForm. 页框名. 页名. 页面对象名

(2)相对引用方式。

①同一页面不同对象的引用:This. Parent. 引用对象名

②不同页面间的对象的引用:This. Parent. Parent. 引用对象名

5.3.14　Activex 控件和 Activex 绑定控件

1. ActiveX 控件(ActiveX Control)

ActiveX 控件也称 OLE 控件。OLE 是 Object Linking and Embedding(对象链接与嵌入)的缩写,是指把一个对象(Object)以链接或嵌入的方式包含在 Visual FoxPro 的 ActiveX 控件中。对象(Object)可以是用户使用其他 Windows 应用程序(如 Word,Excel,MS-Graph 等)创建的图片,文档,声音文件,图像文件等。

ActiveX 控件具有自己的属性,事件和方法程序。

向表单中添加 OLE 对象的操作步骤为:

①在"表单控件"工具栏上单击 OLE 容器控件。

②在表单上单击,屏幕出现"插入对象"对话框,如图 5-23 所示。

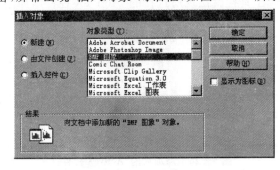

图 5-23　"插入对象"对话框

课堂速记

在对话框中有3个选项按钮：

①新建：从"对象类型"列表框中选择一种对象类型，然后创建一个新对象。

②由文件创建：选择一个已存在的对象。此时显示的"浏览"按钮，帮助用户选择已存在的对象。当选中"链接"复选框时，对象以链接方式插入，否则以嵌入方式插入。

③插入控件：显示"控件类型"对话框，用于插入 ActiveX 控件。

对于列表中没有的控件，添加的步骤：

①利用"工具"菜单的"选项"命令，出现"选项"对话框。选择"控件"选项卡，并单击"ActiveX 控件"单选按钮，出现控件列表框，如图 5-24 所示。

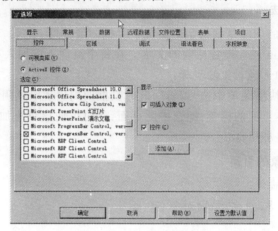

图 5-24　"控件"选项卡

②在列表中选择需要的控件，单击"确定"按钮，选定的控件就会出现在"ActiveX 控件"工具栏中。然后单击"表单控件"工具栏中的"查看类"，选择"ActiveX 控件"，如图 5-25所示。

图 5-25　"查看类"组件

③这时"表单控件"工具栏就出现所选择的"ActiveX 控件"，如图 5-26 所示。

图 5-26　添加后的"ActiveX 控件"

下面介绍两种常用的"ActiveX 控件"：

(1)进度条 ProgressBar 控件

该控件的主要的目的就是显示操作过程的进度,它在 Windows 桌面的表现形式是通过从左到右用颜色填充一个矩形区域。

①Max 属性和 Min 属性。

ProgressBar 控件具有一个范围和一个当前位置。范围反映了整个操作的全部过程,而当前位置表示过程的进展。ProgressBar 控件的 Max 属性和 Min 属性用来设置这个范围。格式如下:

表单. ProgressBar 名. Max=值。

表单. ProgressBar 名. Min=值。

这里的"值"必须大于 0,且 Max 属性要大于 Min 属性。

②Value 属性。

ProgressBar 控件的当前位置就是有 value 属性来决定的。格式如下:

表单. ProgressBar 名. Value=值。

注意:值的范围要在 Max 属性和 Min 属性之间。

③Height 属性和 Width 属性。

ProgressBar 控件的 Height 属性和 Width 属性决定填充控件的小块儿的尺寸和数目。小块儿越多,反映的进展描述就越精确。

④BorderStyle 属性。

该属性用于选择该控件的外观。

0-没有边框;1-单线边框。

(2)滑块 Slider 控件

滑块控件与音响中音量控制滑块相似。它用一个滑杆提供控制的范围值,用一个可以沿着滑杆移动的指针来指示选定值。

①滑块 Slider 控件引发的事件和方法。

移动滑块时引发 Scroll 事件,发生在 Click 事件之前。在控件的 Value 属性值变更之后引发 Change 事件,与 Scroll 事件不完全相同,Scroll 注重"滑块"移动,Change 注重 Value 值改变。返回在界面中控件的刻度数目是 GetNumTicks 方法:

②滑块 Slider 控件的属性。

滑块常用属性见表5-34。

表 5-34 图像编辑器属性设置

属性	作用
Min	滑块的最小值
Max	滑块的最大值
SmallChange	在键盘上按下左箭头键或右箭头键时,滑块移动的刻度数。
LargeChange	在键盘上按下 pageup,pagedown 键或鼠标单击滑块左右侧时,滑块移动的刻度数
Value	滑块的当前值
TickStyle	显示的刻度标记的样式
Tickrequency	刻度出现频率
SelectRange	为 true 可选择范围

2. ActiveX 绑定控件(ActiveX Bound Control)

(1)绑定控件的作用

Visual FoxPro 可以通过 OLE 技术与其他众多 Windows 应用程序的文字,表格,图表,声像。动画等各类数据进行动态交互访问,极大地扩展了 Visual FoxPro 的功能。实现以上功能的控件为 OLE 控件。在 Visual FoxPro 表中专门设置了一个特殊的字段——通用型字段,若将 OLE 控件与通用型字段进行了数据源的绑定,该控件就称为绑定型控件,即 ActiveX 绑定控件。

(2)绑定控件的建立

从"表单控件"工具栏中单击"ActiveX 绑定控件"(OleBoundControl)按钮,可在表单任意位置建立 OLE 绑定控件,然后可以将该控件的数据源属性 ControlSource 与表中的通用字段进行绑定。若用鼠标从数据环境的 Cursor 表对象中将通用型字段拖放至表单,会建立一个绑定控件,并自动绑定数据单

(3)定制绑定控件

绑定控件是个较特殊的控件,这里只介绍如下几个与众不同的重要属性。

①AutoActivate 属性。

该属性决定 OLE 对象的启动方式,有以下几种设置值。

0:必须以运行方式调用 DoVerb 方法来启动 OLE 对象,可避免用户操作启动。

1:当 OLE 控件接收到焦点时即可自动启动。

2:在 OLE 控件上双击鼠标或当接收焦点时按键 Enter 可启动之,为默认值。

3:将依 OLE 控件中内含数据相应的正常默认方式启动控件。

②AutoVerbMenu 属性。

若该属性值为 .T. ,在运行期间用鼠标右键单击 OLE 控件会出现一个下拉菜单,其内容 OLE 依控件的内容而有所不同,用户可以进行对 OLE 控件的不同处理。为避免用户操作不当而产生错误,Visual FoxPro 系统将该属性默认值预先设为.F. ,或干脆将该 OLE 控件的 Enabled 属性设为.F. 值,使用户不能直接对其访问。

③Stretch 属性。

该属性决定 OLE 对象的大小与显示区域不相符时如何填充,其相关值如下。

0:填充时不改变大小,超出部分不被显示,不足部分以空白填充。

1:按 OLE 对象原比例放大或缩小以填充显示区域,部分不能填满。

2:以填满显示区域为准放大或缩小 OLE 对象,可能有较大的变形。

5.3.15　表单集

表单集(Formset)是一个容器,其中可包含多个表单,并将这些表单作为一个组进行操作。表单集具有以下优点:

①可同时显示和隐藏表单集中的表单。

②能可视化地调整各个表单的相对位置。

③由于表单集及其所有的表单都存储在同一个 .scx 文件中,因而共享一个数据环境,数据表关联后,在一个表单中的父表移动记录指针,在另一个表单中的子表的记录指针也相应移动。

④运行表单集时,将加载表单集中所有表单和表单的所有对象。

表单集是在"表单设计器"中创建的。打开"表单设计器",从"表单"菜单中,选择"创

建表单集"命令,即可建立一个新的表单集 Formset1,它在"属性"窗口的对象列表中。并且它已经包含有一个 Form1 表单。因此可知表单集不可直接建立,它必须建立在一个表单之上。表单集建立后,可以向表单集中添加新的表单或删除表单。

(1)添加新表单

从主菜单的"表单"菜单,选择"添加新表单"命令,就可以建立新的 Form2 表单。

(2)删除表单

首先选择要删除的表单,然后从主菜单的"表单"菜单,选择"移除表单"命令,删除选定的表单。如果表单集中只剩一个表单,则"移除表单"命令无效,即表单集至少要有一个表单存在。

(3)删除表单集

如果表单集中只剩一个表单,则可删除表单集。从主菜单的"表单"菜单,选择"删除表单集"命令。

(4)表单集的释放

使用命令 RELEASE THISFORMSET 或设置为随最后一个表单的释放而自动释放,此时表单集的 AutoRelease 属性值为. T.。

5.4 类设计器及自定义类

5.4.1 类设计器的使用

Visual FoxPro 允许用户直接编码创建类,也可使用类设计器新建类。

在类设计器中,新类的属性、事件和方法主要通过属性窗口进行设计、定义和修改。新建的子类继承父类所有的属性、方法,子类又可以对父类的属性和方法进行修改、扩充,使之具有与父类不同的特殊性。

使用"类设计器"能够可视化地创建并修改类。类存储在类库(. vcx)文件中。

1. 创建新类

可以用三种方法(文件菜单、项目管理器、CREATE CLASS 命令)打开类设计器并在其中创建新类,且在设计时就能看到每个对象的最终外观。

使用文件菜单创建类的步骤:

①单击文件菜单中的"新建"→ 选择"类"→"新建文件"。

②在对话框中给出新类的名称、新类基于的类以及保存新类的类库。

③进入"类设计器"→ 根据需要在基类的基础上进行所需修改,如图 5—27 所示。

④关闭设计器并确定保存。

2. 为类指定设计时的外观

(1)为类设置一个工具栏图标

在类设计器中从类菜单中选择类信息 → 打开类信息对话框,在工具栏图标框中键入 . BMP 文件的名称和路径。

说明:工具栏图标的 . BMP 文件必须是 15×16 像素点大小。假如,图片过大或过小,它将被调整到 15×16 像素点,图形可能变形。

课堂速记

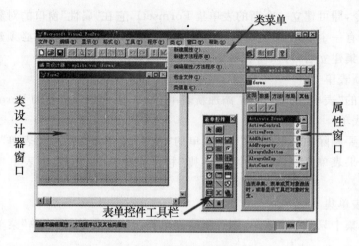

图 5—27 "类设计器"窗口

(2)为类设置一个容器图标

打开类设计器从类菜单选择类信息 → 在容器图标框中键入将在表单设计器中的控件工具栏按钮上显示的 .BMP 文件名称和路径。

3. 创建类库

可以用 3 种方法创建类库。

(1)在创建类时,在新类对话框的"存储于"框中指定一个新的类库文件。

(2)使用 CREATE CLASS 命令,同时指定新建类库的名称。

例如,下面的语句创建了一个名为 myclass 的新类和一个名为 new_lib 的新类库:

CREATE CLASS myclass OF new_lib AS CUSTOM

(3)使用 CREATE CLASSLIB 命令。

例如,在命令窗口键入下面的命令,可以创建一个名为 new_lib 的类:

CREATE CLASSLIB new_lib

4. 修改类定义

在创建类之后,还可以修改它,对类的修改将影响所有的子类和基于这个类的所有对象。也可以增加类的功能或修改类的错误,所有子类和基于这个类的所有对象都将继续修改。在项目管理器中选择所要修改的类或使用 MODIFY CLASS 命令进行修改。

5. 将表单和控件保存为类

可以将表单或表单上的控件子集保存为类定义。假如打算创建基于表单的子类,或在其他表单中重新使用这些控件,可将表单作为类定义来保存。

从文件菜单中选择另存为类→ 在另存为类对话框中,选择当前表单或选定控件→在"类名"框中输入类的名称→在文件框中输入保存类的文件名 →选择确定按钮。

5.4.2 使用编程方式定义类

用户既可以在"类设计器"或"表单设计器"中定义类,也可以在.PRG 文件中以编程方式定义类。

在程序文件中,正如程序代码不能在程序中的过程之后一样,程序代码只能出现在类定义之前,而不能在类定义之后。以下是创建类的语法的命令格式:

DEFINE CLASS ClassName1 AS ParentClass

[OLEPUBLIC]

[[PROTECTED|HIDDEN PropertyName1,PropertyName2…]

[object.]PropertyName＝exp]

[ADD OBJECT [PROTECTED] ObjectName AS ClassName2

[NOINIT] [WITH Propertylist]]…

[[PROTECTED|HIDDEN] FUNCTION| PROCEDURE Name

[NODEFAULT]

Statements

ENDFUNCTION|ENDPROCEDURE]

ENDDEFINE

命令中各子句、关键字的含义如下：

①ClassName1：要创建的类的名字。

②AS ParentClass：要定义类或子类基于的父类名字。它可以是 Visual FoxPro 6.0 的基类或另一个用户自定义的类。

③[OLEPUBLIC]：指定可以通过 OLE 自动化客户(Automation Client)访问某一定制的 OLE 服务器中的类。

④[[PROTECTED|HIDDEN PropertyNa,PropertyName2…][object.] PropertyName＝exp]：创建类或子类的属性并赋予初值。

PROTECTED：防止从类或子类属性之外访问或更改属性，并且只有类或子类中的方法与事件可以访问受保护的属性。

HIDDEN：防止从类定义的子类访问或更改属性。

只有类定义中的事件或方法可以访问受保护的属性。受保护的属性可以由类定义的子类来访问，而隐藏的属性则只能由类定义访问。

⑤[ADD OBJECT [PROTECTED] ObjectName AS ClassName2 [NOINIT] [WITH Propertylist]]…：从 Visual FoxPro 基类、用户自定义类或子类、ActiveX 控件中添加对象到类或子类定义中。其中各选项的含义如下：

PROTECTED：防止从类或子类属性之外访问或更改属性。

ObjectName：对象名字。从类或子类定义中建立对象后，可以用这个对象名从类或子类定义之外引用该对象。

AS ClassName2：定义要添加到类定义中的类或子类的名字。

NOINIT：添加对象时，不执行 INIT 方法。

WITH PropertyList：要添加到类或子类定义中的属性和属性值。

⑥FUNCTION| PROCEDURE Name：为类或子类创建事件和方法。可以在类或子类的定义中建立事件处理函数或过程来响应事件。同时，可以在类或子类的定义中建立方法处理函数或过程。

⑦NODEFAULT：防止 Visual FoxPro 执行缺省事件和方法。

要从类或子类定义中创建对象，应使用 CREATEOBJECT()函数。

课堂速记

5.5 菜单设计

5.5.1 菜单系统的基本结构

在 Visual FoxPro 6.0 下,菜单系统由菜单栏、菜单、菜单项等组成,它通常位于程序的主窗口的标题栏下,是构成应用程序主框架的重要部分。

菜单栏一般包括多个菜单标题,菜单标题简称为菜单,单击一个菜单,其下包含的菜单项以列表的形式下拉弹出。菜单项包括:菜单命令(如"新建"和"退出")、分隔条和子菜单标题。菜单项列表一般自动隐藏,不占界面空间,只有在用户做出某种选择时才会弹出。

单击某些菜单项目能直接执行动作(如单击"文件"菜单中的"退出"菜单项,将关闭应用程序);单击某些菜单项会打开一个对话框,要求用户提供应用程序执行动作所需信息的窗口,对于这类窗口,通常在这些菜单项后加上省略符(……),例如,当从"文件"菜单项中选择"另存为……"时,会打开"文件另存为"对话框。

在"文件"菜单中每个菜单项右边都有一个带"_"(下划线)的字母,如"退出"菜单项右边的 X,该下划线表示 X 为"文件"下拉菜单中"退出"菜单项的"访问键(热键)",当单击"文件"菜单,打开下拉菜单后,用户可以直接在键盘上按 X 键来执行该菜单项的功能,其效果等同于用鼠标单击"退出"菜单项。"访问键"只有在下拉菜单打开后才有效。

快捷键的使用不需要打开下拉菜单,为的是用户可以在不打开菜单的情况下,直接使用菜单项的功能。只有用户最常用的那些菜单项才定义了快捷键。例如,"保存"菜单项的快捷键为 Ctrl+S。

无论是哪种类型的菜单,当选择其中某个选项时都会有一定的动作。这个动作可以是下面 3 种情况中的一种:执行一条命令、执行一个过程和激活另一个菜单。

典型的菜单系统一般是一个下拉式菜单,由一个条形菜单和一组弹出式菜单组成。其中条形菜单作为主菜单,弹出式菜单作为子菜单。当选择一个条形菜单选项时,激活相应的弹出式菜单。

SET SYSMENU 命令可以允许或禁止在程序执行中访问系统菜单,也可以重新配置系统菜单。其命令格式如下:

SET SYSMENU ON|OFF|AUTOMATIC|TO[〈弹出式菜单名表〉]|TO[〈条形菜单项名表〉];

|TO[DEFAULT]|SAVE|NOSAVE

功能说明:

①ON 表示允许程序执行时访问系统菜单。

②OFF 表示禁止程序执行时访问系统菜单。

③AUTOMATIC 表示系统菜单显示出来,可以访问系统菜单。

④TO〈弹出式菜单名表〉表示重新配置系统菜单,以内部名字列出可用的弹出式菜单。

⑤TO〈条形菜单项名表〉表示重新配置系统菜单,以条形菜单项内部名表列出可用

的子菜单。

⑥TO DEFAULT 表示将系统菜单恢复为默认配置。

⑦SAVE 表示将当前的系统菜单配置指定为默认配置。若在执行 SET SYSMENU SAVE 命令后,修改了系统菜单,再执行 SET SYSMENU TO DEFAULT 命令,就可以恢复 SET SYSMENU SAVE 命令执行之前的菜单配置了。

注意:不带参数的 SET SYSMENU TO 命令将屏蔽系统菜单,使系统菜单不可用。

5.5.2 菜单系统的设计步骤

1.规划菜单

在规划应用程序的菜单系统时,应考虑下列问题:

①根据应用程序的功能,确定需要哪些菜单,是否需要子菜单,每个菜单项完成什么操作,实现什么功能等。所有这些问题都应该在定义菜单前就确定下来。

②按照用户所要执行的任务组织菜单,而不要按应用程序的层次组织菜单。

③给每个菜单一个有意义的菜单标题,看到菜单,用户就能对功能有一个大概认识。

④按照菜单的逻辑顺序组织菜单项。

2.打开菜单设计器

可使用下面的几种方法打开"菜单设计器":

①使用菜单。打开"文件"菜单,单击"新建"命令,打开"新建"对话框,选择"菜单"单选按钮,然后单击"新建文件"按钮。打开"新建菜单"对话框,如图5—28所示。

②使用工具栏。单击"常用"工具栏上的"新建"按钮,在弹出的"新建"对话框中,选择"菜单"单选按钮,然后单击"新建文件"按钮。

③使用命令。在命令窗口中输入命令:MODIFY MENU〔〈菜单文件名.mnx〉〕。

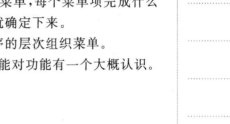

图5—28 "新建菜单"对话框

3.定义和保存菜单

定义菜单,就是在"菜单设计器"窗口中定义菜单栏、子菜单、菜单项的名称和执行的命令等内容。定义菜单之后,可选择"文件"菜单中的"保存"命令,或按组合键 Ctrl+W,将其保存到以.mnx 为扩展名的菜单文件中。

4.生成菜单程序

菜单文件并不能运行,但可通过它生成菜单程序文件。菜单程序文件主名与菜单文件主名相同,以.mpr 为扩展名加以区别。

生成菜单程序的方法是:在"菜单设计器"窗口,打开"菜单"菜单,单击"生成"命令,然后在"生成菜单"对话框中输入菜单程序文件名,最后单击"生成"按钮。

5.运行菜单程序

要执行察看菜单程序的运行效果,可在命令窗口中输入下面的命令:

【命令】DO〈菜单程序文件名.mpr〉

【说明】菜单程序文件名的扩展名.mpr 不可省略,否则无法与运行命令文件相区别。

课堂速记

5.5.3 菜单设计器的使用

1.菜单设计器界面

打开"菜单设计器"时,首先显示的用于定义菜单栏的界面,如图5－29所示。"菜单设计器"界面中各主要功能说明如下:

①窗口右上部有一个标识为"菜单级"的下拉列表框,其功能是用来切换到上一级菜单或下一级菜单和改变窗口的页面。

②窗口左边有一个含有3列的列表框,分别为"菜单名称"、"结果"和"选项",用于定义一个菜单项的有关属性。

③窗口右边有"插入"、"插入栏"、"删除"和"预览"4个按钮,分别用于菜单项的插入、删除和模拟显示。

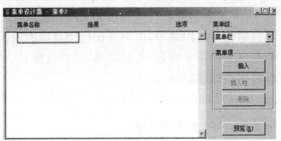

图5－29 菜单设计器

2."菜单名称"列

用来输入菜单项的名称,即菜单的显示标题,并非程序内部的菜单名。Visual Fox-Pro允许用户为访问某菜单项定义一个热键,方法是在要定义的字符前面加上"\<",如定义"文件"菜单项的热键为"\<F"。菜单运行时只需按下定义的热键字符即按组合键Alt＋F,该菜单项即可被执行。

为增强可读性,可使用分隔线将内容相关的菜单项分隔成组。只要在"菜单名称"中键入"\－",便可以创建一条分隔线。

3."结果"列

该列用于指定用户选择菜单项时执行的动作。单击下拉列表框右边的箭头,如图5－30所示,会拉出"命令"、"填充名称"、"子菜单"和"过程"等4个选择。

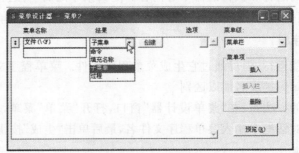

图5－30 "结果"列

"结果"列的含义:

①命令。选择此项时,下拉列表框右边会出现一个命令文本框,用于输入一条可执行的Visual FoxPro命令,如DO MAIN.prg。

②填充名称(或菜单项♯)。选择此项时,下拉列表框右边会出现一个文本框。可以在文本框中输入该菜单项的内部名字或序号。如果当前定义的是一级菜单(即菜单栏),该选项为"填充名称",应指定菜单项的内部名字;如果当前定义的是弹出式菜单,就显示"菜单项♯",应指定菜单项的序号。

③子菜单。该选项用于定义当前菜单的子菜单。选定此项时,右边会出现一个"创建"或"编辑"按钮(新建时显示"创建",修改时显示"编辑")。单击此按钮,菜单设计器就切换到子菜单页面,供用户创建或修改子菜单。要想返回到上一级菜单,可从"菜单级"下拉列表框中选择相应的上一级选项。

④过程。该选项用于为菜单项定义一个过程,即选择该菜单命令时执行用户定义的过程。选定此项后,下列列表框右边就会出现"创建"或"编辑"按钮,单击相应按钮,将出现文本编辑窗口,供用户输入程序过程。

4."选项"列

初始状态下,每个菜单项的"选项"列都有一个"无符号"按钮。单击该按钮将会弹出如图5-31所示的"提示选项"对话框,该对话框供用户定义菜单项的其他属性。一旦定义过菜单项属性,该按钮就会显示一个"√"符号,表示此菜单项的有关属性已经作了定义。

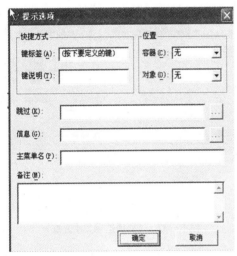

图5-31 "提示选项"对话框

"选项"列"提示选项"的含义:

①快捷方式。定义该菜单项的快捷键。方法是把光标定位在"键标签"右边的文本框中,然后按下以后使用的快捷键(快捷键通常用 Ctrl 键或 Alt 键与另一个字符组合),如按下 Ctrl+E,则"键标签"文本框内就会自动出现 Ctrl+E;同时"键说明"文本框也会出现同样的内容,但可以进行修改。当菜单被激活时,按键字符组合将显示在菜单项标题的右侧。若要取消已定义的快捷键,只需按下空格键即可。

②跳过。用于设置菜单项的跳过条件。用户可在文本框中输入一个逻辑表达式,在菜单运行过程期间若该表达式为.T.,则此菜单项将以灰色显示,表示当前该菜单项不可使用。

③信息。用于定义菜单项的说明信息,该信息将会出现 Visual FoxPro 主窗口的状态栏中。

④主菜单名。用于指定该菜单项的内部名字,如果是弹出式菜单,则显示"菜单项

♯",表示弹出式菜单项的序号。一般不需要指定,系统会自动设置。

5.其他按钮

①插入。在当前菜单项之前插入一个菜单项。

②删除。删除当前的菜单项。

③插入栏。该按钮仅在定义子菜单时才有效,其功能是在当前菜单项之前插入一个Visual FoxPro系统菜单命令。

④移动按钮。每个菜单项左侧有一个移动按钮,拖动移动按钮可以改变菜单项在当前菜单。

5.5.4 主菜单中的"显示"和"菜单"下拉菜单中有关选项

1. 主菜单中的"显示"下拉菜单中有关选项

打开"菜单设计器",在"显示"菜单中有两个菜单命令选项,这就是"常规选项"和"菜单选项"命令。

(1)"常规选项"命令

执行"常规选项"命令,将出现"常规选项"对话框,如图5—32所示。该对话框用于定义菜单栏的总体性能,其中包含"过程"编辑框,"位置"区和"菜单代码"区等几个部分。

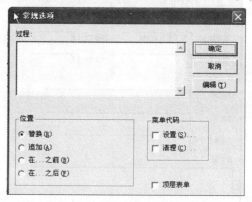

图5—32 "常规选项"对话框

1)"过程"编辑框

过程编辑框用来为整个菜单指定一个公用的过程。如果有些菜单尚未设置任何命令或过程,就执行这个公用过程。编写的公用过程代码可直接在编辑框中进行编辑,也可单击"编辑"按钮,在出现的编辑窗口中写入过程代码。

2)"位置"框区

位置区有4个选项按钮,用来指定用户定义的菜单与系统菜单的关系。

①"替换"选项。以用户定义的菜单替换系统菜单。

②"追加"选项。将用户定义的菜单添加到系统菜单的右边。

③"在…之前"选项。用来把用户定义的菜单插入到系统的某个菜单项的左边,选定该按钮后右侧会出现一个用来指定菜单项的下拉列表框。

④"在…之后"选项。用来把用户定义的菜单插入到系统的某个菜单项的后面,选定该按钮后右侧会出现一个用来指定菜单项的下拉列表框。

3)"菜单代码"框区

该区域有"设置"和"清理"两个复选框,无论选择哪一个,都会出现一个编辑窗口。

①设置。供用户设置菜单程序的初始化代码,该代码旋转在菜单程序的前面,是菜单程序首先执行的代码,常用于设置数据环境、定义全局变量和数组等。

②清理。供用户对菜单程序进行清理工作,这段程序放在菜单程序代码后面,在菜单显示出来之后执行。

4)"顶层表单"复选框

如果选择该复选框,则表示将定义的菜单添加到一个顶层表单里;未选时,则定义的菜单将作为应用程序的菜单。

(2)"菜单选项"命令

打开"显示"菜单,单击"菜单选项"命令,出现"菜单选项"对话框,如图5-33所示。在这个对话框中,可以定义当前菜单项的公共过程代码。如果当前菜单项中没有编写程序代码,如果运行时选择此菜单选项,将执行这部分公共过程代码。

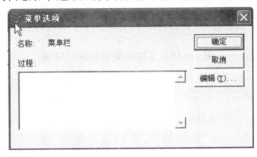

图5-33 "菜单选项"对话框

2. 主菜单中的"菜单"下拉菜单中有关选项

使用菜单设计器时,系统菜单将添加一个"菜单"菜单项,如图5-34所示。

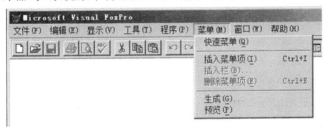

图5-34 "菜单选项"对话框

①快速菜单。用于快速设计菜单。打开"菜单设计器",尚未输入任何其他内容时该选项是活动的。选择它,可将系统菜单的内容提取到当前菜单设计器中显示,亦可对该菜单进行修改调整,形成一个新的菜单系统。

②插入菜单项。在当前菜单项下插入一个菜单项。

③插入栏。显示插入系统菜单条对话框,它允许向菜单设计器窗口中添加菜单项。

④删除菜单项。删除当前菜单项。

⑤生成。激活生成对话框,根据当前设计的.mnx菜单文件,生成对应的.mpr菜单程序代码文件。

⑥预览。菜单预览,演示设计的菜单。

5.5.5 下拉式菜单设计

使用 Visual FoxPro 提供的菜单设计器可以很便捷地设计下拉式菜单。

1. 菜单设计的基本过程

用菜单设计器设计下拉式菜单的基本过程如图5－35所示。

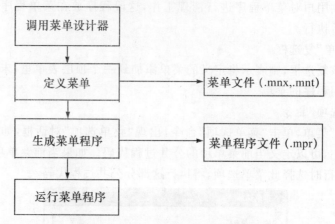

图 5－35 下拉式菜单的设计过程

（1）新建菜单

新建一个菜单，一般有以下3种方式：

①利用项目管理器。在项目管理器中选择"其他"选项卡中的"菜单"，单击"新建"按钮弹出"新建菜单"对话框。在"新建菜单"对话框中单击"菜单"按钮，调出菜单设计器。

②利用菜单命令。选择"文件"→"新建"命令，弹出"新建"对话框。在该对话框中选中"菜单"单选按钮，单击"新建文件"按钮，弹出"新建菜单"对话框，单击"菜单"按钮，调出菜单设计器。

③利用窗口命令。

【命令】CREATE MENU ［ FileName | ?］

【说明】FileName 指定菜单表的文件名。若没有为文件指定扩展名，Visual FoxPro自动指定.mnx 为扩展名；若没有给出文件名，则直接调出菜单设计器。

（2）修改菜单

修改菜单可以采用以下3种方式：

①利用菜单命令。选择"文件"→"打开"命令，弹出"打开"对话框。在"文件类型"中选择菜单(.mnx 文件)，然后选取文件，单击"打开"按钮，弹出菜单设计器。

②利用项目管理器。在项目管理器中选择"其他"选项卡中的"菜单"。选择所需修改的菜单，单击"修改"按钮，弹出菜单设计器。

③利用窗口命令。MODIFY MENU ［ FileName | ?］

FileName 指定菜单表的文件名。如果没有为文件指定扩展名，Visual FoxPro 自动指定.mnx 为扩展名；如果没有给出文件名，则首先调出"打开"对话框，从中选择菜单文件。

（3）定义菜单

在菜单设计器中定义菜单，指定菜单的各项内容，例如菜单的名称、快捷键等。指定菜单的各项内容后，应将菜单定义保存到.mnx 文件中。方法是：选择"文件"→"保存"命令或按 Ctrl＋W 组合键。

（4）生成菜单程序

菜单定义文件存放着菜单的各项定义，但其本身是一个表文件，并不能够运行。这一步就是要根据菜单定义产生可执行的菜单程序文件(.mpr 文件)，步骤如下：

①在菜单设计器环境下,选择"菜单"→"生成"命令。

②在"生成菜单"对话框中指定菜单程序文件的名称和存放路径。

③单击"生成"按钮。

(5)运行菜单程序

可以使用命令"DO〈文件名〉.mpr"运行菜单程序,但文件名的扩展名.mpr不能省略。运行菜单程序时,系统会自动编译.mpr文件,从而产生用于运行的.mpx文件。

2. 为顶层表单添加菜单

具体操作步骤如下:

①菜单设计时,选中"常规选项"对话框中的"顶层表单"复选框。

②在表单设计器中,将表单的 ShowWindow 属性值设置为2,使其成为顶层表单。

③在表单的 Init 事件代码中添加调用菜单程序的命令。

【命令】DO〈文件名〉WITH This ["〈菜单名〉"]

【说明】〈文件名〉指定被调用的菜单程序文件,其中的扩展名.mpr不能省略。

④在表单的 Destroy 事件代码中添加清除菜单的命令,使得在关闭表单时能同时清除菜单,释放其所占用的空间。

【命令】RELEASE MENU〈菜单名〉[EXTENDED]

【说明】EXTENDED 表示在清除条形菜单时一起清除其下属的所有子菜单。

5.5.6 快捷菜单

快捷菜单与下拉式菜单不同。快捷菜单一般从属于某个界面对象,例如,一个表单。当用鼠标在界面对象上右键单击时,就会弹出快捷菜单。快捷菜单没有条形菜单,只有弹出式菜单。快捷菜单的设计是在快捷菜单设计器中完成的。打开快捷菜单设计器的方法是在"新建菜单"对话框中选择"快捷菜单"。

定义好了快捷菜单以后,一般需要在表单的指定对象的 RightClick 事件中调用快捷菜单,其操作步骤如下:

①利用快捷菜单设计器设计快捷菜单。

如果快捷菜单要引用表单中的对象,需要在快捷菜单的"设置"代码中添加一条接收当前表单对象引用的参数语句:

PARAMETERS〈参数名〉。

其中,〈参数名〉是指快捷菜单中引用表单的名称。

②在快捷菜单的"清理"代码中添加清除菜单的命令。

【命令】RELEASE POPUPS〈快捷菜单名〉[EXTENTED]

【说明】使得在执行菜单命令后能及时清除菜单,释放其占据的内存空间并生成快捷菜单程序文件。

③与设计下拉菜单类似,选择"菜单"的"生成",生成下拉菜单程序文件。

④打开表单文件,在表单设计器中,选定需要调用快捷菜单的对象。

⑤在选定对象的 RightClick 事件代码中添加调用快捷菜单的命令。

【命令】DO〈快捷菜单程序文件名〉[WITH This]

【说明】如果需要在快捷菜单中引用表单中的对象,需要使用 WITH This 来传递参数。

5.6 报表设计

5.6.1 报表设计基础

报表是 Visual FoxPro 中的一种数据组织形式,通常利用报表,把从数据库表中提取出的数据打印出来。

报表是由两个基本部分组成:数据源和数据布局。数据源指定了报表中的数据来源,可以是表,视图,查询或临时表;数据布局指定了报表中各个输出内容的位置和格式。报表从数据源中提取数据,并按照布局定义的位置和格式输出数据。

报表中并不存储数据源中实际的数据的值,而只存储数据的位置和格式,这一点,和视图的特性有些相似,所以每次打印时,打印出来的报表的内容不是固定不变的,会随数据库的内容的改变而改变。

1. 报表的常规布局

报表是用来输出数据的,一个报表包括了输出格式与输出数据两个方面,报表的输出格式由报表的布局风格和报表控件两个方面决定,报表的输出数据则由报表的数据源决定。报表的数据源可以是自由表、数据库表、视图之一,而报表布局则是指定义报表的打印格式。

报表布局是指报表的总体输出样式,Visual FoxPro 中有 4 种报表布局。

①列报表。每行一条记录,每个字段一列,字段名在页面上方,字段与其数据在同一列。例如,分组/总计报表、财政报表、销售总结、存货清单。

②行报表。每个字段一行,字段名在数据左侧,字段与其数据在同一行。例如,联系地址列表。

③一对多报表。一条记录或一对多关系,其内容包括父表的记录和相关子表的记录。例如,发票、会计报表。

④多栏报表。也称为多列报表,指报表中每行可打印多条记录的数据。例如,电话号码簿、名片。

2. 报表设计的步骤

报表设计主要包括两个基本组成部分:数据源和布局。数据源一般是数据库中的表格或自由表,也可以是视图、查询或临时表。在定义了一个表、视图、或查询以后就可以设计报表了。

设计报表的一般步骤如下:

①选择报表的数据源。

②根据实际要求决定报表的布局样式。

③创建报表。

④对报表进行修改和完善。

⑤预览并打印报表。

3. 创建报表布局文件

选定满足需求的常规报表布局后,便可以用"报表设计器"创建报表布局文件。

报表布局文件具有.frx 文件扩展名,它存储报表的详细说明。每个报表文件还有带.frt 文件扩展名的相关文件。

报表文件指定了所用到的域控件、要打印的文本以及信息在页面上的位置。报表文件不存储每个数据字段的值,只存储一个特定报表的位置和格式信息,即每次运行报表时都根据报表文件指定的数据源中读取数据。因此,报表的值取决于报表文件所用数据源的字段内容,如果经常更改数据源内容,每次运行报表,值都可能不同。

5.6.2 创建简单报表

1. 使用报表向导创建报表

创建报表就是定义报表的数据源和数据布局。"报表向导"是创建报表的最简单的途径。可通过回答一系列的问题来进行报表的设计,使报表的设计工作变得省时有趣。使用报表向导创建完成报表后,还可使用"报表设计器"打开该报表,对其进行修改和完善。

报表向导是一种引导用户快速建立报表的手段,可使用下面4种方法启动"报表向导":

①在"项目管理器"中,单击"文档"选项卡,选择"报表",然后单击"新建"按钮,打开"新建报表"对话框。单击"报表向导"按钮,打开"向导选取"对话框。

②打开"文件"菜单,单击"新建"命令,选择"报表"单选按钮,单击"向导"按钮。

③打开"工具"菜单,单击"向导"命令,然后单击"报表"命令。

④单击"常用"工具栏中的"新建"按钮,选择"报表",单击"向导"按钮。

在Visual FoxPro中,提供两种不同的报表向导:一是"报表向导",针对单一的表或视图进行操作;二是"一对多报表向导",针对多表或视图进行操作。我们根据具体情况,选择相应的向导。这里假设我们操作的是单一的表,所以选择"报表向导",系统会按步骤弹出一系列对话框。

图 5-36 报表向导"字段选取"

步骤1:字段选取。在这个对话框中,选择要在报表中输出的字段。首先,单击"数据库和表"列表框右侧的按钮,选择报表的数据源,然后选择所需的字段,如图5-36所示。

步骤2:分组记录,如图5-37所示。

图 5-37 报表向导"分组记录"

在此对话框中,如果需要,可设置分组控制,最多设置三级分组。

在选定一个字段后,单击"分组选项"按钮,打开"分组间隔"对话框,设置分组是根据整个字段还是字段的前几个字符,例如,"学生档案"表中,"学号"的前四位代表学生的入学时间,可设置按学号的前四位进行分组,如图5-38所示。

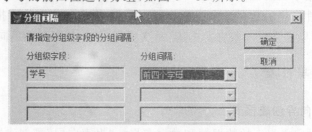

图5-38 "分组间隔"对话框

步骤3:选择报表样式,在此对话框中,可以设置报表的样式,有经营式,账务式,简报式,带区式和随意式5种,如图5-39所示。

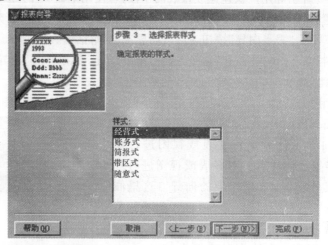

图5-39 报表向导"选择报表样式"

步骤4:定义报表布局,在此对话框中,可以通过对"列数","字段布局","方向"的设置来定义报表的布局。其中,"列数"定义报表的分栏数;"字段布局"定义报表是列报表还是行报表;"方向"定义报表在打印纸上的打印方向是横向还是纵向,如图5-40所示。

如果在向导的步骤二设置了记录分组,则此处的"列数"和"字段布局"是不可用的。

步骤5:排序记录,在此对话框中,可设置排序的字段,最多设置3个。

步骤6:完成,这一步可设置报表的标题,可在离开报表向导前预览报表,可以选择退出报表向导的方式。

2. 快速报表

使用快速报表功能可以快速地制作一个格式简单的报表,用户可以在报表设计器中根据实际需要对快速报表进行修改,从而快速形成满足实际需要的报表。

可以选择"报表"→"快速报表"菜单命令来创建一个格式简单的报表。在通常情况下,先使用"快速报表"功能创建一个简单报表,然后显示"快速报表"对话框,如图5-41所示,让用户选择所需的字段和布局。

创建快速报表的操作步骤如下。

①在报表设计器下,选择"报表"→"快速报表"菜单命令,弹出"打开"对话框。

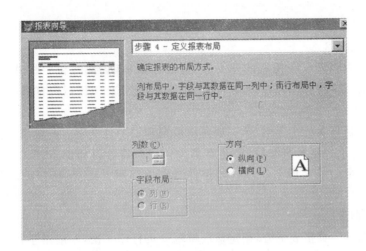

图 5－40　报表向导"定义报表布局"

②选择数据源,调出"快速报表"对话框,如图5－41所示。

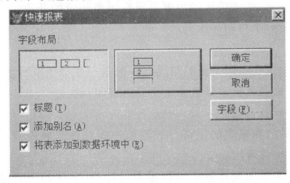

图 5－41　"快速报表"对话框

③选定行布局、全部字段,单击"确定"按钮后,Visual FoxPro 自动把数据表的字段添加到报表中。

④选择"文件"→"保存"菜单命令,弹出"另存为"对话框,从中输入报表名称,单击"保存"按钮。

5.6.3　报表设计器

1. 报表设计器的组成

报表设计器是一个十分灵活的编程工具,可以很方便地设计出完全符合自己习惯的各种报表。报表设计器根据报表结构的特点分成若干个组成部分,至少有页标头、细节和页注脚3部分组成,其他部分可以根据实际报表设计的需要选择。

完整的报表设计器由标题、页标头、列标头、组标头、细节、组注脚、列注脚、页注脚和总结组成。拖动带区条可以改变设计高度空间,如果已经设置了相应的控件,在拖动带区条时不能跨越已经设定的控件位置。

报表设计器带区说明:

(1)标题带区

该带区的内容显示在报表第一页的开头。一般是显示报表标题名称、公司名等文本信息。标题区域的对象将只打印在整份报表的第一页,当作报表的标题。规定标题区域的内容每一报表仅打印一次。可以用系统主菜单中的"报表"项的"标题/总结"命令调出该带区。

（2）页标头带区

该带区的内容显示在每页的开头，一般是显示日期、页码和一些说明性文本信息。页标头区域的文字将打印在报表每一页的上方，规定页标头区域内容每一页打印一次。

（3）细节带区

细节带区是报表的主要内容，一般显示数据和说明性文字。一般该带区只放一行内容，但打印时却不一定只是一行，而是有多少条记录符合打印的条件就会有多少行。这里一般都是变量名或字段名，也叫"域控件"，它们都用方框框住，打印时会换为相应的内容。

（4）页注脚带区

打印时在每一页报表下方，规定该区域每一页打印一次，一般用于打印页码、日期等内容。

（5）组标头带区

若进行了数据分组，则该带区的内容显示在每组记录的开头。一般用于显示分组字段和分隔线等。每个分组打印一次。

（6）组注脚带区

该带区的内容显示在每组记录的结尾。一般是一些分组统计的域控件。可以用"报表"中的"数据分组"命令调出该带区。每个分组打印一次。

（7）总结带区

该带区的内容显示在报表的尾部。一般是一些总计的域控件。可以用"报表"中的"标题/总结"命令调出该带区。

需要说明的是，在报表设计器中进行报表设计时，上述的所有带区中，只有页标头、细节和页注脚3个带区是基本带区，其余的带区需要进行相应的操作后方可调出。

2. 报表设计器的打开

报表设计器打开方法有以下4种：

①在"项目管理器"中，单击"文档"选项卡，选择"报表"，单击"新建"按钮，打开"新建报表"对话框，然后单击"新建报表"按钮。

②打开"文件"菜单，单击"新建"命令，打开"新建"对话框，选中"报表"单选按钮，单击"新建文件"按钮。

③单击"常用"工具栏中的"新建"按钮，打开"新建"对话框，选中"报表"单选按钮，单击"新建文件"按钮。

④使用命令创建报表文件：

【命令1】CREATE REPORT［〈报表文件名〉］

【命令2】MODIFY REPORT［〈报表文件名〉］

【功能】创建或修改一个由〈报表文件名〉指定的报表文件，如果省略扩展名，则系统自动加上.frx扩展名。如果指定的报表文件名不存在，则创建一个新报表，如果该报表文件已存在，就打开它允许进行修改。

报表设计器打开后，系统主菜单中添加了"报表"菜单项，这个菜单项随着报表设计器的关闭而关闭。在报表设计器工作状态下，可以通过"报表"菜单项对报表进行设计操作，报表设计器工作环境下还有报表控件、布局工具和数据环境支持，使报表设计的实现更加方便。

3. 报表控件的使用

通过报表控件我们可以将事先设计的报表各部分内容添加到报表的相应位置。报表设计器若没有报表控件,将无法实现报表设计工作。如果打开了报表设计器,报表控件没有自动打开,则可以通过系统菜单中的"报表"菜单项打开报表控件,或者通过系统菜单中的"显示"下的"工具栏"菜单,选中报表控件。

"报表控件"工具栏中的控件功能见表5-36。

表5-36 "报表控件"工具栏中的控件功能

名称	功能说明
选定对象	选定控件对象
标签	显示字符
域控件	编辑数据项,例如求平均值、总和等
线条	绘制直线
矩形	绘制矩形
圆角矩形	绘制圆角矩形
图片\ActiveX 绑定控件	插入图片等对象
按钮锁定	所定控件

在设计添加控件时,最重要的是文本框控件,它指定了数据的来源和位置。被添加到设计器上的文本框自动按对应字段数据的长度显示文本框的长度,在实际输出时,数据的高度自动调整,设计时不能调整。在设计时可以设置控件的位置和长度。请注意控件的长度不能超过报表的列宽,否则出现重叠。

4. 报表设计器的数据环境

报表主要用于打印输出表中的数据记录,因此与表单设计一样,也需要指定数据的来源。报表设计器的数据来源可以通过报表设计器数据环境指定,在 Visual FoxPro 中,不管一个报表有没有涉及到数据库表中的数据,在运行报表时都需要在当前工作区打开一个表。

为了避免报表运行时出错,可使用数据环境指定一个表,并设置其随报表自动关闭与打开。至于是否用到表中的数据、使用哪些数据由报表设计确定。

"数据环境"的打开,数据库表的添加、移动,以及"数据环境"属性的设置、作用和操作方法与表单设计器下的完全相同。

5. 报表设计器创建报表

使用报表设计器创建报表的操作步骤如下:

①打开报表设计器。切换到"项目管理器"对话框中的"文档"选项卡,然后选中"报表",单击"新建"按钮;从"新建报表"对话框中单击"新建报表"按钮;或者选择"文件"→"新建"菜单命令,在"文件类型"中选择"报表",单击"新建文件"按钮或者单击工具栏中的"新建"按钮,打开"新建"对话框,选择文件类型中的"报表",然后单击"新建文件"按钮。打开的报表设计器如图5-42所示。

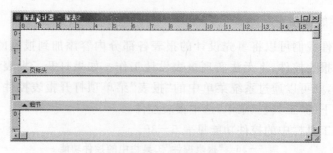

图5-42　报表设计器

②在"报表设计器"对话框中打开"显示菜单",选择"数据环境"选项,弹出"数据环境设计器"窗口,如图5-43所示。

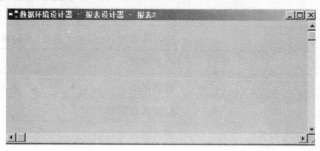

图5-43　"数据环境设计器"窗口

③在"数据环境设计器"窗口中右击"数据环境设计器"选项,在弹出的快捷菜单中选择"添加"命令,添加可以作为报表数据源的表,如图5-44所示。

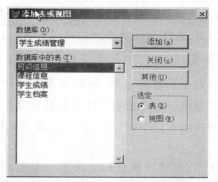

图5-44　"添加表或视图"对话框

④选择"文件"→"保存"菜单命令,弹出"另存为"对话框,如图5-45所示。在该对话框中输入要保存的报表名称,单击"保存"按钮即可。

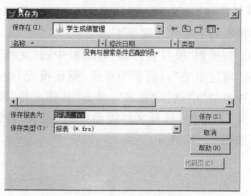

图5-45　"另存为"对话框

6. 报表设计器下的布局工具

为了便于报表控件的排列,在报表设计器下同样可以使用布局工具。"布局工具"的打开、关闭、作用和操作方法与表单设计器下的完全相同。

5.6.4 报表打印输出

报表设计好后,一般要进行打印输出,以便更好的查看和分析数据。报表在打印前,应该进行页面设置。设置好打印页面格式后,可以预览报表的打印效果。报表在完成所有的设计要求后,就可以正式用于打印输出。

1. 页面设置

在打印报表之前,可以根据需要对报表的页面进行设置。在系统菜单中,选择"文件"下拉菜单中的"页面设置"选项,系统将弹出"页面设置"对话框,如图5-46所示。其中各选项的含义如下:

①页面布局。根据页面的设置,显示出页面的实际情况。

②列数。指定页面上要打印的列数。

③宽度。指定一列的宽度。

④间隔。指定列间距离。

⑤打印区域。指定页面要打印的范围。"可打印页"是指采用当前使用的打印机驱动程序所指定的最小页边距。"整页"是指采用由打印纸尺寸所指定的最小页边距。

⑥左页边距。指定左边距。

⑦打印设置。单击该按钮,可打开"打印设置"对话框,在此用户可以选择打印机,并设置打印机的属性、选择纸张大小,以及设置打印方向等。

⑧打印顺序。当列数大于1时,用于指定打印记录的顺序,一种方法是先打印一列的数据,当满一页后再回到页头打印下一列的数据。另一种方法是打印完一列同一行的数据后,再换行打印每一列下一行的数据。

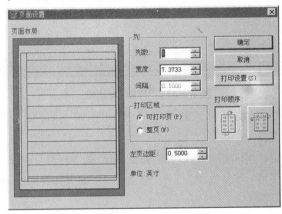

图5-46 "页面设置"对话框

2. 预览报表

通过预览报表,不用打印就能看到它的页面外观。例如,可以检查数据列的对齐和间隔,或者查看报表是否返回所需的数据。有两个选择:显示整个页面或者缩小到一部分页面。

"预览"窗口有它自己的工具栏,使用其中的按钮可以逐页地进行预览,步骤如下:

①从"显示"菜单中选择"预览"命令，或在"报表设计器"中单击鼠标右键并从弹出的快捷菜单中选择"预览"命令，也可以直接单击"常用"工具栏中的"打印预览"按钮。

②在打印预览工具栏中，选择"上一页"或"前一页"来切换页面。

③若要更改报表图像的大小，选择"缩放"列表。

④若要打印报表，选择"打印报表"按钮。

⑤若想要返回到设计状态，选择"关闭预览"按钮。

注意：如果得到如下提示"是否将所做更改保存到文件？"那么，在选定关闭"预览"窗口时一定还选取了关闭布局文件。此时可以选定"取消"按钮回到"预览"，或者选定"保存"按钮保存所做更改并关闭文件。如果选定了"否"，将不保存对布局所做的任何更改。

另外，在命令窗口或程序中使用 CREATE FORM〈报表文件名〉PREVIEW 命令也可以预览指定的报表。

3. 打印输出

使用报表设计器创建的报表布局文件只是一个外壳，它把要打印的数据组织成令人满意的格式。如果使用预览报表，在屏幕上获得最终符合设计要求的页面后，就要打印出来，步骤如下：

①从"文件"菜单中选择"打印"命令，或在报表设计器中单击鼠标右键并从弹出的快捷菜单中选择"打印"命令，也可以直接单击"常用"工具栏中的"运行"按钮，出现"打印"对话框，如图 5—47 所示。

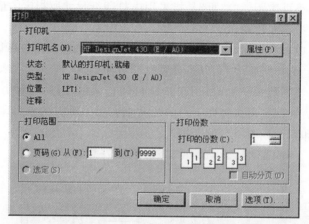

图 5—47 "打印"对话框

②在"打印"对话框中，设置合适的打印机、打印范围、打印份数等项目，通过"属性"设置打印纸张的尺寸、打印精度等。

③选择"确定"按钮。Visual FoxPro 就会把报表发送到打印机上。

如果未设置数据环境，则会显示"打开"对话框，并在其中列出一些表，从中可以选定要进行操作的一个表。

在命令窗口或程序中使用命令也可以打印或预览指定的报表。

【命令】REPORT FORM〈报表文件名〉[ENVIRONMENT]［〈范围〉][FOR〈逻辑表达式〉]［HEADING〈字符表达式〉][NOCONSOLE][PLAIN][RANGE 开始页[,结束页]]［TO PRINTER [PROMPT]|TO FILE〈文件名〉[ASCII]]

【功能】打印报表、预览报表或输出报表至文件。

【说明】①ENVIRONMENT 用于恢复存储在报表文件中的数据环境信息，供打印时使用。

②PLAIN 控件使用 HEADING 指定的页标题仅在报表第一页出现。

③TO PRINTER［PROMPT］指定报表输出到打印机，若有 PROMPT，则弹出"打印"对话框，以便供用户选择设置。

④TO FILE〈文件名〉［ASCII］输出到文本文件。若有 ASCII，则可以使打印代码不写入文件。

闯关考验

一、选择题

1.（　　）是面向对象程序设计中程序运行的最基本实体。

A. 对象　　　　　　　B. 类　　　　　　　C. 方法　　　　　　　D. 函数

2. 下面选项中不属于类的特征的是（　　）。

A. 继承性　　　　　　B. 多态性　　　　　C. 类比性　　　　　　D. 封装性

3. 每个对象都可以对一个被称为事件的动作进行识别和响应。下面对于事件的描述中，（　　）是错误的。

A. 事件是一种预先定义好的特定的动作，由用户或系统激活

B. Visual FoxPro 基类的事件集合是由系统预先定义好的，是唯一的

C. Visual FoxPro 基类的事件也可以由用户创建

D. 可以激活事件的用户动作有按键、单击鼠标，移动鼠标等

4. 为表单 MyForm 添加事件或方法代码，改变该表单中的控件 Cmd1 的 Caption 属性的正确命令是（　　）。

A. MyForm. Cmd1. Caption＝"数据库程序设计"

B. THIS. Cmd1. Caption＝"数据库程序设计"

C. THISFORM. Cmd1. Caption＝"数据库程序设计"

D. THISFORMSET. Cmd1. Caption＝"数据库程序设计"

5. 当对象获得焦点时引发的事件是（　　）。

A. GotFocus　　　　　　　　　　　B. LostFocus

C. SetFocus　　　　　　　　　　　D. InteractiveChange

6. 在 Visual FoxPro 6.0 中，为了将表单从内存中释放（清除），可将表单中退出命令按钮的 Click 事件代码设置为（　　）。

A. This Form. Delete　　　　　　　B. This Form. Hide

C. Release This Form　　　　　　　D. Refresh This Form

7. 如果在运行表单时，要使表单的标题显示"登录窗口"，则可以在 Form1 的 Load 事件中加入语句（　　）。

A. THISFORM. CAPTION＝"登录窗口"

B. FORM1. CAPTION＝"登录窗口"

C. THISFORM. NAME＝"登录窗口"

D. FORM1. NAME＝"登录窗口"

8. 如果想在运行表单时，向 Text2 中输入字符，回显字符显示的是"＊"，则可以在 Form1 的 Init 事件中加入语句（　　）。

A. FORM1. TEXT2. PASSWORDCHAR＝"＊"

B. FORM1. TEXT2. PASSWORD＝"＊"

C. THISFORM. TEXT2. PASSWORD＝"＊"

D. THISFORM. TEXT2. PASSWORDCHAR＝"＊"

9. 在 Visual FoxPro 中调用表单 fp 的正确命令是(　　　)。

A. DO fp B. DO FROM fp

C. DO FORM fp D. RUN fp

10. 假设表单上有一选项组：●男 ○ 女，其中第一个选项按钮"男"被选中。请问该选项组的 Value 属性值为(　　　)。

A. T B. "男" C. 1 D. "男"或1

11. 运行表单的命令是(　　　)。

A. DO〈表单文件名〉 B. DO FORM〈表单文件名〉

C. RUN/N3〈表单文件名〉 D. RUN〈表单文件名〉

12. 关于属性、方法、事件的叙述，错误的是(　　　)。

A. 属性用于描述对象的状态，方法用于表示对象的行为

B. 基于同一类产生的两个对象可以分别设置自己的属性值

C. 事件代码可以像方法一样被显示调用

D. 在新建一个表单时，可以添加新的属性、方法和事件

13. 假定一个表单里有一个文本框 Text1 和一个命令按钮组 CommandGroup1，命令按钮组是一个容器对象，其中包含 Command1 和 Command2 两个命令按钮。如果要在 Command1 命令按钮的某个方法中访问文本框的 Value 属性值，正确的命令是(　　　)。

A. This. ThisForm. Text1. Value B. This. Parent. Parent. Text1. Value

C. Parent. Parent. Text1. Value D. This. Parent. Text1. Value

14. 关于数据环境和数据环境中两个表之间的关系，正确的叙述是(　　　)。

A. 数据环境是对象，关系不是对象

B. 数据环境不是对象，关系是对象

C. 数据环境是对象，关系是数据环境中的对象

D. 关系和数据都不是对象

15. 假定表单中包含一个命令按钮，在运行表单时，正确的事件引发次序是(　　　)。

A. 命令按钮的 Init 事件，表单的 Init 事件，表单的 Load 事件

B. 表单的 Init 事件，命令按钮的 Init 事件，表单的 Load 事件

C. 表单的 Load 事件，表单的 Init 事件，命令按钮的 Init 事

D. 表单的 Load 事件，命令按钮的 Init 事件，表单的 Init 事件

二、填空题

1. 对象和类的特征与行为模式在 Visual FoxPro 中分别定义为_____、_____、和_____3 大要素。

2. 选定表单中一对象，选择"表单"菜单的"新建属性"命令，可以给_____添加新属性。

3. 表单的背景色属性 BackColor 的默认值为_____。

4. Visual FoxPro 提供了两种表单向导。在创建基于一个表的表单时可选择_____，当创建基于两个具有一对多关系的表单时可选择_____。

5. 对象的_____就是对象可以执行的动作或行为。

6.类是对象的集合,它包含了相似的有关对象的特征和行为方法,而_____是类的实例。

7.表单中控件的属性既可以在编辑中设置,也可以在_____中改变。

8.Visual FoxPro 的基类可分为_____和_____两大类。

9.如果要改变表单的背景色,应设置_____属性。

10.表单运行中,当用户单击其中一个对象而释放表单时,该对象的事件为_____,起事件代码中必须有_____命令。

11.建立表单有 3 种方法,他们是向导、设计器和_____。

12.方法是附属于对象的_____行为。

▶ 课堂速记

系统开发篇

第6章 应用程序系统设计与开发

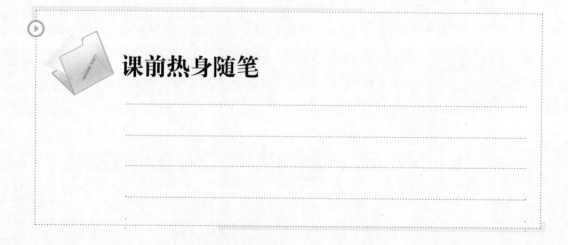

目标规划

(一)学习目标

基本了解:

1. 数据库应用系统的开发流程;

2. 系统调试与打包的方法。

重点掌握:

系统各功能模块的设计与实现。

(二)技能目标

利用 Visual FoxPro 开发图书管理系统。

课前热身随笔

本章穿针引线

　　本章将所学内容串联起来,应用到实际的数据库应用软件的开发中。本章知识图结构如下:

需求分析 —— 需求分析概述
　　　　　　"图书管理系统"需求分析

数据库设计 —— "图书管理系统"E-R模型
　　　　　　　"图书管理系统"数据表结构
　　　　　　　"图书管理系统"表间关系

系统总体设计 —— "图书管理系统"总体设计
　　　　　　　　各模块功能概述
　　　　　　　　各模块功能描述表

应用程序系统设计与开发

系统模块实现 —— 建立项目文件
　　　　　　　　建立数据库及相关数据表
　　　　　　　　登录模块设计
　　　　　　　　启动模块设计
　　　　　　　　系统主界面设计
　　　　　　　　操作员管理模块设计
　　　　　　　　读者管理模块设计
　　　　　　　　图书类型管理模块设计
　　　　　　　　图书管理模块设计
　　　　　　　　综合查询模块设计
　　　　　　　　图书借阅模块设计
　　　　　　　　图书归还模块设计
　　　　　　　　数据备份模块设计
　　　　　　　　系统菜单设计

系统调试与发布 —— 系统调试
　　　　　　　　　系统发布
　　　　　　　　　主程序
　　　　　　　　　连编项目
　　　　　　　　　生成安装文件

6.1 需求分析

对于刚接触软件项目的读者,通常急于编写程序,这种将开发软件等同于编程的想法,往往事倍功半,软件的质量也很难保证。现实的数据库应用软件的开发是比较复杂的工作,必须按照一定的规范进行。

6.1.1 需求分析概述

数据库应用系统的开发过程可以概括的描述为如图6-1所示的内容。

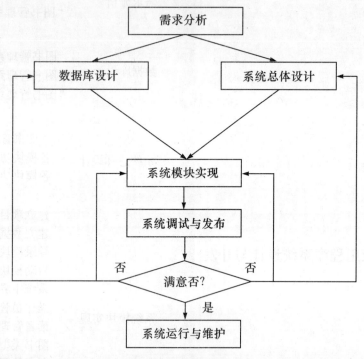

图6-1 系统开发流程

开发流程的第一个阶段是需求分析,它是整个开发流程的核心阶段。所谓需求分析,是指明系统应该做什么。它包括系统所需要的数据及系统所具备的应用功能,即数据需求和功能需求。数据需求的结果是分析出系统应该包括的数据,以便进行数据库设计;功能需求的结果是分析出系统应该具备的功能,以便进行系统总体设计。

进行需求分析时应该注意以下问题:

①确定系统需求必须建立在调查研究的基础上,包括访问用户、了解人工系统模型、了解业务流程,采集和分析相关资料等工作。

②需求分析阶段应该让用户更多地参与进来。与用户进行良好的沟通,了解他们对应用系统的功能、运行环境和系统性能方面的想法,并把他们的想法描述为应用系统的行为。另外,即使作了详细的需求分析,在系统设计过程中也可能会不断修改需求,为此需要随时接受用户的反馈意见。

6.1.2 "图书管理系统"需求分析

某学院根据业务发展的需求,决定招标一个"图书管理系统"数据库应用软件,以取代人工对图书的管理。通过与学院图书馆工作人员的沟通、在调查研究相关资料的基础上,归纳出学院图书管理有这4种信息需要管理:读者信息,借还书信息,操作员信息和图书信息。具体为读者的录入、修改、查询和删除;图书的录入、修改、查询、分类和删除;操作员的添加、修改和删除;图书的借阅和归还;系统数据的备份和导入;图书超期罚款单的打印。

在调研过程中,用户提供了该系统所需要的输入数据和输出数据样章,见表6-1~表6-3。输入数据样章包括:读者表和图书表;数据输出样章为图书超期罚款单。

表6-1 读者表样章

读者表编号:			
借阅证号:		注册日期:	
读者姓名:		所在年级:	
所在专业:		所在班级:	
读者性别:		经办人:	

表6-2 图书表样章

图书表编号:			
图书 ISBN:		图书名称:	
图书类别:		出版社:	
图书作者:		图书简介:	
图书价格:		入库日期:	
经办人:			

表6-3 图书超期罚款单

图书超期罚款单			
读者姓名:		读者借阅号:	
您的以下图书已经超期,请尽快办理还书事宜!	年 月 日		
图书名称			
ISBN			
借出日期			
预借天数			
还书日期			
超期天数			
罚款金额			

根据系统需要管理的4种信息,在与用户充分沟通后,本系统的功能可归纳为以下6个方面:

①操作员管理。添加、修改和删除操作员信息。

②图书管理。添加、修改和删除图书信息,对图书进行分类。

③读者管理。添加、修改和删除读者信息。

④图书借阅业务管理。借阅图书和归还图书。

⑤图书查询。通过条件组合,查询图书信息。

⑥数据打印及备份。打印数据报表和备份系统数据。

6.2　数据库设计

在需求分析阶段,确定了系统的数据需求。数据库设计的任务就是根据系统的数据需求,确定系统所需要的数据库。数据库设计分为逻辑设计与物理设计两个阶段。逻辑设计阶段的主要任务是确定数据库所包含的表、字段以及表间关系。通常使用 E－R 模型(实体－联系模型)来描述。物理设计阶段的主要任务是利用数据库管理系统的相关工具建立数据表结构(包括字段名称、类型及宽度)和表间关系。

6.2.1　"图书管理系统"E－R 模型

"图书管理系统"的 E－R 模型如图 6－2 所示。

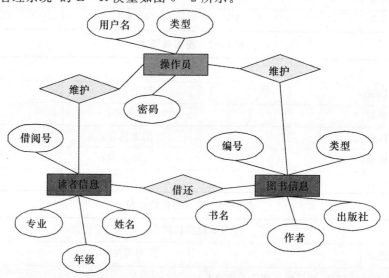

图 6－2　E－R 模型

6.2.2　"图书管理系统"数据表结构

"图书管理系统"数据表结构见表 6－4～表 6－8。

表 6－4　用户表 usertab

字段名	字段说明	类型	长度	允许 NULL	主索引
USERNAME	用户名	字符	10		是
USERTYPE	用户类型	字符	4	是	
USERPWD	用户密码	字符	20		
REGDATE	注册日期	日期		是	
REGADMIN	创建人	字符	10		
USTATE	状态	逻辑			

表6－5 读者表 readertab

字段名	字段说明	类型	长度	允许 NULL	主索引
READERID	借阅证号	字符	10		是
READERNAME	读者姓名	字符	8		
READERGRADE	读者年级	字符	4	是	
READERCLASS	班级	字符	20	是	
READERMAJOR	专业	字符	20	是	
READERSEX	性别	字符	2		
REGDATE	注册日期	日期		是	
REGSTER	经办人	字符	10		

表6－6 图书类型表 booktypetab

字段名	字段说明	类型	长度	允许 NULL	主索引
BOOKTYPEID	图书类型 ID	字符	4		是
BOOKTYPENAME	图书类型名称	字符	10		

表6－7 借阅表 borrtab

字段名	字段说明	类型	长度	允许 NULL	主索引
BOOKID	图书编号	字符	10		普通索引
BOOKTYPEID	图书类型 ID	字符	4		
READERID	借阅证号	字符	10		普通索引
BORRDATE	借书日期	日期		是	
RETUDATE	还书日期	日期		是	
REGSTRE	经办人	字符	10		

表6－8 图书信息表 bookstab

字段名	字段说明	类型	长度	允许 NULL	主索引
BOOKID	图书编号	字符	10		是
BOOKISBN	图书 ISBN	字符	50		
BOOKNAME	图书名称	字符	50		
BOOKTYPEID	图书类型 ID	字符	4		普通索引
BOOKCON	出版社	字符	100	是	
BRIEF	简要介绍	备注		是	
AUTHOR	作者	字符	20	是	
PRICE	价格	货币		是	
INDATE	入库日期	日期		是	
ESTATE	图书状态	字符	2	是	

课堂速记

课堂速记

6.2.3 "图书管理系统"表间关系

"图书管理系统"表间关系如图6-3所示。

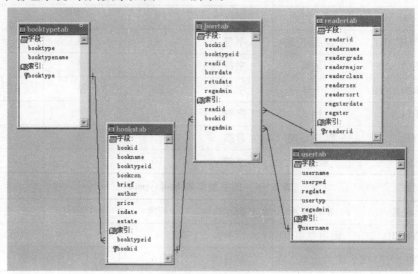

图6-3 表间关系

6.3 系统总体设计

根据需求分析阶段的系统功能分析,系统总体设计的主要任务是确定系统由哪些子系统组成以及子系统之间的调用关系。通常,可以采用结构化的设计方法,即根据系统的功能,将系统分解为若干个模块,每个模块完成一个子功能,把所有模块组成一个整体可以完成系统的功能。所谓模块,是指过程、函数、子程序、表单等对象的集合。在设计模块时,要尽量使得每个模块完成一个相对独立的特定子功能,并且和其他模块之间的关系比较简单。

6.3.1 "图书管理系统"总体设计

"图书管理系统"的总体设计采用层次图图形工具。如图6-4所示。在层次图中,第一层表示系统层,通常对应系统的名称;从第二层到第五层,每个方框代表一个模块,方框之间的连线代表模块之间的调用关系。

6.3.2 各模块功能概述

①登录模块。对使用该系统的用户进行身份验证,合法用户才允许使用本系统。

②用户管理模块。为本系统使用者建立基本的信息,并实现用户信息的填加、修改和删除。

③读者管理模块。实现读者借阅证的分发,读者信息的记录,包括:添加读者信息,修改读者信息和删除读者。

④图书类型管理模块。建立图书类型,以及实现对图书类型的维护,包括:修改和

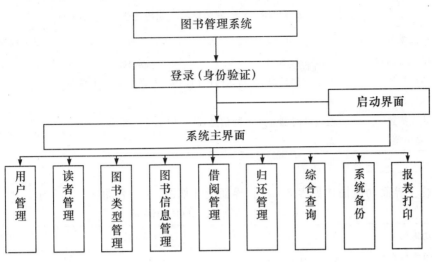

图 6－4 "图书管理系统"层次图

删除。

⑤图书信息管理模块。实现图书的入库,并允许用户对图书信息维护,包括:修改和删除。

⑥借阅管理模块。实现图书借阅功能。

⑦归还管理模块。实现图书归还功能。

⑧综合查询模块。提供图书查询,包括图书查询和读者查询。

⑨系统备份模块。备份系统数据和导入系统数据。

⑩报表打印模块。打印数据报表。

6.3.3 各模块功能描述表

1. 登录模块功能描述表

登录模块功能描述见表 6－9。

表 6－9 登录模块功能描述表

功能编号	1－1	功能名称	登录模块
表单文件名称	Login. scx		
功能描述	登录:对输入用户名和密码验证 重填:清空用户名和密码 退出:退出系统		
输入项	用户名和密码		
处理描述	用户名和密码与用户表 USERTAB 中的用户名和密码进行对比,如存在此用户和密码则允许登录系统。否则提示相关信息		
输出项	显示主界面		

2. 启动界面模块功能描述表

启动界面模块功能描述见表 6－10。界面设计如图 6－7 和图 6－8 所示。

课堂速记

表6-10　启动界面模块功能描述表

功能编号	1-2	功能名称	启动模块
表单文件名称	Frmcover.scx		
功能描述	显示欢迎信息,在指定时间内消失,并调用系统主界面		
输入项	无		
处理描述	通过计时器显示不同信息,并调用系统主界面		
输出项	无		

3. 系统主界面功能描述表

系统主界面功能描述见表6-11。界面设计如图6-9和图6-10所示。

表6-11　系统主界面功能描述表

功能编号	1-3	功能名称	主界面模块
表单文件名称	Main.scx		
功能描述	提供各种功能按钮		
输入项	无		
处理描述	点击各功能按钮,打开相应功能界面		
输出项	各功能界面		

4. 操作员管理模块功能描述表

操作员管理模块功能描述见表6-12。

表6-12　操作员管理模块功能描述表

功能编号	1-4	功能名称	操作员管理
表单文件名称	Frmuser.scx,frmdeleteuser.scx		
功能描述	添加操作员 修改操作员信息 删除操作员		
输入项	用户名,密码		
处理描述	添加操作员 修改操作员信息 删除操作员		
输出项	操作提示信息		

5. 读者管理模块功能描述表

读者管理模块功能描述见表6-13。

表6-13　读者管理模块功能描述表

功能编号	1-5	功能名称	读者管理
表单文件名称	Frmreaderadd.scx		
功能描述	读者信息管理(添加,删除,修改)		
输入项	读者信息,包括:借阅证号,姓名,年级,班级,专业,性别		
处理描述	添加读者信息(注册新用户),修改读者信息,删除读者(注销用户)		
输出项	操作提示信息		

6. 图书类别管理模块功能描述表

图书类别管理模块功能描述见表6—14。

表6—14　图书类别管理模块功能描述表

功能编号	1—6	功能名称	图书类别管理
表单文件名称	Frmbooktypetab. scx，Frmaddbooktype. scx		
功能描述	图书类别管理，添加类别和删除类别		
输入项	图书类别名称		
处理描述	添加图书类别，删除图书类别		
输出项	操作提示信息		

7. 图书管理模块功能描述表

图书管理模块功能描述见表6—15。

表6—15　图书管理模块功能描述表

功能编号	1—7	功能名称	图书管理
表单文件名称	Frmbookmanage. scx，Frmebookedit. scx		
功能描述	图书信息管理，包括图书入库，图书信息编辑，图书删除		
输入项	图书信息		
处理描述	图书入库：添加图书信息 图书编辑：修改图书信息 图书删除：删除图书信息		
输出项	操作提示信息		

8. 综合查询模块功能描述表

综合查询模块功能描述见表6—16。

表6—16　综合查询模块功能描述表

功能编号	1—8	功能名称	综合查询
表单文件名称	FrmqueryInfo. scx		
功能描述	查询图书信息，读者信息和操作员信息		
输入项	各种查询条件		
处理描述	根据查询条件显示查询结果		
输出项	提示信息及查询结果		

9. 图书借阅模块功能描述表

图书借阅模块功能描述见表6—17。

表6—17　图书借阅模块功能描述表

功能编号	1—9	功能名称	图书借阅
表单文件名称	Frmborrtab. scx		
功能描述	图书借阅功能		
输入项	图书编号，借阅证号		
处理描述	根据图书编号和借阅证号借阅图书		
输出项	未借图书信息，图书借阅信息		

10. 图书归还模块功能描述表

图书归还模块功能描述见表6-18。

表6-18　图书归还模块功能描述表

功能编号	1-10	功能名称	图书归还
表单文件名称	Frmbookreversion.scx		
功能描述	归还图书		
输入项	图书编号,读者借阅证号		
处理描述	根据图书编号归还图书,并对超期图书打印图书超期报表		
输出项	操作提示信息,图书超期罚款单		

11. 数据备份模块功能描述表

数据备份模块功能描述见表6-19。

表6-19　数据备份模块功能描述表

功能编号	1-11	功能名称	数据备份
表单文件名称	Databasebak.scx		
功能描述	备份系统数据库及相关数据表		
输入项	备份目标位置		
处理描述	根据备份目标位置,对系统数据库及相关数据表进行备份		
输出项	操作提示信息		

6.4　系统模块实现

在D盘下建立一个名为TSGLXT的文件夹,并在该文件夹下建立名称为 bak,data,forms,graphics,menu,program 和 report 子文件夹,分别存放系统备份数据、系统数据库及数据表、系统表单文件、系统图片及图形文件、程序文件和数据报表文件。

6.4.1　建立项目文件

通过项目文件组织并管理应用程序中的所有文件。将新建项目文件命名为 TSGL,保存在 D:\TSGLXT 下,项目管理器如图6-5所示。

图6-5　项目管理器

6.4.2 建立数据库及相关数据表

根据数据库设计阶段分析的数据表结构以及表间关系,建立系统数据库、数据表及表间关系。数据库命名为 TSGL,数据库及数据表保存在 D:\TSGLXT\data 文件夹下,数据库设计器如图 6—6 所示。

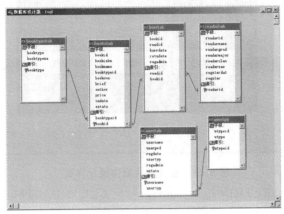

图 6—6 数据库设计器

6.4.3 登录模块设计

1. 设计思路

在登录窗口中,当用户登录时,判断用户的账号和密码是否为空,如空则提示用户,否则从用户表中查询与用户输入的账号和密码相匹配的记录。如果找不到记录,则提示用户"用户名或密码错误",否则调用启动模块。

2. 设计窗体

登录模块窗体运行效果如图 6—7 所示。

图 6—7 登录模块窗体

新建表单,保存文件名为 LOGIN. SCX。在表单中添加 1 个 IMAGE 控件,2 个 LABEL 控件,2 个 TEXT 控件和 3 个 COMMAND 控件,并将用户表和用户类别表添加到数据环境中。登录模块窗体设计界面如图 6—8 所示。

3. 相关事件代码

"登录"按钮 CLICK 事件代码:

```
IF LEN(ALLTRIM(ThisForm. Text1. Value))=0 or LEN(ALLTRIM(This-
Form. Text2. Value))=0 THEN
    MESSAGEBOX("请输入完整的登录信息",0+48,"提示信息")
    RETURN
ENDIF
GO TOP
```

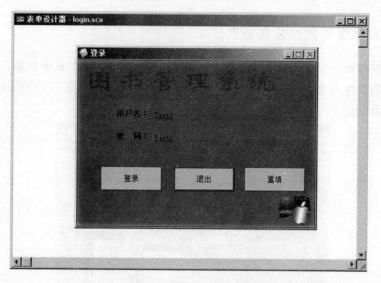

图6—8 登录模块窗体设计界面

LOCATE FOR ALLTRIM(username)＝＝ALLTRIM(ThisForm. Text1. value)
AND ALLTRIM(userpwd)＝＝ALLTRIM(ThisForm. Text2. Value)

```
    IF EOF () THEN
        MESSAGEBOX("用户名或密码错误,请确认",0+48,"提示信息")
        ThisForm. Text1. Value=""
        ThisForm. Text2. Value=""
        ThisForm. Text1. SetFocus
    ELSE
    REPLACE USTATE WITH. t.
    THISFORM. RELEASE
    DO FORM forms\frmcover. scx
    ENDIF
"退出"按钮 Click 事件:
ThisForm. Queryunload
"重填"按钮 Click 事件:
ThisForm. Text1. Value=""
ThisForm. Text2. Value=""
表单 Queryunload 事件:
CHOICE=MESSAGEBOX("是否退出系统?",4+32+256,"系统提示")
IF CHOICE=6 THEN
  ThisForm. RELEASE
  CLEAR EVENTS
ELSE
  NODEFAULT
ENDIF
```

6.4.4 启动模块设计

1. 设计思路

通过计时器控制窗体内变量值的变化来显示不同的信息,当变量值变化到一定值时调用系统主界面窗体。

2. 窗体设计

新建表单,命名为 frmcover.scx。在表单中添加 1 个 Timer 控件。启动模块设计界面如图 6-9 所示。

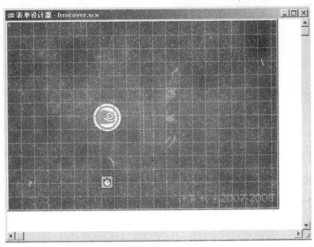

图 6-9 启动模块设计界面

3. 相关事件代码

表单 LOAD 事件代码:

```
PUBLIC js
js=0
```

Timer 控件 Timer 事件代码:

```
js=js+1
DO CASE
    CASE js=1
        ThisForm. Label1. Caption="正在进行身份验证......"
    CASE js=2
        ThisForm. Label1. Caption="正在加载用户设置......"
    CASE js=3
        ThisForm. RELEASE
        DO FORM forms/main. scx
ENDCASE
```

6.4.5 系统主界面设计

1. 设计思路

系统主界面提供使用系统的功能按钮和系统菜单,并显示当前登录用户的名称及当

课堂速记

前日期。

2. 窗体设计

新建表单,命名为 MAIN.scx 。在表单中添加 1 个 Image 控件,1 个 Label 控件,1 个页框控件以及 11 个 Command 控件。并将用户信息表添加到数据环境中。设计界面如图 6－10 所示。

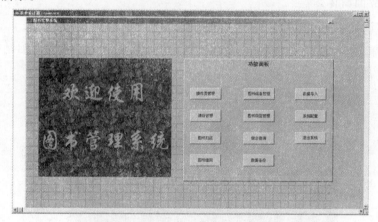

图6—10　系统主界面设计界面

3. 相关事件代码

表单 Init 事件代码:

```
open database data/tsgl.dbc
do menu/tsglmenu.mpr with this ,"sys_menu"
select * from usertab where ustate=.t. into cursor usertmp
ThisForm.Label1.Top=This.Height－ThisForm.Label1.Height
ThisForm.Label1.Width=This.Width
ThisForm.Label1.Left=0
```

ThisForm.Label1.Caption="当前用户:" ＋ usertmp.username＋" 现在的时间:"＋alltrim(str(year(date())))＋"年"＋ALLTRIM(STR(month(date())))＋"月"＋ALLTRIM(STR(day(date())))＋"日"

```
ThisForm.refresh
```

表单 Destroy 事件代码:

```
release menu sys_menu extended
```

表单 Queryunload 事件代码:

```
choice=messagebox("是否退出系统?",4＋32＋256,"系统提示")
IF CHOICE=6 then
    CLOSE TABLE ALL
    USE data/usertab exclusive
    SELECT USERTAB
    UPDATE USERTAB SET USTATE=.f.
    USE
    CLOSE TABLE ALL
    CLOSE database
    ThisForm.release
```

```
    CLEAR EVENTS
    QUIT
ELSE
    NODEFAULT
ENDIF
```

"退出系统"按钮 Click 事件代码：

ThisForm. QueryUnload

"操作员管理"按钮 Click 事件代码：

DO FORM forms/frmuser. scx

其余 9 个按钮 CLICK 事件与"操作员管理"按钮 CLICK 事件代码相似，分别调用相应功能模块表单文件。

6.4.6 操作员管理模块设计

1. 设计思路

操作员管理模块主要包括对操作员信息管理，其中包括添加操作员，修改操作员信息，删除操作员。在添加操作员时，要判断操作员的姓名是否已经存在，如果存在，则不允许添加。在修改操作员信息时，直接对数据库中的操作员信息表进行更新。在删除操作员时，打开删除对话框，用户通过选择姓名来删除操作员。

2. 窗体设计

新建表单，命名为 frmuser. scx。在表单中添加 3 个 Label 控件，2 个 Text 控件，1 个下拉组合框控件，5 个按钮控件和 1 个表格控件。表格控件的 RecordSource 属性设置为用户信息表，RecordSourceType 属性设置为 1，ReadOnly 属性设置为 T。将用户表和用户类别表添加到数据环境中，并设置用户表已独占方式打开。设计界面如图 6－11 所示。

新建表单，命名为 frmdeleteuser. scx。在表单中添加一个 Label 控件，1 个下拉组合框控件，1 个按钮控件，设置表单为模式表单，添加用户表到数据环境，并设置为独占方式打开。设计界面如图 6－12 所示。

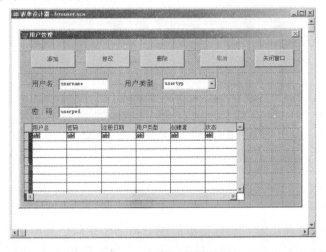

图 6－11　操作员管理模块设计界面

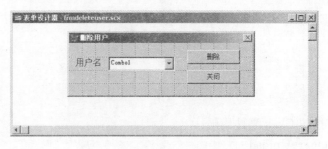

图6-12 删除用户对话框设计界面

6.4.7 读者管理模块设计

1. 设计思路

读者管理模块功能主要包括注册新读者、修改已有读者信息和注销读者。注册新读者时,先判断用户输入的读者借阅证号是否已经存在,如果存在则提示用户不允许注册。在注册新读者时,读者编号自动生成,生成算法是先判断读者字段值是否为空值,若为空,新读者编号为1,否则新读者编号等于当前读者编号字段最大值加1。修改读者信息即对数据库中的读者信息表进行更新。删除读者时也要先判断用户输入的读者借阅证号是否存在,若不存在则提示用户,否则删除读者信息表中相匹配的记录。另外,如果读者有借阅记录,暂时不能删除读者。

2. 窗体设计

新建表单,命名为 frmreaderadd.scx。在表单中添加7个 Label 控件,2个 Text 控件,4个下拉组合框控件,5个 Command 控件和1个表格控件。表格控件的 RecordSource 属性设置为读者信息表,RecordSourceType 属性设置为1,ReadOnly 属性设置为T。将读者信息表和借阅表添加到表单的数据环境中,并设置读者信息表为独占方式打开。设计界面如图6-13所示。

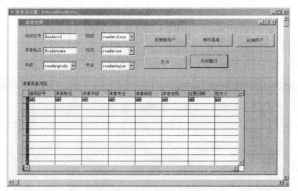

图6-13 读者管理设计界面

6.4.8 图书类型管理模块设计

1. 设计思路

图书类型管理模块功能主要包括添加图书类别和删除已有图书类别。添加图书类别即向图书类别信息表中插入记录,删除已有类别即在图书类别表中删除相关记录。由于图书表和图书类别表存在表间关系,在图书信息表中删除该类别下所有图书。

2. 窗体设计

新建表单,命名为 frmbooktypetab. scx。在表单中添加 2 个 Label 控件,3 个命令按钮控件,1 个列表框控件,列表框控件的 RowSource 属性设置为图书类别表中的图书类别编号字段和图书类别名称字段,RowSourceType 属性设置为 6。将图书信息表和图书类别信息表添加到表单数据环境中,并设置以独占方式打开。设计界面如图 6—14 所示。

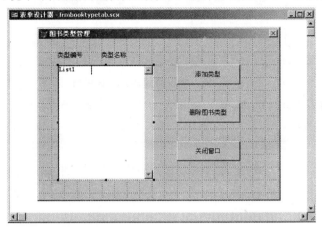

图 6—14 图书类别管理设计界面

新建表单,命名为 frmaddbooktype. scx。在表单中添加 1 个 Label 控件,1 个 Text 控件和一个命令按钮控件。将图书类别信息表添加到表单数据环境中。设置表单为模式表单。设计界面如图 6—15 所示。

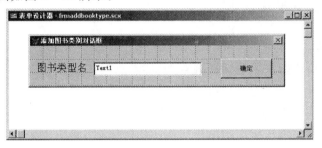

图 6—15 添加图书类别对话框设计界面

6.4.9 图书管理模块设计

1. 设计思路

图书管理模块功能主要包括添加图书、修改图书信息和删除图书。添加图书时先判断用户输入的 ISBN 号是否存在,若存在则提示用户不允许添加。另外判断用户输入图书信息是否完整,若不完整则不允许添加。编辑图书时,打开图书编辑对话框,用户选择图书编号之后,在图书管理窗体中直接修改图书信息,并对图书信息表中相关记录更新。删除图书时,先判断该图书是否借出,若借出则暂时不允许删除。

2. 窗体设计

新建表单,命名为 frmbookmanage. scx。在表单中添加 8 个 Label 控件,5 个 Text 控件,1 个下拉组合框控件,1 个编辑框控件,5 个命令按钮控件和 1 个表格控件,表格控件的 RecordSource 属性设置为无,RecordSourceType 属性设置为 4。将图书信息表和图书类别表添加到表单数据环境中,并设置图书信息表已独占方式打开。设计界面如图 6—16 所示。

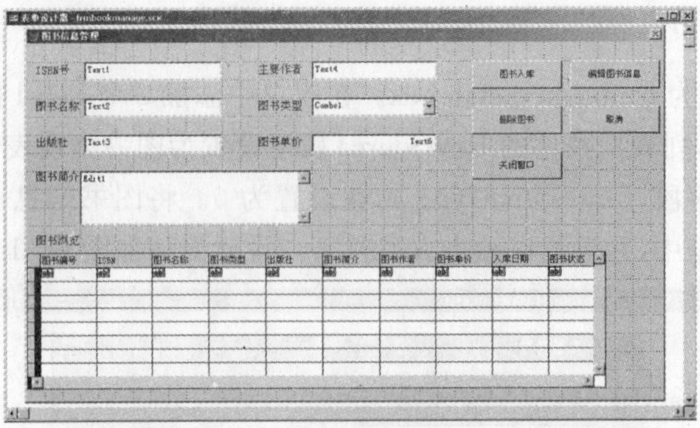

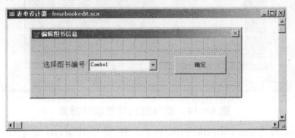

图 6-16   图书管理模块设计界面

新建表单，命名为 frmebookmanage.scx。在表单中添加 1 个 LABEL 控件，1 个下拉组合框控件和 1 个命令按钮控件。将图书信息表添加到表单数据环境中。设计界面如图 6-17 所示。

图 6-17   编辑图书信息对话框设计界面

6.4.10   综合查询模块设计

1. 设计思路

综合查询模块功能主要包括图书查询、读者查询和操作员查询。图书查询包括按 ISBN、按图书名称、按图书分类、按出版社、按未借图书和已借图书查询。读者查询包括按借阅证号和按读者姓名查询。操作员查询包括按操作姓名和操作员类别查询。

2. 窗体设计

新建表单，命名为 frmqueryinfo。在表单中添加 1 个页框控件，在每个页上分别添加 Label 控件，选项按钮组控件，Text 控件，命令按钮控件和表格控件。设计界面如图 6-18和图 6-19 所示。

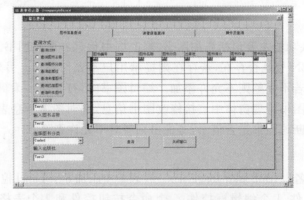

图 6-18   综合查询一图书查询设计界面

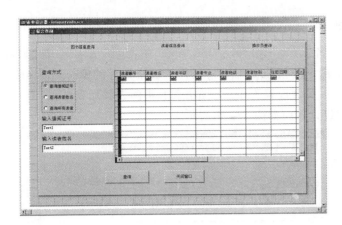

图 6-19 综合查询-读者查询设计界面

6.4.11 图书借阅模块设计

1.设计思路

图书借阅模块功能是根据用户选择的借阅证号和图书编号来借阅图书。即在借阅表中插入相关记录。

2.窗体设计

新建表单,命名为 frmborrtab。在表单中添加 4 个 Label 控件,2 个下拉列表框控件,2 个命令按钮控件和 2 个表格控件。将图书信息表和借阅表添加到表单数据环境中。设计界面如图 6-20 所示。

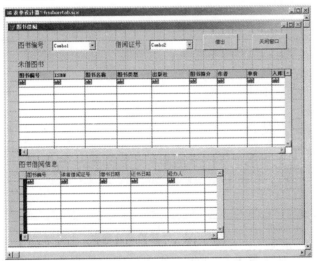

图 6-20 图书借阅模块设计界面

6.4.12 图书归还模块设计

1.设计思路

根据用户选择的图书编号和借阅证号将图书归还,即在借阅表中删除相关记录。在归还时还要判断图书是否超期,如果超期,则打印图书超期罚款单。

2. 窗体设计

新建表单,命名为 frmbookreversion.scx。在表单中添加 4 个 Label 控件,2 个下拉列表框控件,2 个命令按钮和 2 个表格控件。表格控件的 RecordSource 属性设置为无,RecordSourceType 属性设置为 1。将图书表和借阅表添加到数据环境,并设置借阅表以独占方式打开。设计界面如图 6—21 所示。

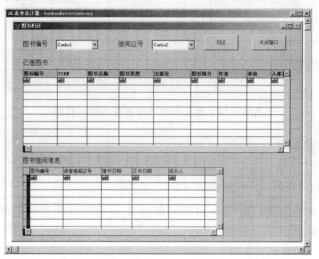

图 6—21　图书归还模块设计界面

新建表单 frmprintdata.scx。在表单中添加 6 个 Label 控件,6 个 Text 控件和 3 个命令按钮控件。6 个 Text 控件的 Enabled 属性设置为 F。表单设置为模式表单。设计界面如图 6—22 所示。

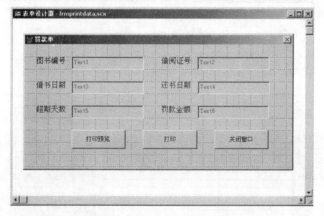

图 6—22　罚款单设计界面

在数据库新建本地视图 WK_view。作为报表的数据源。创建视图 WK_view 的 SQL 语句如下:

SELECT Readertab. readerid,Readertab. readername,Bookstab. bookisbn;

　Bookstab. bookname,Borrtab. borrdate,Borrtab. retudate;

　ALLTRIM(STR((retudate－borrdate))) AS 预借天数;

　ALLTRIM(STR((DATE()－retudate))) AS 超期天数;

　ALLTRIM(STR((DATE()－retudate) * 0.1,10,2)) AS 罚款金额;

FROM tsgl! readertab INNER JOIN tsgl! borrtab;

　INNER JOIN tsgl! bookstab;

ON Bookstab. bookid ＝ Borrtab. bookid;

 ON Readertab. readerid ＝ Borrtab. readid;

ORDER BY Readertab. readerid

 新建报表 WKreport. frx,用于图书超期罚款单的打印。将视图 WK_view 添加数据环境中。设计界面如图 6－23 所示。

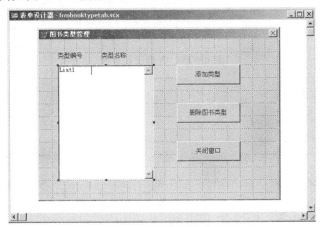

图 6－23　罚款单报表设计界面

6.4.13　数据备份模块设计

1. 设计思路

 数据备份模块主要功能是将系统数据库及数据表拷贝到计算机的其他位置。

2. 窗体设计

 新建表单,命名为 databasebak. scx。在表单中添加 1 个 Label 控件,1 个 Text 控件,3 个命令按钮控件,1 个 Timer 控件和 1 个 Progressbar 控件。其中 Timer 控件的 Inter-val 属性设置为 0。Progressbar 控件属于 ActiveX 控件,在 Visual FoxPro"选项"对话框的"控件"选项卡下,选择"ActiveX 控件",在"选定"列表框中选择 Microsoft Progressbar Control 6.0。如图 6－24 所示。ProgressBar 控件的 Max 属性设置为 100,Min 属性设置 0,Visible 属性设置为 F。表单设计界面如图 6－25 所示。

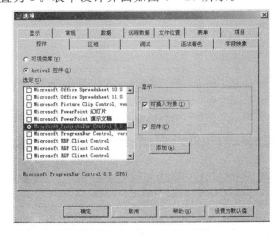

图 6－24　"选项"对话框

图 6—25　表单设计界面

6.4.14　系统菜单设计

1. 设计思路

系统菜单提供了使用系统功能的菜单项。它由条形菜单和下拉式菜单构成。

2. 窗体设计

新建下拉式菜单,命名为 tsglmenu。菜单结构如表 6—20 所示。

表 6—20　菜单结构

菜单名称	结果
图书管理	子菜单
图书管理 子菜单名称	子菜单结果(命令)
图书信息管理	_SCREEN. ActiveForm. pageframe1. page1. cmdbookmanage. click
图书类型管理	_SCREEN. ActiveForm. pageframe1. page1. cmdbooktypmanage. click
图书归还	_SCREEN. ActiveForm. pageframe1. page1. cmdbookreturn. click
图书借阅	_SCREEN. ActiveForm. pageframe1. page1. cmdbookborrow. click
打印罚款单	_SCREEN. ActiveForm. pageframe1. page1. command3. click
操作员管理	子菜单
操作员管理 子菜单名称	子菜单结果(命令)
添加操作员	_SCREEN. ActiveForm. pageframe1. page1. cmdusermanage. click
编辑操作员	_SCREEN. ActiveForm. pageframe1. page1. cmdusermanage. click
删除操作员	_SCREEN. ActiveForm. pageframe1. page1. cmdusermanage. click
读者管理	子菜单
读者管理 子菜单名称	子菜单结果(命令)
添加读者	_SCREEN. ActiveForm. pageframe1. page1. cmdreadermanage. click
编辑读者	_SCREEN. ActiveForm. pageframe1. page1. cmdreadermanage. click
注销读者	_SCREEN. ActiveForm. pageframe1. page1. cmdreadermanage. click

▶课堂速记

综合查询	子菜单
综合查询 子菜单名称	子菜单结果（命令）
图书查询	_SCREEN. ActiveForm. pageframe1. page1. cmdquery. click
读者查询	_SCREEN. ActiveForm. pageframe1. page1. cmdquery. click
操作员查询	_SCREEN. ActiveForm. pageframe1. page1. cmdquery. click

系统维护 & 配置	子菜单
系统维护 & 配置 子菜单名称	子菜单结果（命令）
数据备份	_SCREEN. ActiveForm. pageframe1. page1. command1. click
数据导入	_SCREEN. ActiveForm. pageframe1. page1. command2. click
系统配置	_SCREEN. ActiveForm. pageframe1. page1. command4. click

退出系统	结果（命令）
退出系统	_SCREEN. ActiveForm. pageframe1. page1. cmdexit. click

6.5 系统调试与发布

6.5.1 系统调试

根据系统模块的划分,在表单设计和编码过程中对每个模块进行不断的测试。测试方法主要是功能测试,包括:输入数据完整性测试,模块功能完整性测试。例如,测试图书管理模块输入数据完整性,当图书入库时,如果用户输入的图书信息不完整,是否允许图书入库。如果能入库,表明模块功能存在缺陷。例如,测试图书类别管理模块,当用户删除图书类别时,是否删除该类别下所有图书。如果不能删除,则说明模块功能存在缺陷。

6.5.2 系统发布

所谓系统发布是指连编项目文件,生成系统应用程序文件及系统安装文件。发布系统前首先设置系统主程序。

6.5.3 主程序

主程序是整个系统的入口点,主程序的任务包括设置系统的起始点、初始化系统环境、显示初始的用户界面、启动控制事件循环、当退出系统时,恢复原始的开发环境。

新建程序文件,命名为 main。在项目管理器中将其设置为主文件,其代码如下:

```
SET TALK OFF
SET SYSMENU OFF              && 禁止 Visual FoxPro 系统菜单栏
SET SYSMENU TO
SET STATUS BAR OFF           && 禁止图形状态栏
SET NOTIFY OFF               && 禁止显示系统信息
CLOSE ALL
_screen. Visible=. f.
PathDefault=SYS(5)+SYS(2003)
SET DEFAULT TO &PathDefault
DO FORM forms\login. scx
READ EVENTS
```

6.5.4　连编项目

当系统各个模块调试无误之后,需要对整个项目文件进行联合调试并编译,在 Visual FoxPro 中称为连编项目。将一个项目文件编译成一个应用程序时,所有在项目中被包括的文件将组合成一个单一的应用程序文件。在项目编译后,那些在项目中标记为"包含"的文件将变成只读文件,不能再修改;在项目中标记为"排除"的文件允许用户修改,即不参加项目编译。一般地,将表单、报表、查询、菜单和程序文件标记为"包含",而数据文件则标记为"排除"。

可以将项目连编成应用程序文件(. app)、可执行文件(. exe)和 COM DLL。其中应用程序文件需要在 Visual FoxPro 环境中运行;可执行文件可以在 WINDOWS 环境下运行,但需要 VFP6R. dll,VFP6ENU. dll 和 VFP6RCHS. dll3 个文件的支持。以上 3 个文件在 windows\system32 下。图书管理系统项目文件连编如图 6-26 所示。

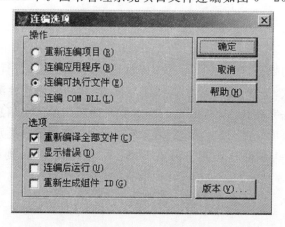

图 6-26　图书管理系统项目文件连编选项

6.5.5　生成安装文件

所谓生成安装文件是指为用户提供一个可以安装的应用程序。利用 Visual FoxPro 6.0 的"安装向导"来生成应用程序的安装文件。生成安装文件的过程中应关闭项目管理器。

【操作步骤】

①将 tsglxt 文件夹下所有文件复制到 C:\ tsglxt 文件夹,作为发布树目录

②单击 Visual FoxPro 系统菜单栏中的"工具"菜单项,选择"向导"子菜单中的"安装"菜单项,打开"安装向导"对话框。在对话框中选择发布树目录为 C:\ tsglxt。如图 6—27 所示。

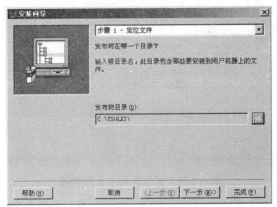

图 6—27 发布树目录

③选择指定组件:Visual FoxPro 运行时刻组件和 ActiveX 控件,在 ActiveX 控件中选择 Microsoft progressbar Control 6.0。如图 6—28 所示。

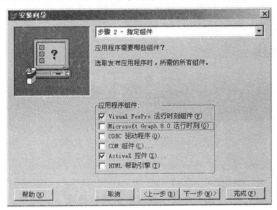

图 6—28 选择指定组件

④选择磁盘映像目录为 F:\图书管理系统\,并选择 Web 安装。如图 6—29 所示。

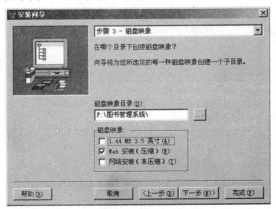

图 6—29 选择磁盘映像

⑤设置安装对话框标题为图书管理系统,设置版权信息为:经管学院计算机系版权

所有。如图6—30所示。

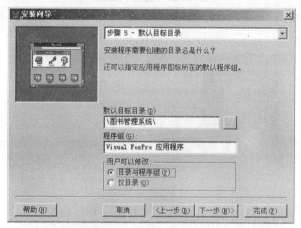

图6—30 设置安装对话框标题

⑥选择默认目标目录为"\图书管理系统\",设置程序组为 Visual FoxPro 应用程序,选择用户可以修改目录与程序组。如图6—31所示。

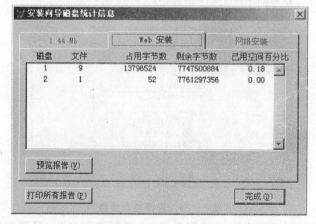

图6—31 选择默认目标目录

⑦安装向导步骤6和步骤7没有任何选择和设置。单击"完成"系统开始生成安装文件。如果发布成功,会显示如图6—32所示的界面,并在 F:\图书管理系统\WebSetup 下生成 Setup.exe 安装文件。

磁盘	文件	占用字节数	剩余字节数	已用空间百分比
1	9	13796524	7747500684	0.18
2	1	52	7761297356	0.00

图6—32 发布成功

闯关考验

一、单项选择题

1.把一个项目编译成一个应用程序时,下面哪个是正确的( )。

A.所有的项目文件将组成一个单一的应用程序文件

B.所有项目的包含文件将组合为一个单一的应用程序文件

C.所有项目排除的文件将组成为一个单一的应用程序文件

D.由用户选定的项目文件将组成为一个单一的应用程序文件

2.连编应用程序不能生成的文件是( )。

A. app 文件   B. exe 文件   C. com dll 文件   D. prg 文件

3.关于应用程序的说法正确的是( )。

A. APP 应用程序可以在 VFP 和 WINDOWS 环境下运行

B. EXE 应用程序只能在 WINDOWS 环境下运行

C. EXE 应用程序可以在 VFP 和 WINDOWS 环境下运行

D. APP 应用程序只能在 WINDOWS 环境下运行

4.作为整个应用程序入口点的主程序至少应该具备如下功能( )。

A.初始化环境

B.初始化环境,显示初始用户界面

C.初始化环境,显示初始用户界面和控制事件循环

D.初始化环境,显示初始用户界面,控制事件循环和退出时恢复环境

5.对项目进行连编测试的目的是( )。

A.对项目中各种程序的引用进行校验

B.对项目中 prg 文件进行校验,检查发现其中的错误

C.对项目中各种程序的引用进行校验,检查所有的程序组件是否可用

D.对项目中各种程序的引用进行校验,检查所有的程序组件是否可用,并重新编译过期文件

二、程序填空题

请完善图书管理系统登录模块中"登录"按钮 Click 事件代码,该代码用于判断用户输入的账号和密码是否与用户信息表中的记录相匹配,如果匹配则允许登录,否则不允许登录。登录模块设计界面如图 6—33 所示。

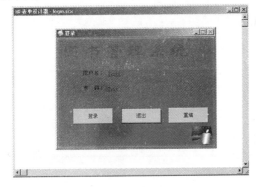

图 6—33 登录模块设计界面

课堂速记

```
IF _____ THEN
    MESSAGEBOX("请输入完整的登录信息",0+48,"提示信息")
    RETURN
ENDIF
GO TOP
LOCATE FOR ALLTRIM(username)= = _____
    IF _____ THEN
        MESSAGEBOX("用户名或密码错误,请确认",0+48,"提示信息")
        thisForm. Text1. Value=""
        ThisForm. Text2. Value=""
        ThisForm. Text1. SetFocus
    ELSE
        REPLACE USTATE WITH. t.
        ThisForm. release
        DO FORM forms\frmcover. scx
    ENDIF
```

三、操作题

请编写图书管理模块中删除图书功能的核心代码。

参考文献

[1]全国计算机等级考试命题研究中心,飞思教育产品研发中心、未来教育教学与研究中心.全国计算机等级考试考点分析、题解与模拟二级 Visual FoxPro[M].北京:电子工业出版社,2008.

[2]全国计算机等级考试编写组,未来教育与教学研究中心.全国计算机等级考试命题大透视二级 Visual FoxPro[M].北京:人民邮电出版社,2007.

[3]全国计算机等级考试教材编写组.全国计算机等级考试教程二级 Visual FoxPro[M].北京:人民邮电出版社,2007.

[4]卢雪松.Visual FoxPro 实验与测试(第 3 版)[M].南京:东南大学出版社,2008.

[5]蒋丽,袁学松.Visual FoxPro 6.0 程序设计与实现[M].北京:中国水利水电出版社,2006.

[6]李爱平.Visual FoxPro 数据库程序设计基础[M].北京:机械工业出版社,2003.

[7]匡松,刘容.Visual FoxPro 面向对象程序设计实用教程[M].成都:西南交通大学出版社,2006.

[8]李淑华.Visual FoxPro 6.0 程序设计[M].北京:高等教育出版社,2004.

[9]史济民,汤观全.Visual FoxPro 及其应用系统开发[M].北京:清华大学出版社,2000.

[10]刘甫迎,党晋蓉.Visual FoxPro 程序设计与应用[M].北京:高等教育出版社,2008.

[11]教育部考试中心.全国计算机等级考试二级教程－Visual FoxPro 数据库程序设计[M].北京:高等教育出版社,2008.

[12]张跃平.Visual FoxPro 课程设计(第二版)[M].北京:清华大学出版社,2008.

[13]孙承爱.Visual FoxPro 程序设计基础与项目实训[M].北京:北京科海电子出版社,2009.

[14]匡松,何振林.Visual FoxPro 面向对象程序设计上机和级考实训教程[M].成都:西南交通大学出版社,2006.

[15]殷晓波.Visual FoxPro 程序设计[M].长沙:国防科技大学出版社,2008.

[16]杨绍先,等.Visual FoxPro 数据库实用教程[M].北京:高等教育出版社,2005.

二十一世纪高职高专院校规划教材

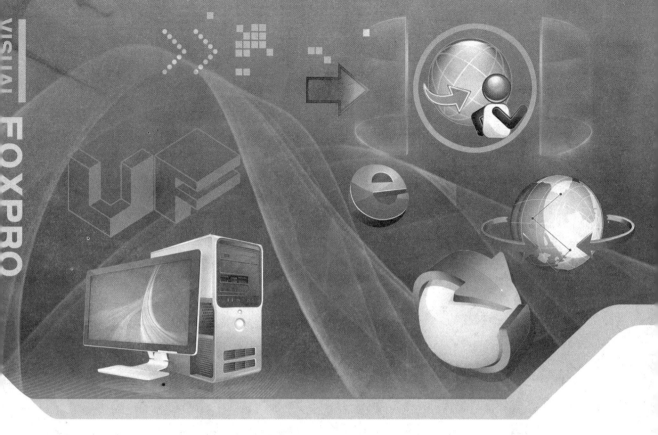

Visual FoxPro 6.0

◆ 基础强化，实训突出
◆ 案例典型，任务驱动
◆ 体例新颖，知识图解

（上机指导）

程序设计

主　　编　　韩最蛟　段宏斌
副主编　　朱丽雅
编　　者　　王　哲　王明哲　李如平

哈尔滨工业大学出版社
HITP　HARBIN INSTITUTE OF TECHNOLOGY PRESS

CONTENTS 目 录

实训 1　Visual FoxPro 操作基础

1.1　实训目标

1.熟悉 Visual FoxPro 的集成环境。

2.掌握项目管理器的使用。

1.2　实训指南

1.2.1　菜单的使用

实训 1－1　菜单的操作。

【操作步骤】

步骤一:单击"文件"菜单中的"新建(N)…Ctrl＋N",菜单项,出现"新建"对话框,单击"取消"按钮。

步骤二:直接按 Ctrl＋N 键,系统出现"新建"对话框,单击"取消"按钮。(说明:快捷键与上述菜单操作功能相同)

步骤三:选择常用工具栏上的"新建"按钮,系统也出现"新建"对话框,单击"取消"按钮。(说明:工具栏的按钮与上述菜单操作功能相同)浏览整个 Visual FoxPro 6.0 系统菜单,了解各菜单中的菜单项,熟悉各菜单项的操作方法。

1.2.2　命令窗口的使用

实训 1－2　命令窗口的操作。

(1)命令窗口的打开

进入 Visual FoxPro 6.0 后,命令窗口处于打开状态,如果命令窗口关闭,可用下列方法打开:

【操作步骤】

步骤一:单击常用工具栏上的"命令窗口"按钮,弹出"命令"窗口。

步骤二:单击"窗口"菜单中"命令窗口"菜单项。

步骤三:使用快捷键"Ctrl＋F2"。

(2)命令窗口的关闭

在命令窗口打开时,关闭命令窗口有如下方法:

【操作步骤】

步骤一:单击命令窗口的"关闭"按钮。

步骤二:单击常用工具栏上的"命令窗口"按钮。

步骤三:选中命令窗口,单击"文件"菜单中的"关闭"菜单项。

(3)命令窗口中执行命令

【操作步骤】

步骤一:首先利用 windows 的资源管理器或我的电脑在 D 盘建立文件夹 DJKS。

步骤二:在命令窗口中依次执行如下命令:

SET DEFAULT TO D:\DJKS && 设置默认的工作文件夹为 D:\DJKS

CLEAR   && 清除屏幕内容

M=[Visual FoxPro]   && 将 Visual FoxPro 赋给变量 M

N="数据库"   && 将数据库赋给变量 N

P=M+N   && 将 Visual FoxPro 数据库赋给变量 P

STORE 10 TO A,B,C   && 将 10 赋给变量 A,B,C

DISP MEMORY   && 显示内存变量

1.2.3 工具栏的使用

实训1-3 工具栏的显示。

【操作步骤】

步骤一:单击"显示"菜单,选择"工具栏"菜单项,弹出"工具栏"的对话框,如图1-1所示。

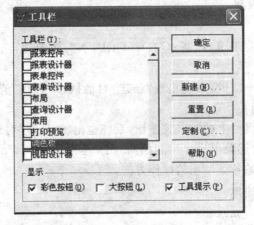

图1-1 工具栏窗口

步骤二:在该对话框中,单击要打开的工具栏的复选框,然后单击"确定"按钮,打开选中的工具栏。或将鼠标光标指向任一工具栏区域后,单击鼠标右键,出现"工具栏"快捷菜单,在该菜单中单击要打开的工具栏,该工具栏也会打开。

实训1-4 改变工具栏的位置。

【操作步骤】

将鼠标光标指向工具栏的非按钮位置,可拖动工具栏到主窗口的任意位置,如果拖放到中央,则工具栏成为浮动的工具栏窗口,窗口标题即为工具栏的名称,如图1-2所示。图中有标题的工具栏为浮动的工具栏窗口,拖放工具栏窗口的边或角可以改变其形状。双击浮动工具栏窗口标题栏,可将工具栏停靠到主窗口的顶部。工具栏也可停留在主窗口的四周。

1.2.4 项目管理器的使用

实训1-5 创建项目文件。

(1)用菜单方式创建项目文件

【操作步骤】

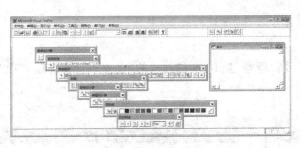

图 1－2　工具栏窗口

步骤一：打开"文件"菜单，选择"新建"，进入"新建"对话框。

步骤二：在"新建"对话框中，单击"项目"，再按"新建文件"按钮，进入"创建"对话框。

步骤三：在"创建"对话框中输入项目文件名 gxgl，选择保存到 D:\vfp 目录中，然后单击"保存"按钮。创建项目文件后，生成了两个文件（项目文件 gxgl. pjx 和项目备注文件 gxgl. pjt），项目以"项目管理器"窗口形式显示。

（2）用命令方式创建项目文件

【操作步骤】

步骤一：打开"命令"窗口。

步骤二：在"命令"窗口中输入命令"CREATE PROJECT gxgl"，进入"项目管理器"窗口。

步骤三：保存项目文件。

实训 1－ 6　项目文件的打开与关闭。

（1）项目文件的打开

对于新建的项目文件，系统自动地将其打开。对于已存在的项目文件（例如，D 盘中的项目文件 gxgl），可以用以下方法打开它：

【操作步骤】

方法一：执行菜单命令"文件"→"打开"。

方法二：单击"常用"工具栏上的"打开"按钮。在出现的"打开"对话框中选择需要打开的项目文件 gxxt，然后单击"打开"按钮。如果被打开的项目文件，其目前的存储位置与原来创建时的存储位置不一致（即该项目文件从其他存储位置复制或移动过来）。

方法三：在命令窗口中执行"MODIFY PROJECT gxgl"命令。

（2）项目文件的关闭

若要关闭项目文件，可单击"项目管理器"窗口中的"关闭"按钮，或该窗口处于活动状态时执行菜单命令"文件"→"关闭"。需要注意的是，在关闭"无任何内容"的项目文件（例如，前面刚新建的 gxgl）时，系统会出现如图 1－3 所示的提示框。

图 1－3　工具栏提示

实训1—7 "项目管理器"窗口的折叠/展开。

【操作步骤】

步骤一：单击"项目管理器"窗口的右上角的"箭头"（↑）按钮，"项目管理器"窗口被折叠，如图1—4所示。

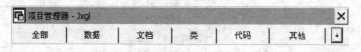

图1—4 "项目管理器"窗口

步骤二：单击图1—5中的 按钮，"项目管理器"窗口将被展开。

实训1—8 把D盘中的student.dbf和form.bmp添加到项目管理器中。

【操作步骤】

步骤一：单击"数据"选项卡→"自由表"→"添加"按钮。

步骤二：在出现的"添加"对话框中选择student.dbf文件，单击"确定"按钮。

步骤三：单击"其他"选项卡→"其他文件"→"添加"按钮。

步骤四：在出现的"添加"对话框中选择form.bmp文件，单击"确定"按钮。从"项目管理器"窗口中可以看出"自由表"、"其他文件"前均出现了"＋"标号，表示这两项均已包含了子项，单击"＋"标号可以展开列表（其操作方法同Windows资源管理器）。

实训1—9 将form.bmp文件从项目中移去。

【操作步骤】

步骤一：展开"其他文件"列表，单击"form.bmp"文件，单击窗口中的"移去"按钮。

步骤二：出现如图1—5所示的提示框，单击窗口中的"移去"按钮（这时如果选择"删除"命令按钮，则文件从项目中移去后，将从磁盘上删除，且不会放入Windows的回收站中）。

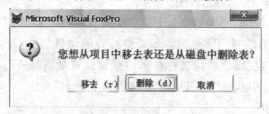

图1—5 从项目管理器中移去或删除表对话框

1.3 思考与练习

1.在Visual FoxPro 6.0系统中，哪些菜单是始终存在于菜单栏上？哪些是动态的菜单？

2.如何使用Visual FoxPro 6.0的系统的命令？

3.建立一个项目文件，将其命名为"PROJ1"，将D盘中的"学生成绩.dbf"文件添加到"PROJ1"中。

实训 2 Visual FoxPro 数据库

2.1 实训目标

1. 熟悉数据表文件的建立与查看。
2. 掌握数据表文件的修改与编辑。
3. 掌握数据表文件的使用。
4. 熟悉数据库文件的建立与使用。

2.2 实训指南

2.2.1 数据表文件的建立与查看

1. 自由表的建立

实训 2—1　建立表 2—1 所示的教师档案,并录入"陈红芳"老师的简历和照片。

表 2—1　教师档案表

编号 C,4	姓名 C,6	性别 C,2	年龄 N,2	职称 C,8	工作时间 D,8	婚否 L,1	简历 M,4	照片 G,4
01	陈红芳	女	26	助教	05/24/06	.F.	Memo	Gen
02	李小波	女	30	助教	09/24/00	.T.	Memo	Gen
03	王洪雨	男	38	讲师	12/24/95	.F.	Memo	Gen
04	刘明丽	女	45	讲师	10/09/87	.T.	Memo	Gen
05	李维明	女	45	讲师	10/09/88	.T.	Memo	Gen
06	张红利	女	38	讲师	09/27/95	.T.	Memo	Gen
07	刘好	男	50	副教授	06/23/82	.T.	Memo	Gen
08	吴刚	男	39	讲师	08/09/95	.T.	Memo	Gen

【操作步骤】

步骤一:在命令窗口中输入命令。

```
SET DEFAULT TO D:\教师档案        && 设置工作路径
CREATE 教师档案
```

步骤二:在弹出的"表设计器"对话框中,设置字段如图 2—1 所示。

步骤三:表结构创建完后,单击"确定"按钮,在弹出询问"现在输入数据记录吗?"对话

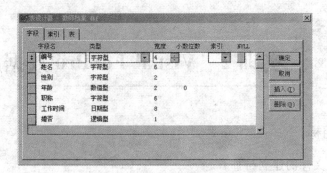

图2—1 "表设计器"对话框

框,选择"是"按钮,进入数据录入窗口,如图2—2所示。将相关记录录入完后,单击"关闭"按钮或按"Ctr+W"存盘退出。

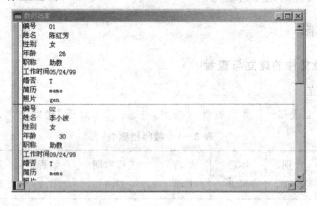

图2—2 "数据录入"窗口

步骤四:"简历"字段的录入。将光标移动到"陈红芳"记录的"简历"字段处,双击"memo",打开备注型字段编辑窗口,如图2—3所示。输入信息,输完后单击"关闭"按钮系统自动存盘,退回到原窗口,此时字段中的"memo"变成"Memo"。

步骤五:通用型字段的输入。将光标移动到"陈红芳"记录的"照片"字段处,双击打开通用型字段编辑窗口,执行"编辑"菜单中的"插入对象"命令,在"插入对象"对话框中,选择"由文件创建"单选框,在文本框中输入该照片文件路径及文件名,单击"确定"按钮,完成图片的插入。

图2—3 备注型字段编辑窗口

2.数据表的打开与查看

实训 2－2　将教师档案.DBF 表进行如下操作。

【操作步骤】

在命令窗口中依次输入以下命令：

(1)显示姓名、年龄两个字段的内容

　　USE 教师档案

　　LIST FIELDS 姓名,年龄

(2)显示性别为"男"的全部记录的内容

　　USE 教师档案

　　DISPLAY ALL FOR 性别＝'男'

(3)显示性别为"女"的姓名、职称与工作时间的内容

　　USE 教师档案

　　LIST FOR 性别＝'女' FIELDS 姓名,职称,工作时间

(4)显示全部姓"王"的记录内容

　　USE 教师档案

　　LIST FOR LEFT(ALLTRIM(姓名),2)＝'王'

(5)显示职称是"讲师"且年龄为 40 岁以下的记录

　　USE 教师档案

　　LIST FOR 职称＝'讲师'AND 年龄＜40

(6)显示年龄在 50 岁以下,工龄在 15 年以上的记录内容

　　USE 教师档案

　　LIST FOR 年龄＜50 AND (DATE()－工作时间)＞15

3.复制表

实训 2－3　使用命令实现对"教师档案.DBF"表进行复制操作。

【操作步骤】

在命令窗口中依次输入以下命令：

(1)用 COPY FILE 命令,将"教师档案.DBF"表复制生成新的表 A1.DBF,显示新表的内容。

　　CLOSE ALL

　　COPY FILE 教师档案.DBF TO A1.DBF　　　　&& 复制主文件

　　COPY FILE 教师档案.FPT TO A1.FPT　　　　&& 复制备注文件

　　USE A1

　　LIST

(2)用 COPY TO 命令,将"教师档案.DBF"复制生成新的表 A2.DBF,显示新表的内容。

　　USE 教师档案

　　COPY TO A2

```
USE A2
LIST
```

（3）将"教师档案.DBF"表复制生成新的表 A3.DBF，A3.DBF 的结构由姓名、性别、年龄、职称 4 个字段组成，显示新表的内容。

```
USE 教师档案
COPY TO A3 FIELDS 姓名,性别,年龄,职称
USE A3
LIST
```

（4）将"教师档案.DBF"表职称是"讲师"的记录拷贝出来生成新的表 A4.DBF，A4.DBF 的结构由姓名、年龄、职称和工作时间 4 个字段组成，显示新表的内容。

```
USE 教师档案
COPY TO A4 FOR 职称='讲师'FIELDS 姓名,年龄,职称,工作时间
USE A4
LIST
```

（5）将"教师档案.DBF"表年龄大于 40 岁的记录复制出来，生成新的表 A5.DBF，显示新表的内容。

```
USE 教师档案
COPY TO A5 FOR 年龄>40
USE A5
LIST
```

4.用其他表文件追加记录

实训 2—4　利用教师档案 2 空表和数据文件 JSDA.TXT 生成教师档案 2.DBF 文件。

【操作步骤】

在命令窗口中输入以下命令：

```
USE 教师档案
COPY STRUCTURE TO 教师档案 2      && 生成教师档案 2 表结构
COPY TO JSDA.TXT SDF             && 生成 JSDA.TXT 数据文件
USE 教师档案 2
APPEND FROM JSDA.TXT SDF         && 将 JSDA.TXT 添加到教师档案 2.DBF 中
LIST
```

2.2.2　数据表文件的修改与编辑

1.数据表结构的修改

（1）命令法

实训 2—5　使用"教师档案.DBF"的结构生成"教师简表.DBF"表结构，新表的结构只包含"教师号"，"姓名"，"性别"，"年龄"，"职称"5 个字段。

【操作步骤】

在命令窗口中输入以下命令：

USE 教师档案

COPY STRUCTURE TO 教师简表 FIELDS 教师号,姓名,性别,年龄,职称

USE 教师简表

LIST STRUCTURE

（2）菜单法

实训 2—6　给"教师档案.DBF"表添加一个"工资"字段。

【操作步骤】

选择"显示"菜单下的"表设计器"命令，打开"表设计器"对话框，如图 2—4 所示。在字段选项卡中，把光标移动到要插入新字段的位置，然后按"插入"按钮，在"字段名"处，输入"工资"；"类型"处选择"数值型"；"宽度"处设为"5"，单击"确定"按钮。

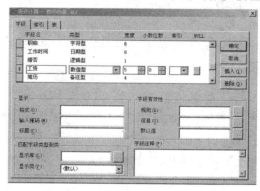

图 2—4　"表设计器"对话框

2. 数据表记录的修改

（1）记录指针的定位

实训 2—7　在命令窗口中输入下面的命令，并观察运行结果。

【操作步骤】

在命令窗口中输入以下命令：

USE 教师档案

GOTO BOTTOM　　　　　 && 指针指向最后一条记录

DISP

SKIP　　　　　　　　　&& 指针向下移动一个记录

DISP

? RECNO( ),EOF( )　　　&& 显示当前记录号,测试指针是否指向文件尾

GO TOP　　　　　　　　&& 指针指向第一条记录

DISP

SKIP −1　　　　　　　 && 指针向上移动一个记录

? RECNO( ),BOF( )　　　&& 显示当前记录号,测试指针是否指向文件头

（2）记录的编辑修改（EDIT、CHANGE、BROWSE）

实训 2—8　用 EDIT 命令只修改第四号记录"刘明丽"，将职称由"讲师"改为"副教授"，

工资由 3500 元改为 4800 元,显示修改后表的内容。

【操作步骤】

在命令窗口中输入以下命令,在弹出的编辑窗口中修改记录,如图 2—5 所示。

USE 教师档案

EDIT RECORD 4

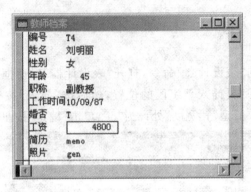

图 2—5   EDIT 命令修改记录窗口

实训 2—9   用 CHANGE 命令将工资小于 3000 元的增加 200 元,显示修改后表的内容。

【操作步骤】

在命令窗口中输入以下命令,在弹出的编辑窗口中修改记录,如图 2—6 所示。

USE 教师档案

CHANGE FOR 工资<3000

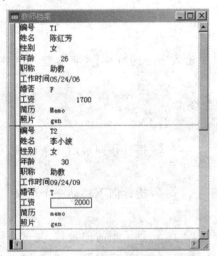

图 2—6   CHANGE 命令修改记录窗口

实训 2—10   用 BROWSE 命令只显示姓名、职称和工资 3 个字段,并作一些修改,显示修改后的表内容。

【操作步骤】

在命令窗口中输入以下命令,在弹出的编辑窗口中修改记录,如图 2—7 所示。

USE 教师档案

BROWSE FIELDS 姓名,职称,工资

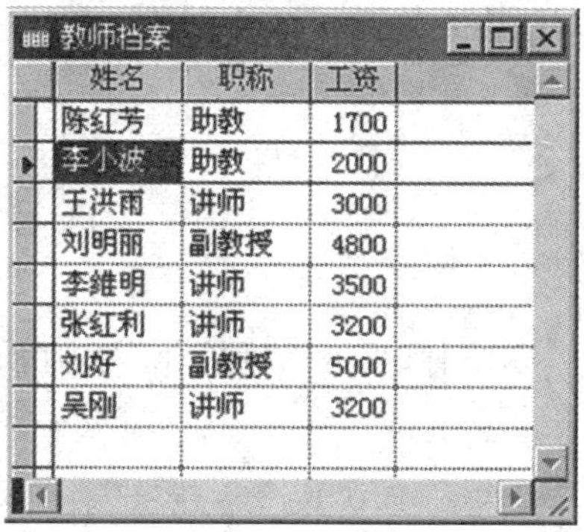

姓名	职称	工资
陈红芳	助教	1700
李小波	助教	2000
王洪雨	讲师	3000
刘明丽	副教授	4800
李维明	讲师	3500
张红利	讲师	3200
刘好	副教授	5000
吴刚	讲师	3200

图 2—7　BROWSE 命令修改记录窗口

（3）REPLACE 命令修改记录

实训 2— 11　给所有教师工资增加 200 元。

【操作步骤】

在命令窗口中依次输入以下命令：

　　USE 教师档案

　　REPLACE ALL 工资 WITH 工资＋200

实训 2—12　用命令方式添加一条新记录。

【操作步骤】

在命令窗口中依次输入以下命令：

　　USE 教师档案

　　APPEND BLANK

　　REPLACE 编号 WITH "T10",姓名 WITH "王琪",性别 WITH "女",年龄 WITH 25；

　　职称 WITH "助教",工作时间 WITH {^09/01/08},婚否 WITH .F.,工资 WITH 2500

　　LIST

（3）插入记录

实训 2—13　在命令窗口中实现：打开教师档案.DBF,在第一条记录后插入一空白记录;在第 5 条记录前插入一新记录(E1,朱大可,男,32,工程师,12/12/98,未婚,3000,)。

【操作步骤】

在命令窗口中依次输入以下命令：

　　USE 教师档案

　　INSERT BLANK

　　LIST

　　5

　　＊在 5 号记录前插入：(E1,朱大可,男,32,工程师,12/12/98,未婚,3000)

　　INSERT BEFORE

　　　　LIST

（4）追加新记录

实训 2－14　使用 APPEND 命令追加新记录。

【操作步骤】

在命令窗口中依次输入命令：

　　USE 教师档案

　　APPEND

　　＊在表尾追加记录：(T9,李晓林,男,25,助教,05/13/08,未婚,2500)

（5）删除和恢复记录

实训 2－15　用 DELETE 命令和 PACK 命令删除"教师档案.DBF"表中的记录。

①逻辑删除第 3 号记录，然后再恢复。

【操作步骤】

在命令窗口中依次输入命令：

　　USE 教师档案

　　GO 3

　　DELETE

　　LIST

　　RECALL RECORD 3

　　LIST

②物理删除第 2、5 号记录。

【操作步骤】

在命令窗口中依次输入命令：

　　USE 教师档案

　　DELETE FOR RECNO()＝5 OR RECNO()＝2

　　PACK

③物理删除"教师档案.DBF"表的全部记录。

【操作步骤】

在命令窗口中依次输入命令：

　　USE 教师档案

　　ZAP

（6）数据表的过滤

实训 2－16　使用过滤器对记录进行筛选的命令操作。

【操作步骤】

在命令窗口中依次输入命令：

　　USE 教师档案

　　SET FILTER TO 年龄＞30 AND 年龄＜45

```
LIST
SET FILTER TO
LIST
USE
```

实训 2—17　使用过滤器,对字段进行筛选的设置操作。

【操作步骤】

在命令窗口中依次输入命令:

```
USE 教师档案
SET FIELDS TO 教师号,姓名,职称
LIST
SET FIELDS OFF
LIST
USE
```

2.2.3　数据表文件的使用

1.排序

实训 2—18　将"教师档案.DBF",按工资升序排列,工资相同按年龄降序排列,生成新文件 GZNL.DBF。

【操作步骤】

在命令窗口中依次输入命令:

```
USE 教师档案
SORT TO GZNL ON 工资/A,年龄/D
USE GZNL
LIST
```

实训 2—19　对"教师档案.DBF"按工作时间降序排序,生成信息文件"GZSJ.DBF",新表中包含教师号,姓名,性别,工作时间 4 个字段。

【操作步骤】

在命令窗口中依次输入命令:

```
USE 教师档案
SORT TO GZSJ ON 工作时间/D FIELDS 教师号,姓名,性别,工作时间
USE GZSJ
LIST
```

2.索引

实训 2—20　给"教师档案.DBF"建立索引,其中包含 3 个索引:①按工龄升序排列建立单索引文件;②以姓名降序排列建立索引标识;③按工资升序排列,工资相同以年龄升序排列建立索引标识。

【操作步骤】

在命令窗口中依次输入命令:

USE 学生档案

* 以 YEAR(DATE())−YEAR(工作时间)为索引关键字建立单索引文件,可实现按工龄升序排列

INDEX ON YEAR(DATE())−YEAR(工作时间)TO GL

LIST

INDEX ON 姓名 TAG XM DESCENDING

LIST

* 以工资＋年龄为索引关键字建立索引标识,可实现

INDEX ON 工资＋年龄 TAG GZNL

LIST

3.直接查询

实训 2−21　在"教师档案.DBF"中查找姓名为"吴刚"的记录。

【操作步骤】

在命令窗口中依次输入命令:

USE 教师档案

LOCATE FOR 姓名＝"吴刚"

DISPLAY

CONTINUE　　　　　　　　&& 屏幕显示:已经定位范围末尾

实训 2−22　在"教师档案.DBF"查找职称是助教的记录。

【操作步骤】

在命令窗口中依次输入命令:

USE 教师档案

LOCATE FOR 职称＝"助教"

DISPLAY

CONTINUE　　　　　　　　&& 屏幕显示:记录 2

DISPLAY

CONTINUE　　　　　　　　&& 屏幕显示:已经定位范围末尾

4.索引查询

实训 2−23　在"教师档案.DBF"查找年龄为 45 岁的记录。

【操作步骤】

在命令窗口中依次输入命令:

USE 教师档案

INDEX ON 年龄 TAG　NL　　&& 在年龄字段上创建索引标识

SEEK 45

DISPLAY　　　　　　　　　&& 显示第 4 条记录

SKIP　　　　　　　　&& 屏幕显示:"教师档案:记录号 5"

DISPLAY

SKIP　　　　　　　　&& 屏幕显示:"教师档案:记录号 7"

DISPLAY

        SKIP   && 到文件尾

实训 2—24   在"教师档案.DBF"查找职称是教授的记录。

【操作步骤】

在命令窗口中依次输入命令:

    USE 教师档案

    INDEX ON 职称 TAG ZC   && 在职称字段上建立索引

    SEEK '教授'   && 屏幕显示:没有找到

5.统计命令

实训 2—25   对"教师档案.DBF"进行下列统计操作。

【操作步骤】

在命令窗口中依次输入命令:

(1)统计教师人数

    USE 教师档案

    COUNT TO RS

    ? RS

(2)统计教师工资总额

    USE 教师档案

    SUM 工资 TO GZH

    ? GZH

(3)统计教师平均工资

    USE 教师档案

    AVERAGE 工资 TO GZPJ

    ? GZPJ

(4)统计教师工资最高值和最低值

    USE 教师档案

    CALCULATE MAX(工资),MIN(工资) TO HGZ,LGZ

    ? HGZ,LGZ

(5)按职称统计教师工资

    USE 教师档案

    INDEX ON 职称 TAG ZC

    TOTAL ON 职称 TO ZCGZ FIELDS 工资

    USE ZCGZ

    LIST

6.多工作区操作

实训 2—26   工作区和别名的使用,命令窗口中执行下列操作观察运行结果。

【操作步骤】

在命令窗口中依次输入命令:

```
CLOSE ALL
USE 教师档案 ALIAS JS          && 在 1 号工作区打开教师档案.DBF,别名是 JS
SELECT 2
USE 授课
DISPLAY A.姓名,课程号           && 显示 1 号工作区的姓名,2 号工作区的课程号
SELECT 0                       && 选择未用最小号工作区
USE 课程信息
```

7.表与表之间的关联

实训 2-27 利用表文件"教师档案.DBF"、"授课.DBF"和"课程信息.DBF"显示教师授课的课程名与该课程的课时情况。

步骤一:以"授课.DBF"为父表,"教师档案.DBF"和"课程信息.DBF"是 2 个子表,属于"一对多关系"的关联问题。"教师档案.DBF"与"授课.DBF"以"教师号"作为关联条件,"课程信息.DBF"与"授课.DBF"以"课程号"作为关联条件。

步骤二:命令窗口依次输入命令:

```
CLEAR ALL
SELECT 1
USE 教师档案                                      && 子表 1
INDEX ON 编号 TAG JSH
SELECT 2
USE 课程信息                                      && 子表 2
INDEX ON 课程号 TAG KCH
SELECT 3
USE 授课                                          && 父表
SET RELATION TO 教师号     INTO A
SET RELATION TO 课程号     INTO B ADDITIVE
SET SKIP TO B                                     && 子表 B 为多方
DISPLAY ALL FIELDS A.姓名,A.职称,B.课程名,B.学时 OFF
```

2.2.4 数据库文件的建立与使用

1.创建数据库

实训 2-28 在项目管理器中创建一个"教学管理"数据库。

【操作步骤】

步骤一:新建一个 JXGL 项目,在项目管理器中选择"数据"选项卡,然后单击"新建"按钮,出现"新建数据库"对话框,单击"新建数据库"按钮,屏幕出现"创建"窗口,输入"教学管理"数据库名,单击"保存"按钮,屏幕出现"数据库设计器"窗口。

步骤二:关闭"数据库设计器"窗口,返回到"项目管理器"窗口。单击"数据库"项前的"+"后,展开"数据库"项,可看到数据库"教学管理"已创建成功,如图 2-8 所示。

步骤三:修改数据库。选择某数据库,单击右侧"修改"按钮,就可打开数据库设计器并

对其进行修改。

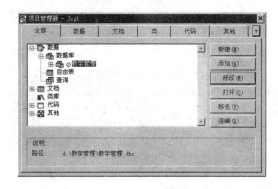

图 2－8　项目 JXGL 中的教学管理.DBC

2.数据库表

实训 2－29　向数据库中添加或删除表文件。

【操作步骤】

步骤一：打开"教学管理"数据库，在"数据库设计器"窗口中，单击鼠标右键，在弹出的快捷菜单中选择"添加表"命令，依次将"教师档案.DBF"，"课程信息.DBF"和"授课.DBF"等自由表加入到数据库中，如图 2－9 所示。

步骤二：在"数据库设计器"窗口中，选中"课程信息.DBF"表，然后单击鼠标右键，在弹出的快捷菜单中选择"删除"命令，系统弹出对话框询问"把表从数据库移去还是从磁盘删除?"。单击相应的按钮，可将表从当前数据库中移出或删除。

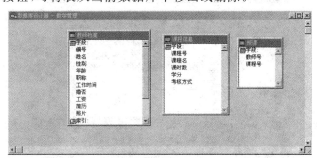

图 2－9　教学管理.DBC 中添加的表

3.编辑数据字典

实训 2－30　编辑数据字典实现：①教师编号以字母开头，后跟 3 位数字，同时用字段注释加以说明。②"工作时间"字段的字段标题显示"参加工作时间"。③"性别"字段在接受输入值时必须是"男"或"女"，默认值是"男"，出错信息提示"性别必须是男或女"。

【操作步骤】

先打开数据库设计器，再选择"教师档案"表，然后再从数据库菜单中执行"修改"命令，即可打开数据库表的设计器。先在表中选择一个相应字段，然后在表设计器窗口中进行相应设置。"编号"字段属性设置，如图 2－10 所示；"工资"字段属性设置，如图 2－11 所示；"性别"字段属性设置如图 2－12 所示。

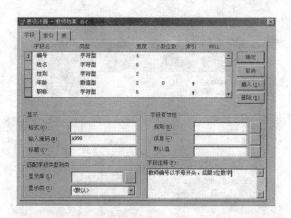

图 2-10 "编号"字段属性设置

图 2-11 "工资"字段属性设置

图 2-12 "性别"字段属性设置

4.建立与删除永久关系

实训 2-31 建立并删除"教师档案.DBF"表和"授课.DBF"表之间的一对多永久关系。

【操作步骤】

步骤一:单击项目管理器"数据"选项卡,展开"数据库",选择"教学管理"数据库,单击右侧修改按钮,打开数据库设计器。

步骤二:把"教师档案"作为父表,其字段"编号"设置为主索引;把"授课"作为子表,其

"教师号"字段设置为普通索引。

步骤三：用鼠标拖动父表中的编号字段到子表中的教师号字段，然后放开。完成以上操作后，出现如图 2－13 所示的连线，表示为永久关系。

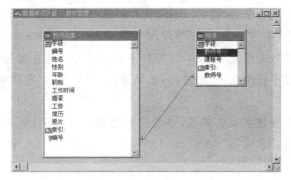

图 2－13　数据库"永久关系"

步骤四：在数据库设计器窗口中，用鼠标对准连线右击，然后在弹出的快捷菜单中单击"删除关系"命令，可解除它们的永久关系。

5. 设置参照完整性

实训 2－32　在教学管理数据库中建立教师档案表和授课表的参照完成性，当教师档案.DBF 修改时，授课.DBF 中的教师号自动修改。

【操作步骤】

步骤一：单击项目管理器"数据"选项卡，展开"数据库"选择"教学管理"数据库，单击右侧修改按钮，打开数据库设计器。

步骤二：单击"数据库"主菜单，在其展开内容中选择"清理数据库…"命令清理数据库。

步骤三：单击"数据库"主菜单，选择"编辑参照完整性"命令，弹出"参照完整性生成器"对话框，按要求设置参照完整性，如图 2－14 所示。

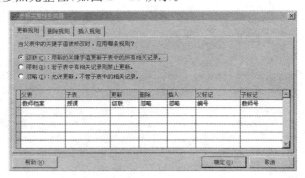

图 2－14　参照完整性设置

2.3　思考与练习

销售管理数据库如下：

(1)进货(商品号 C(6)，商品名 C(20)，单价 N(3)，进货数量 N(5))

(2)销售(商品号 C(6)，零售价 N(6,2)，销售量 N(5))

(3)库存(商品号 C(6),库存数量 N(5),入库时间 D)

根据以上字段信息完成:

创建一个"销售管理"项目,在项目中新建"销售管理"数据库,在数据库中新建一个表(进货.DBF),并将原有的两个表(销售.DBF、库存.DBF)加入数据库中,完成以下操作:

1. 删除"库存"数据表中的"入库时间"字段;在"进货"表中增加一个字段:优惠价格 N(6,2)。

2. 在"进货"表商品号上建立主索引,另外两个表商品号上建立普通索引。

3. 在销售表中设置零售价在 1000 之内,如果输入错误,给出"零售价输入错误"的提示。

4. 将库存表删除。

5. 为进货表和销售表建立永久关系,并设置参照完整性约束:更新规则为"限制",删除规则为"级联",插入规则为"限制"。

实训3　结构化查询语言 SQL 与视图

3.1　实训目标

1.熟悉 SQL 定义功能。

2.熟悉 SQL 操作功能。

3.掌握 SQL 查询功能。

4.掌握查询设计器的使用。

5.掌握视图设计器的使用。

3.2　实训指南

3.2.1　SQL 定义

1.创建数据表

实训 3－1　在 SDB 数据库中，建立 XXSS.dbf,表结构见表 3－1。

表 3－1　XXSS.dbf 的表结构

字段名	类型	宽度、小数位	允许空值	其他
编号	C	9		
姓名	C	8		
性别	C	2		默认值为"男",值只能取"男"和"女"
身份证号	C	18		候选索引
入学成绩	N	6,1	允许	不能为负数
政治面貌	C	6		
年龄	C	3		

【操作步骤】

在命令窗口输入如下命令:

CREATE DATABASE SDB.dbc

CREATE TABLE XXSS (编号 c(9),姓名 c(8),性别 c(2) default "男" check(性别＝"男"or 性别＝"女"),身份证号 c(18) unique 入学成绩 n(6,1) null check(入学成绩＞0),政治面貌 c(6),年龄 c(3))

实训 3－2　在仓库管理数据库中,建立仓库.dbf、职工.dbf、订货单.dbf 和供应商.dbf 数据表。表结构如下:

仓库.dbf:仓库号 C(5),城市 C(10),面积 I

职工.dbf:仓库号 C(5),职工号 C(5),工资 I

订购单.dbf:职工号 C(5),供应商号 C(5),订购单号 C(5),订购日期 D

供应商.dbf:供应商号 C(4),供应商名 C(10),地址 C(6)

【操作步骤】

在命令窗口输入如下命令:

CREATE DATABASE 仓库管理.dbc

CREATE TABLE 仓库(仓库号 C(5),城市 C(10),面积 I)

CREATE TABLE 职工(仓库号 C(5),职工号 C(5),工资 I)

CREATE TABLE 订购单(职工号 C(5),供应商号 C(5),订购单号 C(5),订购日期 D)

CREATE TABLE 供应商(供应商号 C(4),供应商名 C(10),地址 C(6))

实训 3—3 在学生管理数据库中,建立学生数据表、成绩数据表和课程数据表。

表结构见表 3—2 至表 3—4。

表 3—2　课程数据表结构

字段名	类型	宽度
课程号	字符型	4
课程名	字符型	20
学时	数值型	2

表 3—3　学生表结构

字段名	字段类型	字段宽度	索引
姓名	字符型	8	
学号	字符型	4	主索引

表 3—4　成绩表结构

字段名	字段类型	字段宽度	索引
课程号	字符型	4	主索引
学号	字符型	4	
成绩	整型		

【操作步骤】

命令窗口中输入如下命令:

CREATE DATABASE 学生管理

CREATE TABLE 学生(学号 C(4) PRIMARY KEY,姓名 C(8))

CREATE TABLE 课程(课程号 C(4),课程名 C(20),学时 N(2))

CREATE TABLE 成绩(课程号 C(4) PRIMARY KEY,学号 C(4),成绩 I)

2. 修改数据表

实训 3—4　在 SDB 数据库中,更改 XXSS.dbf 数据表结构,"姓名"字段的宽度改为 10,年龄的类型改为"数值型",宽度为 3。

【操作步骤】

在命令窗口输入如下命令：

OPEN DATABASE SDB

ALTER TABLE XXSS ALTER 姓名 c(10)

ALTER TABLE XXSS ALTER 年龄 n(3) && 年龄的类型改为"数值型"

实训 3—5　在 XXSS.dbf 数据表中，按"编号"字段建立主索引。

【操作步骤】

在命令窗口输入如下命令：

OPEN DATABASE SDB

ALTER TABLE XXSS ADD PRIMARY KEY 编号 TAG 编号

实训 3—6　在 XXSS.dbf 数据表中，删除"政治面貌"字段。

【操作步骤】

在命令窗口输入如下命令：

OPEN DATABASE SDB

ALTER TABLE XXSS DROP COLUMN 政治面貌

实训 3—7　在 XXSS.dbf 数据表中，设置"身份证号"的字段有效性规则为"身份证号只能为 15 或者 18 位"。

【操作步骤】

在命令窗口输入如下命令：

OPEN DATABASE SDB

ALTER TABLE XXSS ALTER 身份证号 SET CHECK LEN(身份证号)=15 OR LEN(身份证号)=18 ERROR "身份证号只能为 15 或者 18 位"

实训 3—8　在 XXSS.dbf 数据表中，增加一个"籍贯"字段，类型为备注型。

【操作步骤】

在命令窗口输入如下命令：

OPEN DATABASE SDB

ALTER TABLE XXSS ADD 籍贯 M

3. 删除数据表

实训 3—9　删除学生管理数据库中的学生数据表。

【操作步骤】

在命令窗口输入如下命令：

OPEN DATABASE 学生管理

DROP TABLE 学生

3.2.2　SQL 操作

1. 插入记录

实训 3—10　向设备管理数据库中的设备信息、设备大修、部门信息和附件价值数据表中插入记录。所插入记录见表 3—5～表 3—8。

表3-5 设备信息表

编号	名称	启用日期	价格	部门	主要设备
016-1	车床	1990-03-05	62 044.61	21	.T.
016-2	车床	1992-01-15	27 132.73	21	.T.
037-2	磨床	1990-07-21	241 292.12	22	.T.
037-2	磨床	1989-02-05	5 275.0	22	.F.
100-1	计算机	1990-04-12	8 810.3	12	.T.
101-1	打印机	1992-04-19	10 305.01	12	.F.
210-1	汽车	1995-01-04	151 999.1	11	.F.

表3-6 设备大修表

编号	年月	费用
016-1	8911	2 763.5
016-1	9112	3 520
037-2	9206	6 204.4
038-1	8911	2 850

表3-7 部门信息表

代码	名称
11	办公室
12	设备科
21	一车间
22	二车间
23	三车间

表3-8 附件价值表

编号	增值
016-1	2 510
016-1	1 000
038-1	1 200

【操作步骤】

在命令窗口输入如下命令：

OPEN DATABASE 设备管理

INSERT INTO 设备信息("编号","名称","启用日期","价格","部门","主要设备")

Values("016-1","车床",{^1990-3-5}, 62 044.61,"21",.T.)

　* 其他记录的插入命令类似

INSERT INTO 设备大修 Values("016－1","8 911",2 763.5)

* 其他记录的插入命令类似

INSERT INTO 部门信息 Values("11","办公室")

* 其他记录的插入命令类似

INSERT INTO 附件价值 Values("016－1",2 510)

* 其他记录的插入命令类似

2. 修改记录

实训 3—11 在课程信息表中，更新考查的学分，新学分为原有学分加 5。

【操作步骤】

在命令窗口中输入如下命令：

OPEN DATABASE 学生成绩管理

UPDATE 课程信息 SET 学分＝学分＋5 WHERE 考试方式＝"考查"

实训 3—12 在学生档案信息表中，将学号为 2008010101 学生的性别更改为"男"。

【操作步骤】

在命令窗口中输入如下命令：

OPEN DATABASE 学生成绩管理

UPDATE 学生档案信息 SET 性别＝"男" WHERE 学号＝"2008010101"

实训 3—13 在学生成绩表中，将所有同学的考试成绩提高 3 分。

【操作步骤】

在命令窗口中输入如下命令：

OPEN DATABASE 学生成绩管理

UPDATE 学生成绩 SET 成绩＝成绩＋3

实训 3—14 在学生档案信息表中，将入学成绩高于 580 分的学生的班级号更改为 0103。

【操作步骤】

在命令窗口中输入如下命令：

OPEN DATABASE 学生成绩管理

UPDATE 学生档案信息 SET 班级号＝"0103" WHERE 入学成绩＞580

3. 删除记录

实训 3—15 在学生档案信息表中，删除入学成绩低于 500 分的学生档案信息。

【操作步骤】

在命令窗口中输入如下命令：

OPEN DATABASE 学生成绩管理

DELETE FROM 学生档案 WHERE 入学成绩＜500

实训 3—16 在学生成绩表中，删除不及格学生成绩。

【操作步骤】

在命令窗口中输入如下命令：

OPEN DATABASE 学生成绩管理

DELETE FROM 学生成绩 WHERE 成绩＜60

3.2.3 SQL 查询

实训 3—17 根据仓库管理数据库中的仓库表、职工表、订购单表和供应商表中的数据，完成下列查询。

(1)求出工资多于 1230 的职工的职工号。

(2)求出在仓库"WH1"和"WH2"工作，并且工资少于 1 250 元的职工号 。

(3)先按仓库号升序，再按工资降序列出所有职工的信息。

(4)找出供应商所在地的数目。

(5)找出尚未确定供应商的订货单号。

(6)找出没有职工的仓库的信息。

(7)显示出工资最高的前三位职工的信息。

(8)计算支付的工资总数。

(9)查询工资在 1 220～1 240 元范围内的职工信息。

(10)在供应商表中查询出全部公司的信息，不要工厂或其他供应商的信息。

(11)求出每个仓库的职工的平均工资。

(12)求至少有两个职工的每个仓库的平均工资。

(13)找出和职工 E4 挣同样工资的所有职工。

(14)查询职工的工资大于或等于 WH1 仓库中任何一名职工工资的仓库号。

(15)检索出和职工 E1 和 E3 都有联系的北京的供应商信息。

(16)找出工资多于 1 230 元的职工的职工号和他们所在的城市。

【操作步骤】

分别在在命令窗口中输入如下命令：

OPEN DATABASE 仓库管理管理. dbc

SELECT 职工号 FROM 职工 WHERE 工资＞1230

SELECT 职工号 FROM 职工 WHERE（仓库号＝"WH1" OR 仓库号＝"WH2"）AND 工资＜1250

SELECT ＊ FROM 职工 ORDER BY 仓库号,工资 DESC

SELECT COUNT(dist 地址) FROM 供应商

SELECT 订货单号 FROM 订货单 WHERE 供应商号 IS NULL

SELECT ＊ FROM 仓库 WHERE 仓库号 NOT IN (SELECT 仓库号 FROM 职工)

SELECT TOP 3 ＊ FROM 职工 ORDER 工资 DESC

SELECT(工资) FROM 职工

SELECT ＊ FROM 职工 WHERE BETWEEN 1220 and 1240

SELECT ＊ FROM 供应商 WHERE 供应商名 LIKE "%公司"

SELECT AVG(工资) FROM 职工 GROUP BY 仓库号

SELECT AVG(工资) FROM 职工 GROUP BY 仓库号 HAVING COUNT(职工号)＞＝2

SELECT 职工号 FROM 职工 WHERE 工资＝(SELECT 工资 FROM 职工 WHERE 职工号＝"E4")

SELECT DIST 仓库号 FROM 职工 WHERE 工资＞＝(SELECT MIN(工资) FROM 职工 WHRER 仓库号＝"WH1")

SELECT ＊ FROM 供应商 WHRER 供应商号 IN（SELECT 供应商号 FROM 订购单 WHRER 职工号＝"E1"）AND 供应商号 IN（SELECT 供应商号 FROM 订购单 WHERE 职工号＝"E3"）AND 地址＝"北京"

SELECT 职工.职工号,仓库.城市 FROM 职工,仓库 WHERE 职工.职工号＝仓库.职工号 AND 职工.工资＞1230

实训 3－18　根据设备管理数据库中的设备信息表、设备大修表、部门信息表和附件价值表中的数据,完成下列查询。

（1）查找大修过的所有设备的编号。

（2）求出每一设备附件的增值金额。

（3）找出大修费用已超过 5 000 元的设备编号。

（4）计算价格低于 20 000 元的设备名称、启用日期与部门,并按启用日期升序排序。

（5）查找设备附件增值设备的编号、名称及每次增值的金额。

（6）汇总设备编号头 3 位小于 038 设备的大修费用,显示结果按大修费用小计降序排列。

（7）找出增值设备的名称,所属部门和累计增值金额。

【操作步骤】

分别在命令窗口中输入如下命令:

OPEN DATABASE 设备管理.dbc

SELECT DISTINCT 编号 FROM 设备信息

SELECT 编号,SUM（增值） FROM 附件价值 GROUP BY 编号

SELECT 编号 FROM 设备大修 GROUP BY 编号 HAVING SUM（费用）＞5000

SELECT 名称,启用日期,部门 FROM 设备信息 WHERE 价格＜20000 ORDER BY 启用日期 ASC

SELECT 设备信息.编号,设备信息.名称,附件价值.增值 FROM 设备信息,附件价值 WHERE

设备信息.编号＝附件价值.编号

SELECT 设备信息.名称,SUM（设备大修.费用） FROM 设备信息 INNER JOIN 设备大修 ON

设备信息.编号 ＝设备大修.编号 WHERE LEFT(设备信息.编号,3) ＜ "038" GROUP BY;

设备大修.编号 ORDER BY 2 DESCENDING

SELECT 设备信息.名称 as 设备名,部门信息.名称 AS 部门名,SUM（附件价值.增值） AS ;

累计增值额 FROM 设备信息,部门信息,附件价值 WHERE 设备信息.编号 ＝附件价值.编号 AND;

设备信息.部门＝部门信息.代码 GROUP BY 附件价值.编号

实训 3－19　利用查询设计器,查询参加过考试的,入学成绩不高于 580 分的每名学生的姓名及考试成绩。

【操作步骤】

步骤一:新建查询,添加学生档案表和学生成绩表。

步骤二:设置联接类型和联接条件。如图3－1所示。

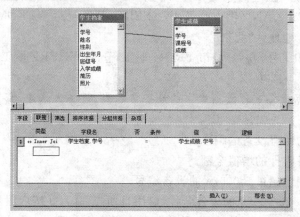

图3－1　联接类型和联接条件

步骤三:设置"字段"选项卡,如图3－2所示。

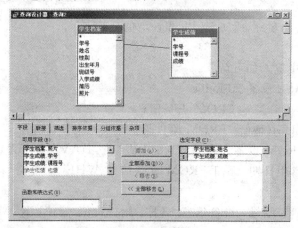

图3－2　"字段"选项卡

步骤四:设置筛选条件。如图3－3所示。

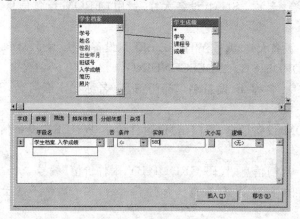

图3－3　筛选条件

步骤五:保存查询,命名为 Q3-3。

实训 3-20 利用查询设计器,统计每个系部的班级数量,查询结果中包含系部名称和班级数量。

【操作步骤】

步骤一:新建查询,添加班级信息表。

步骤二:设置"字段"选项卡,如图 3-4 所示。

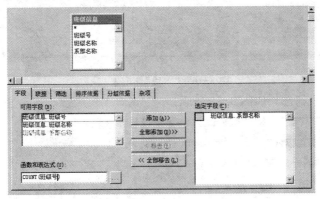

图 3-4"字段"选项卡

步骤三:设置分组依据。如图 3-5 所示。

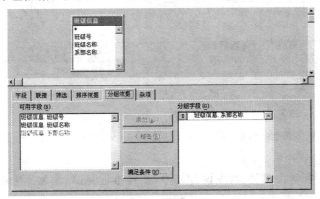

图 3-5 分组依据

步骤四:保存查询,命名为 Q3-4。

实训 3-21 在学生成绩管理数据库中,建立视图 VIEW1,浏览入学成绩低于 580 分的学生档案信息。

【操作步骤】

步骤一:在"学生成绩管理"数据库设计器中,新建本地视图,添加学生档案信息表。

步骤二:设置"字段"选项卡,如图 3-6 所示。

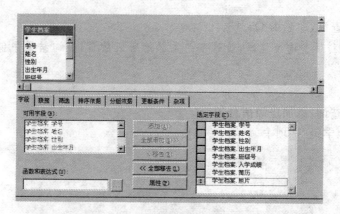

图 3-6 "字段"选项卡

步骤三：设置记录筛选。如图 3-7 所示。

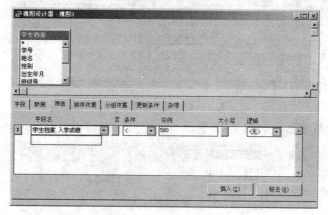

图 3-7 记录筛选

步骤四：保存视图，命名为 VIEW1。

实训 3-22 在学生成绩管理数据库中，建立视图 VIEW2，浏览每个班级的人数。

【操作步骤】

步骤一：在"学生成绩管理"数据库设计器中，新建本地视图，添加学生档案信息表。

步骤二：设置"字段"选项卡，如图 3-8 所示。

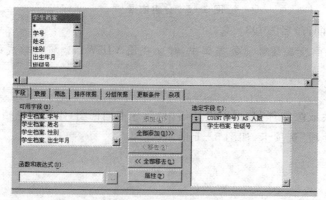

图 3-8 "字段"选项卡

步骤三:设置分组依据。如图 3-9 所示。

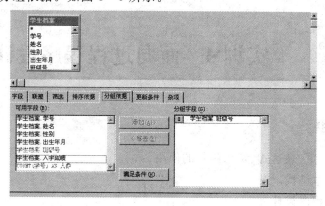

图 3-9 分组依据

步骤四:保存视图,命名为 VIEW2。

3.3 思考与练习

1. distinct 关键字的作用是什么?

2. 在 CREATE TABLE 中 DEFAULT 子句的作用是什么? NULL 子句的作用是什么? CHECK 子句的作用是什么?

3. ALTER TABLE 中 ADD 子句的作用是什么?

4. ALTER TABLE 中 DROP CHECK 子句的作用是什么?

5. SELECT 查询中,TOP 的含义是什么?

6. SELECT 查询中,ORDER BY 的含义是什么?

7. SELECT 查询中,GROUP BY 的含义是什么?

实训 4　面向过程程序设计

4.1　实训目标

1. 熟悉常量、变量、表达式、常用函数的使用。
2. 掌握程序基本结构。
3. 掌握多模块程序设计。
4. 熟悉程序调试技术。

4.2　实训指南

4.2.1　程序文件

1. 程序文件的建立、保存及运行

实训 4－1　使用窗口方式新建、保存、运行 sx4－1.prg 程序文件。

【操作步骤】

步骤一：新建程序。在命令窗口中输入 MODIFY COMMAND sx4－1 命令，进入"程序文件"编辑窗口。

步骤二：输入代码。在"程序文件"编辑窗口，输入下列程序代码。

步骤三：保存程序文件。输入完成后，在"文件"菜单中选择"保存"菜单项，或单击"程序文件"编辑窗口右上角的"关闭"按钮，出现如图 4－1 所示的"保存"对话框，在对话框中选择"是"按钮，程序文件 sx4－1.prg 就保存在默认的文件夹中。

```
USE 学生档案
LIST FOR 入学成绩>580
USE
CANCEL
```

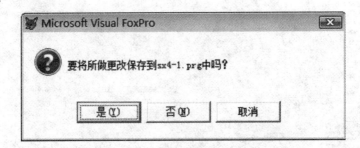

图 4－1　保存程序文件 sx4－1.prg 对话框

步骤四：运行程序。在命令窗口中输入 DO sx4－1 命令，运行结果如下：

记录号	学号	姓名	性别	出生年月	班级号	入学成绩	简历	照片
1	2008010101	陈红芳	女	10/20/90	0101	590	memo	gen
2	2008010102	李小波	男	09/09/91	0101	588	memo	gen
3	2008010103	王红红	女	02/10/90	0101	594	memo	gen
6	2008010201	张红利	女	01/03/91	0102	590	memo	gen
7	2008010202	刘好	女	04/20/91	0102	593	memo	gen
8	2008010203	吴刚	男	02/03/90	0102	588	memo	gen
10	2008010205	张长弓	女	02/10/91	0102	599	memo	gen
11	2008010206	魏红花	女	11/13/92	0102	587	memo	gen

实训 4—2　使用菜单方式修改 sx4—1.prg 程序文件,保存并运行。

【操作步骤】

步骤一:打开程序。在"文件"菜单选择"打开"菜单项,出现"打开"对话框,如图 4—2 所示。在对话框中,"文件类型":选择"程序";"查找范围":选择指定的磁盘和文件夹,找到 sx4—1.prg 程序文件,双击鼠标左键打开程序文件,或选定 sx4—1.prg 程序文件,单击"打开"按钮。

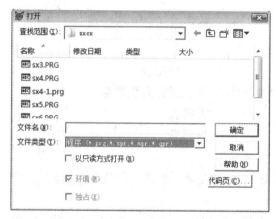

图 4—2　程序文件"打开"对话框

步骤二:修改代码。在"程序文件"编辑窗口,修改程序代码,代码如下:

USE 学生档案

LIST FOR 入学成绩<590

USE

CANCEL

步骤三:保存程序文件。输入完成后,在"文件"菜单中选择"另存为"菜单项,出现如图 4—3 所示的"另存为"对话框,在对话框中,"保存文档为:"输入 sx4—2,单击"保存"按钮,程序文件 sx4—2.prg 就保存在默认的文件夹中。

步骤四:运行程序。在单击工具栏上的"!"按钮,运行结果如下:

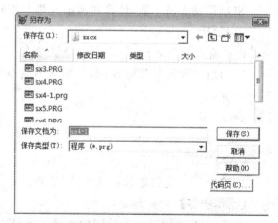

图 4—3　程序文件"另存为"对话框

记录号	学号	姓名	性别	出生年月	班级号	入学成绩	简历	照片
2	2008010102	李小波	男	09/09/91	0101	588	memo	gen
4	2008010104	刘明	男	03/02/91	0101	566	memo	gen
5	2008010105	李维明	男	10/01/90	0101	568	memo	gen
8	2008010203	吴刚	男	02/03/90	0102	588	memo	gen
9	2008010204	朱语	男	06/06/91	0102	578	memo	gen
11	2008010206	魏红花	女	11/13/92	0102	587	memo	gen

2. 程序中常用的命令

(1)注释语句

实训4－3　显示所有男性记录,用注释命令注释每个命令行。

【操作步骤】

步骤一:算法设计。分别用 NOTE ＜注释内容＞、或 * ＜注释内容＞、或 && ＜注释内容＞命令来注释。

步骤二:编写代码。程序代码如下:

NOTE 示例程序

CLEAR　　　　　　　 && 清屏命令

* 注释某个程序段

USE 学生档案　　　　 && 打开待用表

LIST FOR 性别＝"男"　 && 显示所有男生数据

USE　　　　　　　　　 && 关闭表

CANCEL　　　　　　　 && 返回系统

(2)输入语句

实训4－4　输入两个数,计算并输出这两个数的和与积。

【操作步骤】

步骤一:算法设计。先要接收用户从键盘上输入的两个数,用 input 命令实现,并且将两个接收的数赋值给变量 a,b;再计算 a＋b 及 a * b 并分别赋值给变量 s,x,最后输出变量 s 及 x。

步骤二:编写代码。程序代码如下:

NOTE 输入两个数,计算并输出这两个数的和与积

CLEAR

IN "输入 a:" to a　　　 && 输入变量 a

INPUT "输入 b:" to b　 && 输入变量 b

s＝a＋b

x＝a * b

?"a＋b＝",s,"a * b＝",x

CANCEL

实训4－5　定位输入圆的半径,计算并定位输出圆的面积。

【操作步骤】

步骤一:算法设计。先给圆的半径 r 赋初值 0,再接收用户从键盘上定位输入的圆的半径 r,用"@行,列 say "提示信息:" get 变量"命令实现,将接收的数赋值给变量 r;再计算圆

的面积 s,最后再定位输出变量半径 r 及面积 s。

步骤二:编写代码。程序代码如下:

NOTE 定位输入圆的半径,计算并定位输出园的面积

SET TALK OFF

CLEAR

STORE 0 TO r

@8,10 SAY "请输入圆半径:" GET r

READ

s＝pi() ＊r^2

@10,10 SAY "圆半径是:" GET r

@12,10 SAY "圆面积是:" GET s

CLEAR GETS

SET TALK ON

CANCEL

注意:GET r 中的变量 r 必须要先赋初值。

(3)输出语句

实训 4－6 输入 4 种类型的常量数据,分别输出变量的值及其类型。

【操作步骤】

步骤一:算法设计。接收用户从键盘上输入的四个不同类型的常量数据,用命令"?"显示输出每个变量的值及其类型。

步骤二:编写代码。程序代码如下:

NOTE 输入 4 种类型的常量数据,分别输出变量的值及其类型

CLEAR

＊输入 4 种类型的常量数据

INPUT"输入一个数:" TO nn

INPUT "输入一个字符串:" TO cc

INPUT "输入一个日期;" TO dd

INPUT "输入一个逻辑值:" TO ll

＊检查内存变量赋值情况

? nn, TYPE('nn')

? cc, TYPE('cc')

? dd, TYPE('dd')

? ll, TYPE('ll')

CANCEL

运行结果如下：输入一个数:32

　　　　　　　　　输入一个字符串:"asdfg"

　　　　　　　　　输入一个日期:ctod("03/12/2009")

　　　　　　　　　输入一个逻辑值:3>2

　　　　　　　　　　　　32 N
　　　　　　　　asdfg C
　　　　　　　　03/12/09 D
　　　　　　　　.T. L

注意:字符串及日期型数据的正确输入格式。

实训4-7　设计"1.查询 2.输入 3.修改 0.退出"菜单,显示输出接收的选项。

【操作步骤】

步骤一:算法设计。用命令"text…endtext"显示输出菜单,用"wait"命令接收选项,用"?"显示输出所选择的选项。

步骤二:编写代码。程序代码如下:

```
CLEAR
TEXT
1.查询  2.输入  3.修改  0.退出
ENDTEXT
  WAIT
  WAIT "请选择(0-3):" to ch
?"你选择的是第"+ch+"项"
cancel
```

步骤三:运行程序。运行结果如下:

　　　　　　　　1.查询　　2.输入　3.修改　0.退出
　　　　　　　　按任意键继续…
　　　　　　　　请选择（0-3）：2
　　　　　　　　你选择的是第2项

4.2.2　常量、变量、表达式、常用函数的使用

1. 常量、变量、数组

实训4-8　STORE 命令、赋值符=及显示命令"?"及数组的使用。

在 Visual FoxPro 6.0 的"命令"窗口中依次键入下列命令,并观察操作结果。

```
CLEAR
xh="2008010111"
姓名=[江海涛]
xb="男"
bj=0103
rxcj=599
csrq={^1990/10/18}
USE 学生档案　　　　　&& 打开学生档案表
```

GO 3   && 记录指针定位到第三条记录

DISP

? xh,姓名,性别,bj,rxcj,csrq

? xh＋姓名

? xh,m－＞姓名

? rxcj,rxcj＋rxcj * 0.2

? csrq－出生年月

STORE "计算机" TO jsj

STORE 50 TO a,b,c

? jsj,a＋b＋c

DIMENSION x1(2),x2(2,3)   && 定义两个数组变量

x1(1)＝23.5

x2(1,1)＝"中国"

x2(1,2)＝123.5

x2(2,2)＝ctod("12/31/2009")

DISP MEMORY LIKE x *   && 显示字母 x 开头的内存变量

上述命令依次执行,执行结果如下:

记录号	学号	姓名	性别	出生年月	班级号	入学成绩	简历	照片
3	2008010103	王红红	女	02/10/1990	0101	594	memo	gen

```
2008010111 王红红    女      103      599 10/18/1990
2008010111 王红红
2008010111 江海涛
       599         718.8
       250
计算机          150
X              Pub    C    "微型 "
XH             Priv   C    "2008010111"  sx4-8
XB             Priv   C    "男"  sx4-8
X1             Priv   A    sx4-8
     (   1)           N    23.5        (          23.50000000)
     (   2)           L    .F.
X2             Priv   A    sx4-8
  (   1,  1)          C    "中国"
  (   1,  2)          N    123.5       (         123.50000000)
  (   1,  3)          L    .F.
  (   2,  1)          L    .F.
  (   2,  2)          D    12/31/2009
  (   2,  3)          L    .F.
```

注意:(1)内存变量与字段变量同名,字段变量预先,要访问同名的内存变量时,须用 m－＞变量名,例如:输入如下命令:

? xh,姓名,性别,班级 rxcj,csrq

? xh＋姓名

? xh,m－＞姓名

执行结果如下:

```
2008010111  王红红      女        103        599 10/18/1990
2008010111 王红红
2008010111 江海涛
```

（2）数组的元素（分量），可以分别赋值不同的数据类型，没有赋值的元素，其初值为.F.。

2．运算符及表达式

实训 4－9　给出下列各表达式的值、理解运算符和表达式。

在 Visual FoxPro 6.0 的"命令"窗口中依次键入下列表达式，并观察操作结果。

命令如下：

```
CLEAR
? 2 * * 3 , 3^2 , 3％5 , 5％3                    && 数字运算符及表达式
x＝"微型"
y＝"计算机"
? x＋y , x－y                                   && 字符运算符及表达式
?"AB"＝"ABC" , "ABC"＝"AB"                       && 关系运算符及表达式
? 8<>5 , 2♯3 , "ABC"! ＝"AB"                     && 关系运算符及表达式
?"xy" $ "xyz" , "xy" $ "xzyz" , "xyz" $ "xy"     && 关系运算符及表达式
SET CENTURY ON                                 && 年份按 4 位显示
rq＝{^2009/10/12}
rq1＝{^2009/08/12 10:12:38}
? rq , rq＋15 , rq1 , rq1＋180                    && 日期运算符及表达式
? rq－{^2009/10/01}
? rq1－{^2009/08/12 8:12:58} , rq1－200           && 日期运算符及表达式
? 3 * 2>5 .AND. 7! ＝3 , 3 * 2>5 .OR. 5<3         && 逻辑运算符及表达式
?.NOT.(9－2>7).AND. "a">"b".or. "a"＋"b" $ "123abc"
                                              && 运算符及其优先级
```

上述命令依次执行，执行结果如下：

```
        8.00        9.00  3 2
微型  计算机 微型计算机
.F. .T.
.T. .T. .F.
.T. .F. .F.
10/12/2009 10/27/2009 08/12/2009 10:12:38 AM 08/12/2009 10:15:38 AM
        11
                          7180
                          7180 08/12/2009 10:09:18 AM
.T. .T.
.T.
```

注意：（1）日期型及日期时间型加或减整数，仍然是日期型及日期时间型；日期型减日期型，是两个日期相差的天数，即整数；日期时间型减整数，仍然是日期时间型。

（2）不同类型的运算符优先级的顺序：算术运算→字符运算→关系运算→逻辑运算。

3．函数的使用

实训 4—10 给出下列各函数的值、理解函数的功能。

在 Visual FoxPro 6.0 的"命令"窗口中依次键入下列命令,并观察操作结果。

命令如下:

```
CLEAR
? ABS(-123.78),INT(3.1415)
? FOUND(123.4567,3),ROUND(1834.5678,-2)
? SQRT(16),EXP(1),log(2)
? MOD(15,4),MOD(15,-4),MOD(-15,4),MOD(-15,-4)
? MOD(3,5),MOD(3,-5),MOD(-3,5),MOD(-3,-5)
? AT("is","this is a girl"),AT("计算机","微型计算机系统")
? SUBSTR("asdfghjkl",2,3),SUBSTR("微型计算机系统",5,4)
? LEN("中国"+space(8)+"北京市"),LEN(ALLTRIM(" 微型 计算机 "))
RQ="10/20/2009"
? CTOD(rq),DTOC(CTOD(rq)+8),DTOC(DATE())
? YEAR(CTOD(rq)),MONTH(CTOD(rq)),DAY(CTOD(rq))
? TYPE("5>3"),VARTYPE("5>3")
x="abc"
? TYPE(x),TYPE("x"),VARTYPE(x)
y=3*5
? TYPE("y"),VARTYPE(y)
? TYPE("ctod(rq)"),VARTYPE(ctod(rq))
? IIF(y>3+5, "A","B"),IIF(y<3+5, x,upper(x))
```

上述命令依次执行,执行结果如下:

```
        123.78      3
         123.457       1800
        4.00        2.72                    0.69
         3  -1     1   -3
         3 -2     2  -3
              3              5
        sdf 计算
                  18            11
        10/20/2009 10/28/2009 01/20/2010
         2009  10  20
        L C
        U C C
        N N
        D D
        A ABC
```

注意:(1)MOD()函数的余数的正负号与除数相同。如果被除数与除数同号,函数值为两数相除的余数;如果被除数与除数异号,则函数值为两数相除的余数再加上除数的值。

(2)TYPE()与 VARTYPE()之间的区别。

4.2.3 程序基本结构

1. 顺序结构

实训 4－11 用 ACCEPT 命令实现按姓名查询。

【操作步骤】

步骤一:算法设计。用 ACCEPT 命令接收用户从键盘上输入姓名,用 LOCATE 命令实现顺序查询。

步骤二:编写代码。程序代码如下:

```
SET TALK OFF
CLEAR
USE 学生档案
ACCEPT "请输入查询同学的姓名:" to xm
LOCATE FOR 姓名＝xm
IDSP
USE
SET TALK ON
```

注意:使用 ACCEPT 命令接收一个字符型数据,输入数据不能加定界符。

2. 选择结构

(1)IF/ENDIF 的使用

实训 4－12 设计一个验证密码的程序,密码正确显示"欢迎使用本系统",密码不正确,显示"密码错误",退出本系统。

【操作步骤】

步骤一:算法设计。用命令"ACCEPT"实现密码输入,用"IF/ENDIF"命令实现密码验证,用"?"显示输出提示信息。

步骤二:编写代码。程序代码如下:

```
SET TALK OFF
CLEAR
ACCEPT '请输入您的密码:' to ma
IF ME＝'abc'
    ? '欢迎使用本系统!'
ELSE
    ? '密码错误!'
    WAIT
    QUIT
ENDIF
SET TALK ON
```

实训 4－13 设计一个计算存款利率的程序,1 年以内,利率为 2％;1 年以上,3 年以内,利率为 3％;3 年以上 5 年以内,利率为 4％;5 年以上,利率为 5％。

【操作步骤】

步骤一:算法设计。用命令"INPUT"实现存款年限的输入,用"IF/ENDIF"命令实现多重选择,用"?"显示输出结果。

步骤二:编写代码。程序代码如下:

```
SET TALK OFF
CLEAR
INPUT '请输入存款年限:' TO nx
    IF nx<1
        ll=0.02
    ELSE
        IF nx<3
        ll=0.03
    ELSE
        IF nx<5
            ll=0.04
        ELSE
            ll=0.05
        ENDIF
    ENDIF
  ENDIF
    ? '存款利率是:',ll
SET TALK ON
```

注意:"IF/ENDIF"命令实现多重选择,IF－ELSE－ENDIF 配对的原则及禁止交叉使用。

(2)DOCASE/ENDCASE 的使用

实训 4－14　用 DOCASE/ENDCASE 命令实现实训 4－13。

【操作步骤】

步骤一:算法设计。用命令"INPUT"实现存款年限的输入,用"DOCASE/ENDCASE"命令实现多重选择,用"?"显示输出结果。

步骤二:编写代码。程序代码如下:

```
SET TALK OFF
CLEAR
INPUT '请输入存款年限:' TO nx
        DO CASE
        CASE nx<1
                ll=0.02
        CASE nx<3
                ll=0.03
```

```
        CASE nx<5
            ll=0.04
        OTHERWISE
            ll=0.05
        ENDCASE
? '存款利率是：',ll
SET TALK ON
```

3．循环结构

（1）DO WHILE 的使用

实训 4—15　用"DO WHILE/ENDDO"命令编程计算 100～200 之间的奇数和。

【操作步骤】

步骤一：算法设计。用变量 s 保存结果，循环控制变量 i 的初始值为 101，循环体为：s=s+i；i=i+2。用"do while/enddo"命令实现循环，用"?"显示输出结果。

步骤二：编写代码。程序代码如下：

```
SET TALK OFF
s=0
i=101
DO WHILE i<=200
s=s+i
i=i+2
ENDDO
? "s=",s
SET TALK ON
```

实训 4—16　用 DO WHILE/ENDDO 命令编程计算 100～200 之间的奇数和，要求程序中使用 EXIT 语句。

【操作步骤】

步骤一：算法设计。用变量 s 保存结果，循环控制变量 i 的初始值为 101，循环体为：s=s+i；i=i+2 及 IF i>=200 EXIT 语句结束循环。用"DO WHILE .t. /ENDDO"命令实现循环，用"?"显示输出结果。

步骤二：编写代码。程序代码如下：

```
SET TALK OFF
s=0
i=101
DO WHILE .t.
s=s+i
i=i+2
IF i>=200
    EXIT
```

```
ENDIF
ENDDO
? "s＝",s
SET TALK ON
```

(2)FOR/ENDFOR 的使用

实训 4－17　用 FOR/ENDFOR 命令编程计算 100～200 之间的奇数和，要求程序中使用 loop 语句。

【操作步骤】

步骤一：算法设计。用变量 s 保存结果，循环控制变量 i 的初始值为 101，终值为 200，循环体为：s＝s+i;偶数跳过用 MOD(i,2)＝0,LOOP 跳到下一次循环实现。用"FOR/END-FOR 命令"命令实现循环，用"?"显示输出结果。

步骤二：编写代码。程序代码如下：

```
SET TALK OFF
s＝0
FOR i＝101 to 200
    IF MOD(i,2)＝0
        LOOP
    ENDIF
s＝s+i
ENDFOR
? "s＝",s
SET TALK ON
```

(3)SCAN/ENDSCAN 的使用

实训 4－18　用 SCAN/ENDSCAN 语句，统计学生档案表中入学成绩低于 585 分及高于 595 分的学生人数。

【操作步骤】

步骤一：算法设计。用变量 x,y 保存结果，用 IF 入学成绩＞＝585 .AND. 入学成绩＜＝595;LOOP 跳过不统计，再分别统计入学成绩低于 585 分及高于 595 分的学生人数，用 SCAN/END-SCAN 语句实现循环，用"?"显示输出结果。

步骤二：编写代码。程序代码如下：

```
SET TALK OFF
STORT 0 TO x,y
USE 学生档案
SCAN
        IF 入学成绩＞＝585 .AND. 入学成绩＜＝595
          LOOP
        ENDIF
        IF 入学成绩＜585
```

```
        x＝x＋1
    ELSE
        y＝y＋1
    ENDIF
ENDSCAN
```
? "入学成绩低于 585 分的学生人数:",x

? "入学成绩高于 595 分的学生人数:",y

USE

SET TALK ON

(4)循环的嵌套

实训 4—19 设计双重循环结构的程序,要求从键盘输入 10 个数,按从小到大的顺序排列并显示出来。

【操作步骤】

步骤一:算法设计。采用冒泡排序法,前一个数与后一个数进行比较,若前一个数大于后一个数就交换。用双重循环实现,外重循环、循环控制变量 i,控制轮数,N 个数需要 N—1 轮,本例 10 个数共 9 轮;内重循环、循环控制变量 j,控制每一轮中,两两比较的次数,次数为剩余需要比较的数减一次。本例中第一轮 9 次,第 2 轮 8 次,依次类推,最后一轮一次。用命令"INPUT"实现存款年限的输入,用"FOR/ENDFOR"语句实现多重循环,用"?"显示输出结果。

步骤二:编写代码。程序代码如下:

```
SET TALK OFF
EIMENSION a(10)              && 定义一个数组
* 给数组赋初值
    FOR i＝1 TO 10
        ? "请输入第"＋STR(i,2)＋"个数:"
        INPUT TO a(i)
ENDFOR
* 给数组元素从小到大排序
FOR i＝1 TO 9
    FOR j＝i＋1 TO 10
        IF a(i)＞a(j)            && 交换两个数
            temp＝a(i)
            a(i)＝a(j)
            a(j)＝temp
        ENDIF
    ENDFOR
ENDFOR
* 输出排序后的结果
```

```
FOR i=1 TO 10
?? a(i)
ENDFOR
SET TALK ON
```

4.2.4 多模块程序设计

1. 过程与过程文件

实训 4—20 编写一个子程序计算 N!,在主程序中通过键盘输入正整数 N,调用该子程序计算阶乘。

【操作步骤】

步骤一:算法设计。主程序为 sx4—20.prg,输入任意正整数,调用子程序 sxzcx1.prg。子程序 sxzcx1.prg 完成阶乘的计算,结果通过变量实现参数传递,将结果返回主程序。用"?"显示输出结果。

步骤二:编写代码。程序代码如下:

```
＊主程序 sx4—20.prg
SET TALK OFF
CLEAR
INPUT"请输入一个正整数:" to n
? STR(n,2)+"! ＝"
DO sxzcx1
?? n
SET TALK ON
CANCEL
＊子程序 sxzcx1.prg
＊计算 n! 的阶乘子程序
STORE 1 TO k
FOR i=1 TO n
   k=k * i
ENDFOR
n=k
RETURN
```

实训 4—21 编写主程序调用过程子程序的程序,理解子程序的不同调试方式。

【操作步骤】

步骤一:算法设计。主程序为 sx4—21.prg,过程子程序 sxzcx2.prg。子程序 sxzcx2.prg 包含 3 个子过程:sub1、sub2、sub3。主程序中,通过不同的方式调用过程文件中的子过程。用"?"显示输出结果。

步骤二:编写代码。程序代码如下:

```
＊主程序 sx4—21.prg
```

```
SET TALK OFF
CLEAR
SET PROCEDURE TO sxzcx2        && 打开过程子程序 sxzcx2.prg
? "调用 sub1 过程:"
DO sub1                        && 调用子过程 sub1
? "再调用 sub1 过程:"
? sub1()                       && 再调用子过程 sub1
? "调用 sub2 过程:"
? sub2()                       && 调用子过程 sub2
? "再调用 sub2 过程:"
sub2()                         && 再调用子过程 sub2
? "调用 sub3 过程:"
DO sub3                        && 调用子过程 sub3
CLOSE PROCEDURE
CANCEL
* 过程子程序 sxzcx2.prg
PROCEDURE sub1                 && sub1 子过程
? "这是第一个子过程:","hello1!"
RETURN "返回值 hello1!"
PROCEDURE sub2                 && sub2 子过程
? "这是第二个子过程:","hello2!"
RETURN "返回值 hello2!"
PROCEDURE sub3
? "这是第三个子过程:","hello3!"
x＝sub1()
? x
RETURN
```

步骤三:运行程序。运行结果如下:

```
调用sub1过程:
这是第一个子过程:  hello1!
再调用sub1过程:

这是第一个子过程:  hello1!返回值hello1!
调用sub2过程:

这是第二个子过程:  hello2!返回值hello2!
再调用sub2过程:
这是第二个子过程:  hello2!
调用sub3过程:
这是第三个子过程:  hello3!
这是第一个子过程:  hello1!
返回值hello1!
```

注意：调用过程可以有多种方式。

(1)其中调用命令："DO sub1"调用过程 sub1 时,不显示 RETURN 的返回值("返回值 hello1!")；"? sub1()"调用子过程 sub1 后,显示 RETURN 的返回值即"返回值 hello1!"。

(2)"sub2()"调用子过程 sub2,不显示 RETURN 的返回值即"返回值 hello2"。

(3)"x＝sub()"调用子过程 sub,并把 RETURN 的返回值("返回值 hello1!")赋给变量 x。

实训 4—22　编写主程序调用过程子程序的程序,计算 n!。理解调用过程子程序的参数传递。

【操作步骤】

步骤一:算法设计。主程序为 sx4—22.prg,过程子程序 fac。主程序调用过程子程序时,主程序中的实际参数 n,f 传递给过程子程序 fac 中的形式参数 k,s。过程子程序计算出 n!。如 5! ＝5＊4＊3＊2＊1,用"?"显示输出结果。

步骤二:编写代码。程序代码如下:

```
＊主程序 sx4－22.prg
CLEAR
INPUT "请输入 n 值:" to n
f＝1
DO fac WITH n,f ＆＆ 带参数的调用过程 fac
? STR(n,2)＋"! ＝"＋STR(f,6)
CANCEL
＊过程 fac
PROCEDURE fac
PARAMETERS k,s
  FOR i＝1 to k
    s＝s＊i
  ENDFOR
RETURN
```

实训 4—23　编写程序,以递归调用方式计算 n!,理解递归调用子程序的参数传递。

【操作步骤】

步骤一:算法设计。主程序为 sx4—23.prg,过程子程序 sxzcx3。主程序调用过程子程序时,主程序中的实际参数 n,y 传递给子程序 sxzcx3 中的形式参数 x,f。过程子程序反复调用自己即实现递归调用,一直到 1! ＝1,再返回计算 2! ＝2＊1!、3! ＝3＊2!、4! ＝4＊3!、5! ＝5＊4!。用"?"显示输出结果。

步骤二:编写代码。程序代码如下:

```
＊主程序 sx4－23.prg
SET TALK OFF
CLEAR
```

```
y=1
INPUT "输入一个正整数:" to n
DO sxzcx3 WITH n,y
SET TALK ON
CANCEL
＊过程 sxzcx3
PROCEDURE sxzcx3
PARAMETERS x,f
if x>1
        DO sxzcx3 WIHT x-1,f        && 递归调用
        f=x＊f
ENDIF
? str(x,3)+"! ="+str(f,9)
RETURN
```

2．变量作用域及参数传递

实训 4－24　编写主程序调用过程子程序的程序,理解全局变量的作用域。

【操作步骤】

步骤一:算法设计。主程序为 sx4－24. prg,过程子程序 sub。主程序中的局部变量 i,k 在过程子程序 sub 中起作用。过程子程序 sub 中的全局变量 j 在返回主程序时仍然起作用。用"?"显示输出结果。

步骤二:编写代码。程序代码如下:

```
＊主程序 sx4－24. prg
CLEAR
CLEA ALL
i=1
k=0
DO sub
? ' 主程序中输出的结果;'
?? 'i='+STR(i,5)+' j='+STR(j,5)+' k='+STR(k,5)
CANCEL
＊过程
PROCEDURE SUB
PUBLIC j                          && 全局变量 j
j=i＊2
k=j+1
i=i+1
? ' 过程 sub 中的输出结果是:'
```

```
?? 'i='+STR(i,5)+' j='+STR(j,5)+' k='+STR(k,5)
RETURN
```

步骤三:运行程序。运行结果如下:

```
过程sub中的输出结果是:i=    2 j=    2 k=    3
主程序中输出的结果:i=    2 j=    2 k=    3
```

实训 4-25 编写主程序调用过程子程序的程序,理解全局变量、局部变量的作用域。

【操作步骤】

步骤一:算法设计。主程序为 sx4-25.prg,过程子程序 subb。主程序中的局部变量 i1 在过程子程序 subb 中起作用。过程子程序 subb 中的局部变量 i2,i3 屏蔽了主程序中的 i2,i3。在返回主程序中,变量 i1 的值带回,主程序中 i2,i3 起作用,用"?"显示输出结果。

步骤二:编写代码。程序代码如下:

```
* 主程序 sx4-25.prg
CLEAR
CLEAR ALL
STOR 1 TO i1,i2,i3         && i1,i2,i3 局部变量
DO subb
? ' 主程序的输出结果是:'
LIST MEMO LIKE i*          && 显示主程序中所有字母 i 开头的变量
CANCEL
* 过程 subb
PROCEDURE SUBB
PRIVATE i2,i3              && 过程中的局部变量 i2,i3
i1=i1*3                    && 主程序中的 i1 在过程 subb 中起作用
i2=i1+i1                   && 过程中的局部变量 i2,屏蔽了主程序中的 i2
i3=i1*i1                   && 过程中的局部变量 i3,屏蔽了主程序中的 i3
? 'subb 中的输出结果是:'
LIST MEMO LIKE i*          && 显示过程 subb 中所有字母 i 开头的变量
RRTURN
```

步骤三:运行程序。运行结果如下:

```
subb中的输出结果是:
I1          Priv    N    3         (        3.00000000)  sx4-25
I2          (hid)   N    1         (        1.00000000)  sx4-25
I3          (hid)   N    1         (        1.00000000)  sx4-25
I2          Priv    N    6         (        6.00000000)  subb
I3          Priv    N    9         (        9.00000000)  subb

主程序的输出结果是:
I1          Priv    N    3         (        3.00000000)  sx4-25
I2          Priv    N    1         (        1.00000000)  sx4-25
I3          Priv    N    1         (        1.00000000)  sx4-25
```

3. 自定义函数

实训 4－26　编写主程序调用函数的程序,计算圆的面积和周长。

【操作步骤】

步骤一:算法设计。主程序为 sx4－26.prg,函数 AREA(x)计算面积,函数 zl(x)计算周长。主程序调用函数 area(x),zl(x)时,实际参数 x 传递给形式参数 r,函数调用结束,RETURN 语句返回函数值。用"?"显示输出结果。

步骤二:编写代码。程序代码如下:

```
* 主程序 sx4－26.prg
SET TALK OFF
CLEAR
INPUT" 输入圆的半径:" TO x
?" 圆的面积 s＝:",AREA(x)          && 调用面积函数
?" 圆的周长 l＝:",ZL(x)           && 调用周长函数
SET TALK ON
CANCEL
* 面积函数
FUNCTION AREA
PARA r
p＝3.1415926 * r * r
RETURN p                         && 返回面积函数值
* 周长函数
FUNCTION ZL(r)
l＝2 * 3.1415926 * r
RETURN l                         && 返回周长函数值
```

4.2.5　程序调试器的使用

实训 4－27　调试 sx4－23.prg,理解程序"调试器"的使用。

【操作步骤】

步骤一:选择"工具"菜单的"调试器"菜单项,启动 Visual FoxPro 调试器窗口。

步骤二:选择"文件"菜单的"打开"菜单项,打开调试程序 sx4－23.prg。

步骤三:在"监视"窗口、分别加入变量 n,y 和 x,f。

步骤四:重复单击工具栏上的"跟踪"按钮,调试过程中,输入整数 n 为 5,每跟踪执行一次,观察"监视"窗口中几个变量值的变化,直到程序结束。调试窗口如图 4－4 所示。

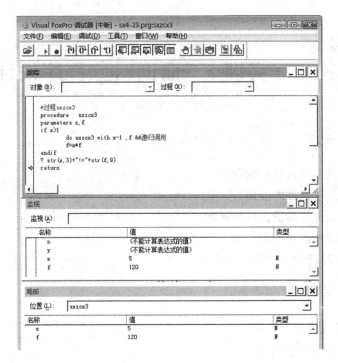

图 4-4 程序文件 sx4-27.prg 的调试窗口

4.3 思考与练习

1. 编写程序。对学生档案表按记录号重复显示输出该记录。要求：如果输入的记录小于 1，退出；输入记录号大于总的记录数，提示"记录号太大"，继续输入下一个记录号。

2. 编写程序。对学生档案表按姓名重复查询，显示输出该记录。要求：如果找到，显示输出；如果没有找到，显示"查无此人"，并提示"需要继续查询否？y/n"，输入 y 继续查询，否则结束查询。

3. 编写程序判断任意整数（＞2）是否为素数。（提示：如果一个整数 N 能被 2～$\sqrt{N}$ 之间的任一整数整除，则这个整数 N 不是素数）

4. 编写一个显示给定数据表的字段名，在主程序中键入数据表名。

实训5 面向对象程序设计

5.1 实训目标

1.掌握表单及表单设计器的使用。
2.掌握表单常用控件的使用。
3.熟悉自定义类及类设计器的使用。
4.熟悉菜单设计器的使用。
5.熟悉报表设计器的使用。

5.2 实训指南

5.2.1 表单及表单设计器

1.利用表单向导创建表单

实训5-1 使用表单向导创建一个能维护课程信息.dbf表的表单。

【操作步骤】

步骤一:选择"文件"→"新建"→"表单"→"向导"。

步骤二:当出现"向导选取"对话框时,在"选择要使用的向导"列表框中选择"表单向导",并按"确定"按钮。

(1)字段选取,选定"课程信息表"选取全部"可用字段"内的字段。

(2)选择表单样式,选择"浮雕式"。

(3)排序次序,按"课程号"排序。

(4)完成,标题为"课程信息维护"。

步骤三:保存为课程信息.scx,运行表单,效果如图5-1所示

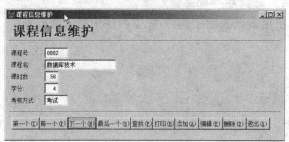

图5-1 运行结果

实训5-2 用一对多表单向导创建一个课程信息和学生成绩的维护表单。

【操作步骤】

步骤一:打开数据库文件学生管理.dbc。

步骤二:选择"文件"→"新建"→"表单"→"向导",当出现的"向导选取"对话框时。在"选择要使用的向导"列表框中选择一对多表单向导,并按"确定"按钮。

步骤三:当出现"一对多表单向导"对话框时,完成以下6步操作。

(1)从父表中选择字段,父表选择"课程信息"表,选择全部字段。

(2)从子表中选定字段,子表选择"学生成绩"表,选择全部字段。

(3)建立表之间的关系,如图5-2所示。

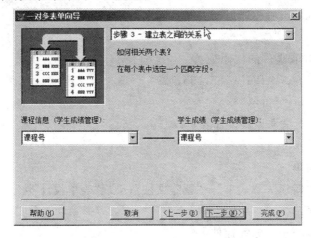

图5-2 建立表之间的关系

(4)选择表单样式,选择石墙式。

(5)排序次序,按"课程号"升序。

(6)完成,选择"保存并运行表单"。

步骤四:保存表单为课程信息.scx,运行表单,效果如图5-3所示。

图5-3 运行结果

2. 表单设计器

实训5-3 用表单设计器设计表单(一)。

【操作步骤】

步骤一:新建表单。

选择"文件"→"新建"→"表单"→"新建文件",出现"表单设计器"。

步骤二:设置表单。

(1)设置下列表单的属性值:

AutoCenter:. T.

BackColor:128,255,255;

Caption:示例;

(2)设置 Click 事件的代码为:

This. BackColor＝RGB(255,129,255)

This. Caption＝"变色"

(3)设置 DblClick 事件的代码为:

This. BackColor＝RGB(255,255,129)

This. Caption＝"黄色"

实训 5－4　用表单设计器设计表单(二)。

【操作步骤】

步骤一:新建表单。

选择"文件"→"新建"→"表单"→"新建文件";出现"表单设计器"。

步骤二:设置表单。

(1)在表单中添加一个标签控件

设置标签控件的下列属性值:

Caption 属性值为:欢迎各位读者!;

FontSize:24;

ForeColor:0,0,255;

AutoSize:. T. ;

(2)在表单中添加两个命令按钮

①设置第一个命令按钮:

Caption 属性值为:改变颜色;

Click 事件的代码为:

```
    IF This. Caption＝"改变颜色"
      ThisForm. Label1. ForeColor＝RGB(0,255,0)
      This. Caption＝"恢复颜色"
    ELSE
      ThisForm. Label1. ForeColor＝RGB(0,0,255)
      This. Caption＝"改变颜色"
    ENDIF
```

②设置第二个命令按钮:

Caption 属性值为:改变大小;

Click 事件的代码为:

```
    IF This. Caption＝"改变大小"
```

　　　　ThisForm. Label1. FontSize＝18

　　　　　This. Caption＝"恢复大小"

　　　　ELSE

　　　　ThisForm. Label1. FontSize＝24

　　　　　This. Caption＝"改变大小"

　　　ENDIF

3. 数据环境

实训 5－5　添加数据环境。

【操作步骤】

步骤一：新建表单。

选择"文件"→"新建"→"表单"→"新建文件"；出现表单设计器。

步骤二：设置数据环境。

(1)选择"显示"→"数据环境"命令，然后按以下 3 个步骤进行操作：

①在数据环境设计器的空白处单击鼠标右键，弹出快捷菜单，选择"添加"命令。

②当弹出添加表或视图对话框时，在该对话框中选择一个表或视图，如图 5－4 所示。

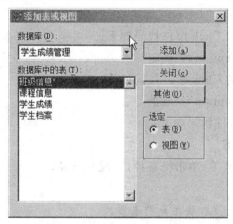

图 5－4　添加表或视图对话框

③最后按"添加"按钮，选取的表或视图则被添加到数据环境中，如图 5－5 所示。

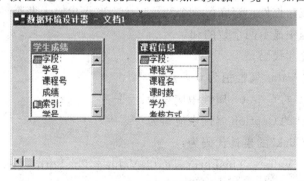

图 5－5　添加学生成绩和课程信息表

5.2.2　表单常用控件的使用

1. 标签控件

实训 5－6　标签用作命令按钮。

【操作步骤】

步骤一:新建一个表单。

在表单上添加两个标签,两个命令按钮,设置 Caption 属性如下图 5－6 所示。

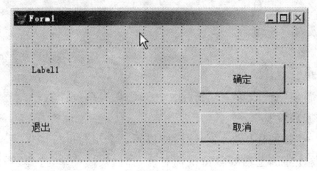

图 5－6　设置 Caption 属性

步骤二:编写事件代码:

命令按钮 Command1 的 Click 事件代码如下:

　　ThisForm. Label1. Caption＝"确定"

命令按钮 Command2 的 Click 事件代码如下:

　　ThisForm. Label1. Caption＝"取消"

标签 Label2 的 Click 事件代码如下:

　　ThisForm. RELEASE

步骤三:保存并运行该表单,单击标签控件,观察效果。

2. 文本框控件

实训 5－7　制作一个进行加法运算的表单。

【操作步骤】

步骤一:利用表单设计器创建一个新表单,添加 2 个标签控件(用作运算符显示)、3 个文本框控件、一个命令按钮控件。当在第一个和第二个文本框中输入两个数据后,单击"计算"按钮,在第 3 个文本框中显示两个数的和。

步骤二:编写属性和代码。

(1)3 个文本框的 Value 属性值为 0

(2)"＋"在 Lable2 的 Caption 属性中应写为:＝"＋"

(3)"＝"在 Lable2 的 Caption 属性中应写为:＝"＝"

(4)"计算"按钮"Click"的事件代码为:

ThisForm. Text3. Value＝ThisForm. Text2. Value＋ThisForm. Text1. Value

(5)"退出"按钮"Click"的事件代码为:

　　ThisForm. Release

(7)"清除"按钮"Click"的事件代码为：

 ThisForm. Text1. Value＝0.00

 Thisform. Text2. Value＝0.00

 Thisform. Text3. Value＝0.00

步骤三：保存并运行该表单，运行状况如图5－7所示

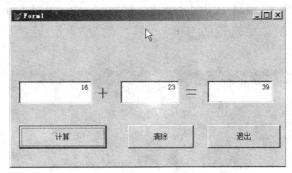

图5－7　运行结果

实训5－8　制作一个显示时间的表单。

【操作步骤】

 步骤一：用标签、文本框、命令按钮构成一个表单Form1。在标签中显示以下文字："当前日期和时间："；运行表单时，在文本框中单击鼠标左键将显示当前系统日期，单击鼠标右键将显示当前系统时间；单击"清除"按钮，文本框中的结果将被清除；单击"退出"按钮，将退出表单的运行。如图5－8所示。

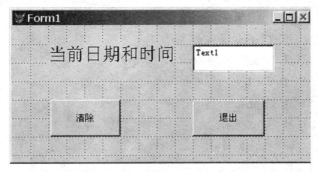

图5－8　设计视图

步骤二：编写事件代码：

(1)文本框 Text1 的 Click 事件代码：

ThisForm. Text1. Value＝DATE()

(2)文本框 Text1 的 RightClick 事件代码：

ThisForm. Text1. Value＝Time()

(3)"清除"按钮的 Click 事件代码：

ThisForm. Text1. Value＝""

(4)"清除"按钮的 Click 事件代码：

ThisForm. Release

步骤三:保存并运行该表单。

3. 命令按钮及命令按钮组控件

实训 5-9　制作命令按钮表单。

【操作步骤】

步骤一:新建一个表单,表单中添加 3 个命令按钮 Command1~Command3,一个标签控件 Label1,分别设置 3 个命令按钮的 Caption 属性值为"显示 1","显示 2"和"隐藏",如图 5-9所示。

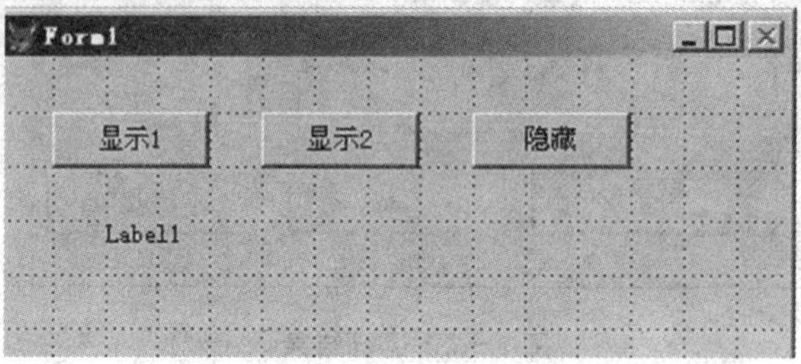

图 5-9　设计视图

步骤二:添加事件代码:

(1)表单的 init 事件:

ThisForm. AutoCenter=. t.

ThisForm. Caption="标签控件演示"

ThisForm. Label1. AutoSize=. t.

ThisForm. Label1. Visible=. f.

(2)"显示 1"命令按钮的 Click 事件:

ThisForm. Label1. ForeColor=rgb(0,255,0)

ThisForm. Label1. Visible=. t.

ThisForm. Label1. Caption="你好"

ThisForm. Label1. FontSize=10

(3)"显示 2"命令按钮的 click 事件:

ThisForm. Label1. ForeColor=rgb(255,0,0)

ThisForm. Label1. Visible=. t.

Thisform. Label1. Caption="hello"

ThisForm. Label1. FontSize=18

(4)"隐藏"命令按钮的 click 事件:

ThisForm. Label1. Visible=. f.

步骤三:保存并运行该表单,分别单击 3 个命令按钮,观察效果。

实训 5-10　制作一个表单,添加 3 个命令按钮 Command1~Command3,练习设置其属性,如图 5-10所示,依次设置其属性。

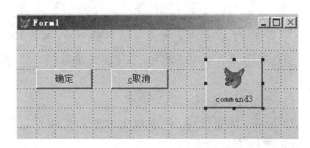

图 5-10　设计视图

【操作步骤】

步骤一:选中 Command1,"属性"窗口中选中 Caption 属性,在上方文本框中输入"确定"。

步骤二:选中 command2,在"属性"窗口中选中 Caption 属性,在上方文本框中输入"\<c取消",并将其 Cancel 属性设为 .t.,则在运行时,单击该按钮,按 C 键或按 ESC 键,均可执行此按钮的 Click 事件代码。

步骤三:选中 Command3,在"属性"窗口中双击其 Picture 属性,在弹出的对话框中选择"d:\vfp98\fox.bmp"即可。

步骤四:保存并运行该表单。

4.编辑框、列表框和组合框控件

实训 5-11　制作一表单,可以将左边编辑框中的内容复制到右边文本框中。

【操作步骤】

步骤一:新建表单,包含一个编辑框,一个文本框,一个命令按钮,将命令按钮的 caption 设为"->",如图 5-11 所示。

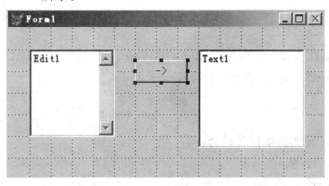

图 5-11　设计视图

步骤二:编写事件代码:

"->"命令按钮的 Click 事件代码:

ThisForm.Text1.Value=ThisForm.Edit1.SelText

ThisForm.Refresh

步骤三:保存并运行表单,在左边的编辑框输入一些文本(可以换行),选择这些文本,单击中间的命令按钮,被选取内容即被复制到右侧的文本框中。

实训5-12　制作一表单,该表单的功能是:若在 Text1 中输入一个除数(整数),然后点击"开始"按钮,就能求出 1～300 之间能被此除数整除的数(整数)及这些数之和,并将结果分别在 Edit1 和 Text2 中输出。单击"清除"按钮,则清除 Text1、Edit1 和 Text2 中的内容。

【操作步骤】

步骤一:如图 5-12 所示,新建表单,并添加文本框和编辑框以及命令按钮。将对象 Text1 和 Text2 的 Value 属性值设置为0。

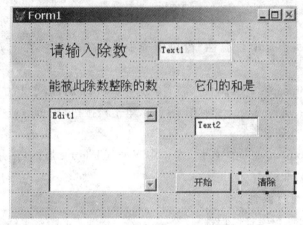

图 5-12　设计视图

步骤二:

(1)"开始"按钮的 Click 事件,及编写如下相应的事件代码:

A＝ThisForm. Text1. Value

For i＝1 TO 300

IF MOD(i,a)＝0

ThisForm. Edit1. Value＝ThisForm. Edit1. Value＋STR(i,5)＋CHR(13)

ThisForm. Text2. Value＝ThisForm. Text2. Value＋i

ENDIF

ENDFOR

(2)编写"清除"按钮的事件代码为:

ThisForm. Text1. Value＝0

ThisForm. Text2. Value＝0

ThisForm. Edit1. Value＝" "

步骤三:保存并运行表单。

实训5-13　列表框练习。

【操作步骤】

步骤一:新建表单,添加一个文本框 Text1,3 个命令按钮 Command1～Command3,3 个命令按钮的 Caption 属性依次设为"加入"、"移出"和"全部移出",一个列表框 List1,界面如图 5-13 所示。

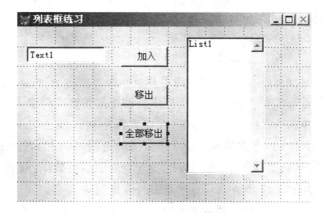

图 5-13 设计视图

步骤二:设置属性。

将表单的 Caption 属性设为"列表框练习",AutoCenter 属性设为.T.,将列表框 List1 的 MoverBars 属性设为.T.,MultiSelect 属性设为.T.。

步骤三:编写代码:

(1)"加入"命令按钮 Command1 的 Click 事件:

```
qm=ThisForm.Text1.Value
IF ！EMPTY(qm)
no=.t.
FOR i=1 TO ThisForm.List1.ListCount
IF ThisForm.List1.List(i)=qm &&如果文本框中输入的内容和列表框中已存在
                                的内容相同,则不添加
no=.f.
ENDIF
NEXT i
IF no
ThisForm.List1.AddItem(qm)
ThisForm.Refresh
ENDIF
ENDIF
```

(2)"移出"命令按钮 Command2 的 Click 事件:

```
IF ThisForm.List1.ListIndex>0
ThisForm.List1.RemoveItem(ThisForm.List1.ListIndex)
ENDIF
```

(3)"全部移出"按钮 Command3 的 Click 事件:

```
ThisForm.List1.Clear
```

(4)列表框 List1 的 Init 事件:

```
ThisForm.List1.Additem("杨过")
```

ThisForm. List1. Additem("小龙女")

Thisform. List1. Additem("东方不败")

(5)列表框 list1 的 dblclick 事件：

ThisForm. Command2. Click() && 调用 Command2("移出"按钮)的 Click 事件代码

步骤三：保存并运行表单,运行后,列表框中自动添加了 3 条记录。

注意：这是在表单的 init 代码中添加的；在文本框中输入任意文本,如果和列表框中的内容不同,单击"加入"按钮,该内容会加入到列表框；否则不添加；在列表框中选中一条数据,单击"移出"按钮,该数据被删除；在列表框中直接双击某条数据,则列表框的 dblClick 事件中调用"移出"按钮的 Click 事件代码,将双击的数据删除。

实训 5-14　根据组合框的选项来查询学生表中入学成绩大于 480 分的同学,如果找到符合条件的学生记录则右侧文本框中显示"该同学获得奖学金",否则显示"该同学没有获得奖学金"。

【操作步骤】

步骤一：新建表单,并添加文本框和组合框以及命令按钮。

步骤二：主要属性设置如下。

ThisForm. Combo1. RowSource ="学生档案表. 姓名"

ThisForm. Combo1. RowSourceType=6

步骤三："查询"按钮的 Click 事件代码如下。

If 入学成绩>480

ThisForm. Text1. Value="该同学获得奖学金"

ELSE

ThisForm. Text1. Value="该同学没有获得奖学金"

ENDIF

ThisForm. REFRESH

步骤四：保存并运行表单,运行结果如图 5-14 所示。

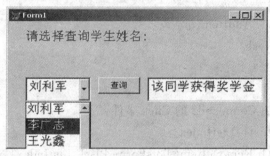

图 5-14　运行结果

5. 选项按钮组、复选框、微调按钮控件

实训 5-15　复选框和单选按钮的联合运用。

【操作步骤】

步骤一：新建一个表单,设置其 Width 属性为 300,Height 为 130,AutoCenter 为. T. ,向

表单中添加一个标签 Label1，一个单选按钮组 PptionGroup1 及两个复选框 Check1、Check2。

步骤二：设置属性。

(1)右击单选按钮组，选"编辑"命令，进入编辑状态，然后单击选中其中的 option1。

在"属性"窗口中将 Option1 的 Caption 属性设为"红"，如图 5－31 所示，同样方法，将 Option2 的 Caption 属性设为"绿"。

(2)将 Check1 的 Caption 设为"粗体"，Check2 的 Caption 设为"斜体"，Label1 的 Caption 设为"大家好"，并将 Label1 的 AutoSize 设为.T.，上述属性设置完毕后，界面如图 5－15 所示。

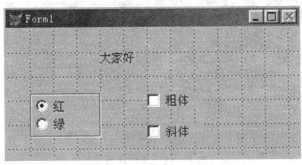

图 5－15 完成设计视图

步骤三：编写代码：

(1)标签的 fontbold 和 fontitalic 属性，即"加粗"和"倾斜"属性，这两个属性都有两个值：真和假，而复选框的 Value 属性也有真和假两个值，选中时为真，否则为假。本例巧妙利用了这个特点。

①Check1 的 Click 事件：ThisForm. Label1. fontbold＝ThisForm. Check1. Value

②Check2 的 Click 事件：ThisForm. Label1. fontitalic＝ThisForm. Check2. Value

(2)单选按钮组 OptionGroup1 包括两个单选按钮，要想为其中的 Option1 设置 Click 事件代码，需要先双击单选按钮组 OptionGroup1，在弹出的代码窗口的左侧列表中选择 Option1，然后在右侧列表选择 click 事件。

①单选按钮 Option1 的 Click 事件：ThisForm. Label1. RoreColor＝rgb(255,0,0)

②单选按钮 Option2 的 Click 事件：ThisForm. Label1. ForeColor＝rgb(0,255,0)

步骤四：保存并运行表单，运行时分别单击复选框和单选按钮，可以看到标签的颜色和加粗及倾斜会随之发生变化。

实训 5－16 复选框和单选按钮的联合运用(二)。

【操作步骤】

步骤一：添加文本框、复选框和命令按钮。

步骤二：命令按钮"＝＞"的 Click 事件中代码如下：

    A＝ThisForm. Text1. Value

    B＝ThisForm. Text2. Value

C＝A＋B

IF ThisForm. Check1. Value＝1

    C＝C＋A

ENDIF

IF ThisForm. Check2. Value＝1

    C＝C＋B

ENDIF

    ThisForm. Text3. Value＝C

步骤三:保存表单并运行,如图5－16所示。

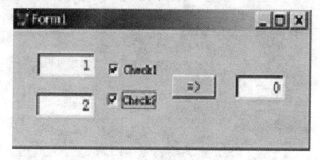

图5－16　运行结果

实训5－17　微调按钮练习。

【操作步骤】

步骤一:添加文本框、微调按钮。

步骤二:编写代码。

(1)文本框的 Init 事件中编写代码如下:

    ThisForm. Text1. Value＝20

(2)微调按钮的 UpClick 事件中编写代码如下:

    IF MOD(ThisForm. Text1. Value,2)＝0

      ThisForm. Text1. Value＝ThisForm. Text1. Value＋5

    ELSE

      ThisForm. Text1. Value＝ThisForm. Text1. Value＋2

    ENDIF

    ThisForm. REFRESH

(3)在微调按钮的 DownClick 事件中编写代码如下:

    IF MOD(ThisForm. Text1. Value,5)＝0

    ThisForm. Text1. Value＝ThisForm. Text1. Value－5

    ELSE

    ThisForm. Text1. Value＝ThisForm. Text1. Value－2

    ENDIF

    ThisForm. FEFRESH

步骤三:保存表单并运行,查看屏幕的显示结果,如图 5－17 所示。

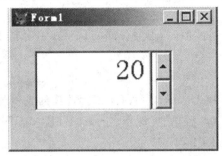

图 5－17　运行结果

6. 表格控件

实训 5－18　按课程名和考试方式过滤编辑"课程信息"表的数据。

【操作步骤】

步骤一:新建一个表单,将其 Caption 属性设为"表格的应用",AutoCenter 设为.T.,向表单中添 2 个标签控件,将它们的 Caption 属性分别设为"课程名"和"考试方式",然后向两个标签控件后分别添加两个组合框控件 Combo1 和 Combo2。

步骤二:右击表单空白处,选"数据环境"命令,将"课程信息.dbf"添加到表单的数据环境中。

拖动"课程信息.dbf"的标题栏到表单空白处,即自动生成一个表格。注意:此处一定要拖动数据环境中表的标题栏,如果拖动的是表中的字段,则在表单上生成的是文本框和标签。

步骤三:在表单中适当调整表格的大小,并将该表格的 Name 属性改为 Grid1(为了在程序代码中引用方便),调整后的界面如图 5－18 所示。

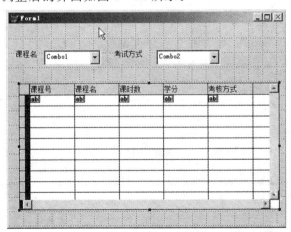

图 5－18　设计视图

选中组合框 Combo1,在"属性"窗口中将其 RowSourceType 属性改为"1—值",再选中 RowSource 属性,在上方文本框中输入值"计算机基础,数据库技术,C 语言程序设计,编译原理"。

同样方法,将 Combo2 的 RowSourceType 属性设为"1-值",将 RowSource 属性设为"考试,考查"。

注意:输入 RowSource 属性值时,逗号分隔的是要在组合框中显示的每一个选项,且必须用英文标点。

步骤四:编写代码。

(1)Combo1 的 InterActiveChange 事件(用鼠标选择列表项时产生的事件)代码:

  SET FILTER TO 课程信息. 课程名=ALLTRIM(ThisForm. Combo1. Value)

  ThisForm. Grid1. REFRESH

(2)Combo2 的 InterActiveChange 事件代码:

  SET FILTER TO 课程信息. 考核方式=ALLTRIM(ThisForm. Combo2. Value)

  ThisForm. Grid1. REFRESH

步骤五:保存表单为表格实训. scx,并运行表单,可发现当我们在组合框中选择时,比如我们在 Combo2 中选择了"考试",则在表格中就将"课程信息. dbf"中的考试的记录列出来,如图 5-19 所示。

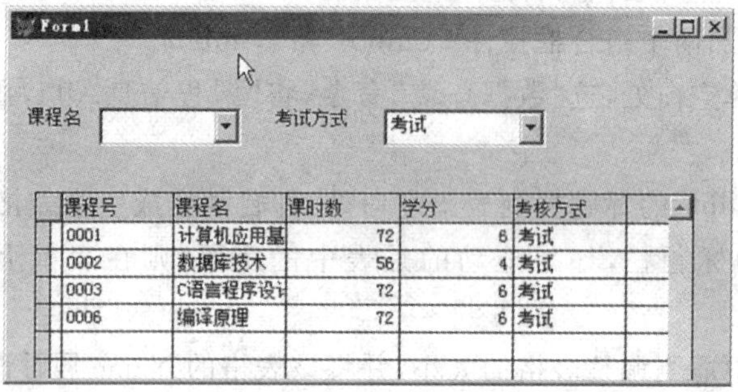

图 5-19 运行结果

注意:此例中,从数据环境中拖动所需的表到表单上,即自动生成表格,且该表格的 RowSourceType 和 RowSource 等属性都不必再设置,系统自动将其 RecordSourceType 和 RecordSource 属性设置为生成这个表格的表文件"课程信息. dbf"。

7. 页框控件

实训 5-19 页框中对象的引用。

【操作步骤】

步骤一:新建一个表单,并按表 5-1 设置其属性。

表 5-1 表单属性

属性名	属性值
Caption	页框中对象的引用
AutoCenter	. T.
Width	375
Height	158

步骤二:向表单中添加一个页框 PageFrame1,并将其 PageCount 属性设为 2,即该页框

内有两个页面(实际上,新建一个页框,如果不设置 PageCount 属性,则默认为 2)设置完毕后。

步骤三:页框中有 Page1 和 Page2 两个页面,我们先来设置其中的 Page1。

(1)右击页框,在快捷菜单中选"编辑",此时页框四周出现绿色阴影,进入编辑状态。

(2)在页框的编辑状态下,单击选中 Page1 标签,在"属性"窗口中将其 Caption 属性设为"第一页",然后向 Page1 中添加一个文本框 Text1,一个命令按钮 Command1,并将该命令按钮的 Caption 设为"输入",设置完毕如图 5−20 所示。

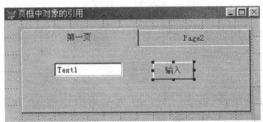

图 5−20　设置 page1 命令按钮

(3)同样方法,在页框的编辑状态下,单击选中 Page2 标签,在"属性"窗口中将 Page2 的 Caption 改为"第二页",向 Page2 中添加一个文本框 Text1 及一个命令按钮 Command1,并将命令按钮的 Caption 改为"显示",如图 5−21 所示。

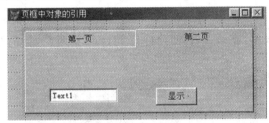

图 5−21　设置 page2 命令按钮

注意:页框里有两个 Command1。实际上,页框中的每个页面都仍然是一个容器,而第一个 Command1 包含于 Page1,第二个 Command1 包含于 Page2,所以可以重名。在页框的编辑状态下,我们可以单击其中两个页面的标签,观察变化。

步骤四:编写代码。

(1)表单的 Load 事件代码:

    PUBLIC xy　&& 定义一个全局变量 xy,用于在两个页面间传递值

(2)页面 Page1,即"第一页"中的"输入"命令按钮的 Click 事件:

    右击页框 Pageframe1,选"编辑"命令,单击 Page1 的标签"第一页"选中该页面,再双击其中的命令按钮,在代码窗口中选择 Click 事件,输入如下代码:

    xy=ThisForm. PageFrame1. Page1. Text1. Value && 将输入到文本框中的东西传
                                            递给全局变量 xy

    ThisForm. PageFrame1. Page1. Text1. Value=""

    ThisForm. REFRESH

注:上述代码是绝对引用方式的代码,也可以用相对引用方式编写代码,功能是一样的,

如下：

  xy＝This. Parent. Text1. Value

  This. Parent. Text1. Value＝""

  ThisForm. REFRESH

（3）页面 Page2，即"第二页"中的"显示"命令按钮的 Click 事件：

  ThisForm. Pageframe1. Page2. Text1. Value＝xy

  ThisForm. REFRESH

注：上述代码是绝对引用形式，采用相对引用方式编写的代码如下：

  this. parent. text1. value＝xy

  thisform. refresh

步骤五：保存并运行表单，我们在"第一页"的文本框中输入一些文本，单击"输入"按钮，该文本即被赋给全局变量 xy，同时文本框被清空，然后，我们切换到"第二页"，单击"显示"按钮，即从全局变量 xy 中取出文本，并显示在"第二页"的文本框中。

8. 计时器控件

实训 5－20 在表单上部设置一个向左移动的字幕，文本为"计算机"，并在右下角设计一个数字时钟。

【操作步骤】

步骤一：新建一个表单，在表单上创建标签和计时器两个，计时器可以放在任意位置。如图 5－22 所示。

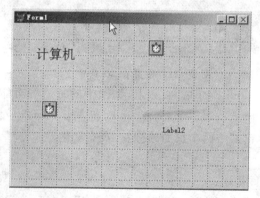

图 5－22 设计视图

步骤二：属性设置如表 5－2 所示。

表 5－2 计时器控件表单的属性设置

对象名	属性	属性值	说明
Label1	Caption	计算机	指定标签标题
	AutoSize	. T.	自动调整控件大小适应标题内容
Timer1	Interval	200	为 Label1 标题游动指定时间间隔
Timer2	Interval	500	为 Label1 时钟指定时间间隔

步骤三:设置代码:

(1)Timer1 的 Timer 事件代码如下:

IF ThisForm. Label1. Left＋ThisForm. Label1. Width＜0 && 若标题右端从屏幕上消失

ThisForm. Label1. Left＝ThisForm. Width && 将标题左端点设置在表格右端

ELSE

ThisForm. Label1. Left＝ThisForm. Label1. Left－10 && 将标题向左移动 10 个像素

ENDIF

(2)Timer2 的 Timer 事件代码如下:

IF ThisForm. Label2. Caption＜＞Time() && 该事件 1s 执行两次,免除不必要的刷新

ThisForm. Label2. Caption＝Time() && 将当前时间赋值给标签的标题

ENDIF

步骤三:保存表单为计时器实训. scx,并运行表单。

实训 5－21　设计表单用来显示系统时间和表单运行的时间。

【操作步骤】

步骤一:在表单上放置两个标签 Label1、Label2,Caption 属性分别为:"现在的时间是:"、"表单运行时间是:";放置两个文本框 Text1 和 Text2,用来显示时间;放置一个计时器控件,设置 Interval 属性为 1000。

步骤二:编写代码。

(1)表单的 Init 事件代码为:

This. Text1. Value＝Time( )　　　　　　　　&& 使文本框 1 为当前系统时间

|This. Text2. Value＝0　　　　　　　　　　&& 初始化文本框 2

(2)计时器的 Click 时间代码为:

ThisForm. Text1. Value＝Time( )　　　　　　&& 使文本框 1 为当前系统时间

ThisForm. Text2. Value＝Thisform. Text2. Value＋1

　　　　　　　　　　　　　　　　&& 将文本框 2 内的数字加一

步骤三:保存表单并运行表单,如图 5－23 所示。

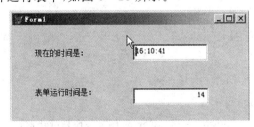

图 5－23　运行结果

9. 图像与形状控件

实训 5－22　设计一个程序,要求按顺序显示图片,并可放大、缩小图片,暂停或连续显

示图片。

【操作步骤】

步骤一：新建表单，添加一个图像框 Image1，一个选项按钮组 OptionGroup1，一个计时器控件 Timer1（运行时不可见，可放置于表单的任意位置），3 个命令按钮 Command1，Command2 及 Command3。

步骤二：设置对象属性。

将 3 个命令按钮 Command1～Command3 的 Caption 属性依次设为"缩小按钮"，"放大按钮"及"结束按钮"；将单选按钮组 OptionGroup1 中的两个单选按钮 Option1 和 Option2 的 Caption 依次设为"连续显示"和"暂停显示"图像框 Image1 的 Stretch 的属性设为 1－等比填充。计时器控件 Timer1 的属性：Enabled 属性设为.T.，Interval 属性设为 300（300 毫秒即 3 秒，每 3 秒显示一幅图片，此处如改为 100 则为每隔 1 秒显示一幅图片）。

步骤三：编写代码。

(1)表单的 Load 事件：

```
PUBLIC xh        && 定义全局变量，用于存放图片文件的主名
xh＝1            && 赋初值
```

(2)单选按钮"连续显示"的 Click 事件代码：

```
ThisForm. OptionGroup1. Option2. Value＝.f.
This. Value＝.t.
xh＝1
ThisForm. Timer1. Enabled＝.t.
```

(3)单选按钮"暂停显示"的 Click 事件代码：

```
ThisForm. OptionGroup1. Option2. Value＝.f.
This. Value＝.t.
ThisForm. Timer1. Enabled＝.f.
```

(4)计时器控件 timer1 的 timer 事件：

```
xh＝xh＋1
IF xh＞3
xh＝1
ENDIF
xh0＝ALLTRIM(STR(xh))
xp＝xh0＋". jpg"
ThisForm. Image1. Picture＝"&xp"
```

(5)"缩小按钮"的 Click 事件：

```
ThisForm. Image1. Height＝ThisForm. Image1. Height/1. 2
ThisForm. Image1. Width＝ThisForm. Image1. Width/1. 2
```

(6)"放大按钮"的 click 事件：

```
ThisForm. Image1. Height＝1. 2 * ThisForm. Image1. Height
```

ThisForm. Image1. Width＝1. 2 * ThisForm. Image1. Width

(7)"结束按钮"的 click 事件：

ThisForm. Timer1. Enabled＝. f.

ThisForm. RELEASE

步骤四：保存表单并运行表单，如图 5－24 所示。

图 5－24 运行结果

说明：制作此例时，需自己找 3 个.jpg 格式的文件（可从网上下载），将它们分别重命名为 1. jpg、2. jpg 和 3. jpg，然后将它们复制到默认目录中。

10. Activex 控件和 Activex 绑定控件

实训 5－23 进度条控件练习。建立表单，要求：单击表单时，显示从 0 到 100 000 循环时的进度。

【操作步骤】

步骤一：在"表单设计器"中，单击"表单控件"工具栏中的"ActiveX 控件"工具按钮，在表单中拖放一个矩形框，松开鼠标。在出现的"插入对象"对话框中，单击"插入控件"单选钮，向下拖动"控件类型"列表框中的滑块，选定 Microsoft ProgressBar Control 6.0(SP4)控件选项，单击按钮。

步骤二：设置 OleControl1 的 Max 属性值为 100 000。

步骤三：在表单的 Click 事件中书写如下代码。

```
FOR q＝0 TO ThisForm. OleControl1. Max
ThisForm. OleControl1. Value＝q
ENDFOR
ThisForm. Refresh
```

步骤四：保存表单并运行后的显示结果如图 5－25 所示。

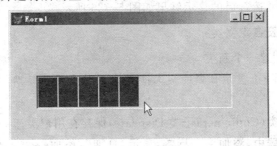

图 5－25 运行结果

11. 表单集与多重表单

实训 5－24 创建一个表单集，包含 4 个表单，分别以表格显示"学生成绩管理"数据库中各表的内容。在"班级信息"表中添加一个"退出"命令按钮。表单集，各表单和命令按钮的标题及各表单布局如图所示。

【操作步骤】

步骤一:新建一个表单。选择"表单"菜单的"创建表单集"命令,新建表单集。这时,"属性"窗口的对象名称列表框里有两个对象:Formset1、Form1。选择 Formset1,单击"数据环境"按钮,向表单集的数据环境中添加"学生档案","学生成绩","班级信息"和"课程信息"4个表。

步骤二:选择 Form1,在数据环境中选定"学生档案"表。拖曳标题栏到 Form1 中,生成"学生档案"表格。单击表单,选择"表单"菜单的"添加新表单"命令,添加 Form2。在数据环境中将"学生成绩"表的标题栏拖曳到 Form2 中,建立"学生成绩"表格。

用同样的方法添加 Form3 表单,建立"班级信息"表格;添加 Form4 表单,建立"课程信息"表格。

在每个表格上右击鼠标,选择"生成器"命令,在"生成器"的"布局"选项卡中用鼠标调整各列的宽度。调整各表单位置和大小,调整各表格位置和大小。还可以通过"属性"窗口调整各列标题的对齐方式。

步骤三:在命令按钮的 Click 事件中书写如下代码。

ThisFormset. Release

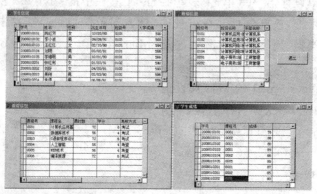

图 5—26　运行结果

步骤四:保存表单并运行后的显示结果如图 5—26 所示。

5.2.3　类设计器及自定义类

1.使用类设计器创建一个新类

实训 5—25　创建一个显示日期的文本框类　其功能是显示日期,并带有微调。

【操作步骤】

步骤一:创建容器类(Container)子类 Dispdate,保存在用户类库 user. vax 中。

步骤二:在类设计器中,添加一个标签,显示"日期";添加一个文本框,其 Value 属性设置为 Date();添加一个微调控件,位置嵌在文本框的右边,如图 5—27 所示。

步骤三:编写代码。

(1)在微调控件 Spinner1 的 DownClick 事件代码中写入:

This. Parent. Text1. Value＝This. Parent. Text1. Value－This. Increment

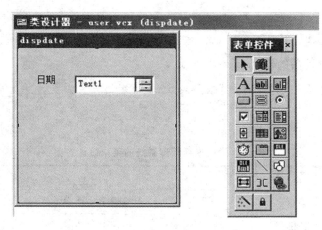

图 5—27 类设计器

（2）在微调控件 Spinner1 的 Upclick 事件代码中写入：

This. Parent. Text1. Value＝This. Parent. Text1. Value＋This. Increment

步骤四：新建表单，在表单中使用新建类 User。保存表单并运行后的显示结果。

2. 使用编程方式定义类

实训 5—26 创建新类 MyClass4。

【操作步骤】

编写代码。

```
DEFINE CLASS MyClass4 AS FORM
Caption＝"表单模板"
Height＝300
Width＝400
ADD OBJECT CmdQuit AS CommandButton WITH
CmdQuit. Left＝160
CmdQuit. Top＝260
CmdQuit. Width＝100
CmdQuit. Height＝30
CmdQuit. Caption＝"退出"
CmdQuit. Visible＝. T.
PROCEDURE CmdQuit. Click
    Choice＝MessageBox("确定要关闭这个表单吗?",4＋32,"警告")
        IF Choice＝7
          RETURN
        ELSE
          ThisForm. Release
CLEAR. EVENTS
        ENDIF
```

　　ENDPROC
　　ENDDEFINE

5.2.4　菜单设计器的使用

实训 5－27　利用"菜单设计器"按照表 5－3 给定的设计方案为学生成绩管理系统设计菜单。

【操作步骤】

表 5－3　学生成绩管理系统的菜单设计方案

菜单标题	菜单项	任务
文件	编辑	编辑学生档案
	备份	备份学生档案
	恢复	恢复学生档案
	返回	返回 Visual FoxPro 6.0
	退出	退出 Visual FoxPro 6.0
查询	学生档案信息	查询学生档案信息
	学生成绩信息	查询学生成绩信息
	学生体检信息	查询学生体检信息
	学生综合信息	查询学生综合信息
报表	打印学生卡	打印学生卡
	打印学生档案	打印学生档案
	学生体检信息	学生体检信息
帮助		

　　步骤一：打开"菜单设计器"窗口。

　　选择"文件"→"新建"命令，进入"新建"对话框，选择"菜单"单选按钮，单击右侧"新建文件"上方的按钮，打开"新建菜单"对话框，单击"菜单"按钮，进入"菜单设计器"窗口。

　　步骤二：设置菜单标题。

　　单击"菜单设计器"窗口中的"菜单名称"下方的输入框，就可以在其中输入菜单

图 5－28　"菜单设计器"窗口

标题，如图 5－28 所示。输入菜单标题后，在"结果"下方列表框中自动出现"子菜单"。在"菜单级"下拉列表框中显示为"菜单栏"。单击右侧"菜单项"框中的"插入"按钮，可在光标的上一行插入一个新的菜单标题。

　　步骤三：添加菜单项。

设置菜单标题后,就可以添加子菜单项。
步骤如下:

(1)在"菜单设计器"窗口中选择需要添加子菜单的菜单名称。

(2)在"结果"下拉列表中选择"子菜单",则在列表框后面出现"创建"按钮。

(3)单击"创建"按钮,出现一个新的"菜单设计器"窗口,如图 5—29 所示。

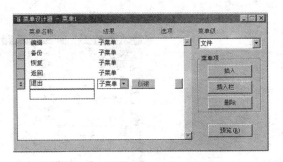

图 5—29 "菜单设计器"窗口

(4)由于选中菜单的标题是"文件",则在右侧"菜单级"下拉列表中显示为"文件"。在此窗口中添加菜单项的方法和添加菜单标题的方法类似。也可以单击窗口右侧"菜单项"框中的"插入栏…"按钮,打开"插入系统菜单栏"对话框。在"插入系统菜单栏"对话框中,选择要添加的菜单栏,单击"插入"按钮,可将选定的菜单项添加到光标的前一行。单击"关闭"按钮,返回到"菜单设计器"窗口。

(5)输入完毕后,在"菜单级"下拉框中选择"菜单栏",可返回到菜单栏的设计窗口。

步骤四:分组菜单项。

通过分隔符将具有相关功能的菜单项分成一组,可以方便用户的操作,使菜单的界面更加清晰。添加分组菜单项的步骤如下:

(1)在"菜单设计器"窗口中,选择要插入分隔线的行。

(2)单击"菜单项"框中的"插入"按钮,可在光标所在行的上一行添加一个新的菜单标题行。

(3)在"菜单名称"栏输入"\—",在"结果"栏中选择"菜单项#"。

在"文件"菜单栏中的"退出"前设置分隔线,如图 5—30 所示。

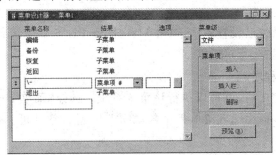

图 5—30 "菜单设计器"窗口

步骤五:设置访问快捷键。

设计良好的菜单都具有访问键,从而通过键盘可以快速地访问菜单的功能。在菜单标题或菜单项中,访问键由带有下划线的字母表示。

为菜单标题或菜单项设置访问键的步骤如下:

(1)在"菜单设计器"窗口中,选择菜单标题或菜单项。

(2)在"菜单名称"框中菜单标题或菜单项名称后面添加"(\<*)",其中的"*"用于指定标志访问键的字母。给"编辑"、"备份"、"恢复"、"返回"、"退出"分别设置访问键"E"、

"B"、"R"、"F"、"C",如图5－31所示。

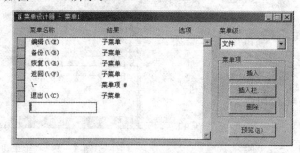

图5－31 "菜单设计器"窗口

步骤六:设置快捷键。

使用快捷键,用户可以通过键盘操作直接访问菜单项。与使用访问键不同的是,使用快捷键可以在菜单没有被激活的情况下执行某一菜单项命令,如在Visual FoxPro中可以使用快捷键Ctrl＋S保存程序。

在"菜单设计器"窗口中,选中一个需要设置快捷键的菜单项。单击其后的"选项"下方的小矩形块,进入"提示选项"对话框。

步骤七:为菜单项指定任务。

菜单的设计使用户选定菜单或者菜单项时,执行相应的任务。执行的任务可以包括显示子菜单、工具栏或者执行移动的Visual FoxPro命令及过程。

步骤八:预览菜单。

初步设计好了菜单系统后,可以通过"菜单设计器"窗口右侧的"预览"按钮来预览设计的菜单,此时该菜单将代替Visual FoxPro 6.0的主窗口菜单,单击"确定"按钮可以结束预览。

步骤九:保存菜单文件。

一个完整的菜单系统已设置完毕,单击Visual FoxPro 6.0系统菜单"文件"→"保存"命令,出现如图所示的"另存为"对话框。

步骤十:生成菜单程序

当设计菜单系统完成后,就可以执行该菜单系统。选择"菜单"→"生成"命令,出现"生成菜单"对话框,在文本框中输入菜单程序名,单击"生成"按钮即可。生成代码之后,便可以运行生成的程序。

步骤十一:运行菜单。选择"程序"→"运行"命令,打开"运行"对话框,在对话框中,选择已经生成的.mpr文件,单击"运行"按钮,则新建的菜单将代替Visual FoxPro 6.0系统中的默认菜单,如图5－32所示。

注意:存储菜单的路径要和菜单中所使用的表单、查询和报表的位置要保存在同一目录下。

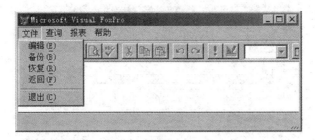

图 5—32　运行结果

5.2.5　报表设计器的使用

实训 5—28　制作一个报表实例"学生成绩情况报表"。

【操作步骤】

步骤一：建立空白报表。

单击"新建"按钮并在弹出的新建对话框中选择"新建文件"，即在报表设计器中建立一个空白报表。

步骤二：设定数据源。

为空白报表选取数据来源，这是报表设计的必要条件。选取"显示"下拉菜单下的"数据环境"命令，弹出"数据环境"→"报表设计器"窗口，同时在菜单栏中显示"数据环境"菜单项。选取数据环境下拉菜单的"添加"命令，启动"添加表或视图"对话框。在对话框中，选取所需的数据源学生成绩.DBF，然后单击"确定"按钮加入数据表，最后单击"数据环境"→"报表设计器"窗口左上角控制按钮的下拉菜单中的"关闭"按钮，完成数据环境的建立。以后每当打开此报表文件，Visual FoxPro 也会将数据环境中的所有数据装入。同样，当结束报表文件的使用时，Visual FoxPro 也会将这些相关的数据文件关闭。这就是数据环境的功能，用来维护报表文件中的数据来源。

步骤三：设置报表"标题"→"总结"带区。

单击"报表"下的"标题"→"总结"命令，在弹出的相应对话框中单击标题带区和总结带区后，复选框有效。

通过标签控件设计"学生成绩情况报表"标签，将其放在标题带区的适当位置，单击"格式"下拉菜单，设置字体为"小初"。

步骤四：设计报表细节带区。

细节是报表打印的主体，要用到数据源中的数据。可以通过域控件从数据源中取数据，也可以直接在数据环境中进行如下操作：首先在数据环境中用鼠标左键按住需要拖动到细节带区中的字段，把它拖动到适当的位置后松开，就创建了各自的域控件，在页标头带区中为每个域控件前各加一个标签以表示说明，同时输入相应的名称并排列整齐。单击"格式"下拉菜单，设置所有标签和文本框字体为"四号"。接着从报表控件中选择线条控件，在各域控件间画上分割线，形成报表中的表格，设计的细节带区如图 5—33 所示。

步骤五：在页注脚区中制作页号。

从报表控件中选择"域控件"，放入页注脚带区中，即弹出报表表达式对话框。单击表达式字段右方的"…"按钮，弹出表达式生成器对话框，从中选择变量_PAGENO 并列出如下

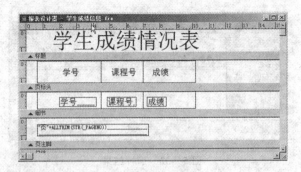

图 5－33　设计视图

表达式："页"＋ALLTRIM(STR(_PAGENO))。变量_PAGENO 返回当前页的数值,STR()
函数将数值表达式的值转化为一个字符串,ALLTRIM()函数则去掉字符串首尾的空格。

步骤六:"学生成绩情况报表"全部设计完毕,所设计报表的(预览)结果。

5.3　思考与练习

1.调用方法,在表单距上方 100 像素,距左方 200 像素处为圆心,半径为 200 像素画出
一个圆。

2.运行用表单向导建立的向导表单.SCX,并显示引用变量的类型。

3.写出在单击表单时,在表单上显示奇数水仙花数的程序。

4.写出给表单中的第一个标签内容赋值"性别"的命令。

5.写出更新整个表单中数据的命令。

6.在表单中有 3 个文本框和一个命令按钮,写出在单击命令按钮时将焦点指向第二个
文本框的命令。

7.写出将列表框中选择的多项值传递给数组的程序。

8.写出将表单集内所有显示表单中的控件数据刷新命令。

9.为自定义工具栏中的"保存"按钮设置执行代码。

10.为自定义工具栏中的"复制"按钮设置执行代码。

11.为自定义工具栏中的"首记录"按钮设置执行代码。

12.为自定义工具栏中的"剪切"按钮设置执行代码。

13.创建一个快捷菜单,具有"新建表"、"打开表"、"导入"、"导出"等功能的菜单项。

14.创建一个课程数据报表,然后设计一个带有标题和表格线的报表,并在打印上方显
示当前日期,下方显示页码。